普通高等教育"十一五"国家级规划教材

高等院校通信与信息专业规划教材

光纤通信系统

第3版

沈建华　陈　健　李履信　编著

机械工业出版社

本书紧密结合光通信的发展，全面系统地介绍了光纤通信系统的构成及关键技术。具体内容包括光纤光缆的结构和类型，光纤的传输理论和传输特性，光源和光发送机、光检测和光接收机的原理，无源器件及光放大器原理，光纤数字通信系统及性能指标，波分复用及光传送网、光接入网等光网络技术，以及无线光通信和量子光通信等新技术。

本书以光纤通信系统的组成为主线，从单个器件介绍再到完整系统架构及性能，内容深入浅出、概念清楚，覆盖面广且重点突出，可作为高校电子、通信和信息类专业本科的教学用书，也可作为从事光纤通信工作的相关科技人员和管理人员的参考用书。

本书配有电子教案，需要的教师可登录 www.cmpedu.com 免费注册后下载，或联系编辑索取（QQ：6142415， 电话010-88379753）。

图书在版编目（CIP）数据

光纤通信系统 / 沈建华，陈健，李履信编著. —3 版. —北京：机械工业出版社，2014.1（2024.1 重印）
高等院校通信与信息专业规划教材

ISBN 978-7-111-45474-8

Ⅰ．①光… Ⅱ．①沈… ②陈… ③李… Ⅲ．①光导纤维通信系统—高等学校—教材 Ⅳ．①TN929.11

中国版本图书馆 CIP 数据核字（2014）第 010890 号

机械工业出版社（北京市百万庄大街 22 号 邮政编码 100037）
策划编辑：李馨馨
责任编辑：李馨馨
责任印制：张 博
三河市航远印刷有限公司印刷
2024 年 1 月第 3 版 · 第 15 次印刷
184mm×260mm · 18.25 印张 · 451 千字
标准书号：ISBN 978-7-111-45474-8
定价：39.00 元

凡购本书，如有缺页、倒页、脱页，由本社发行部调换
电话服务 网络服务
服务咨询热线：010 - 88379833 机工官网：www.cmpbook.com
读者购书热线：010 - 88379649 机工官博：weibo.com/cmp1952
教育服务网：www.cmpedu.com
封面无防伪标均为盗版 金 书 网：www.golden-book.com

高等院校通信与信息专业教材

编委会名单

（按姓氏笔画排序）

编委会主任	乐光新	北京邮电大学
编委会副主任	张文军	上海交通大学
	张思东	北京交通大学
	杨海平	解放军理工大学
	徐澄圻	南京邮电大学
	吴镇扬	东南大学
	王金龙	解放军理工大学
	刘　陈	南京邮电大学
编委会委员	赵尔沅	北京邮电大学
	邹家禄	东南大学
	张邦宁	解放军理工大学
	张玲华	南京邮电大学
	徐惠民	北京邮电大学
	王成华	南京航空航天大学
	王建新	南京理工大学
	彭启琮	电子科技大学
	南利平	北京信息科技大学
	刘增基	西安电子科技大学
	刘富强	同济大学
	李少洪	北京航空航天大学
	冯正和	清华大学
秘书长	胡毓坚	机械工业出版社
副秘书长	许晔峰	解放军理工大学

出　版　说　明

　　为了培养 21 世纪国家和社会急需的通信与信息领域的高级科技人才，为了配合高等院校通信与信息专业的教学改革和教材建设，机械工业出版社会同全国在通信与信息领域具有雄厚师资和技术力量的高等院校，组成阵容强大的编委会，组织长期从事教学的骨干教师编写了这套面向普通高等院校的通信与信息专业系列教材，并且将陆续出版。

　　这套教材将力求做到：专业基础课教材概念清晰、理论准确、深度合理，并注意与专业课教学的衔接；专业课教材覆盖面广、深度适中，不仅体现相关领域的最新进展，而且注重理论联系实际。

　　这套教材的选题是开放式的。随着现代通信与信息技术日新月异地发展，我们将不断更新和补充选题，使这套教材及时反映通信与信息领域的新发展和新技术。我们也欢迎在教学第一线有丰富教学经验的教师及通信与信息领域的科技人员积极参与这项工作。

　　由于通信与信息技术发展迅速，而且涉及领域非常宽，这套教材的选题和编审中难免有缺点和不足之处，诚恳希望各位老师和同学提出宝贵意见，以利于今后不断改进。

机械工业出版社
高等院校通信与信息专业规划教材编委会

前　言

本教材第 1 版于 2003 年出版，第 2 版于 2007 年出版，在国内多所高校的信息通信相关专业的教学中使用，得到了较好的评价。光纤通信是信息通信技术中发展最为快速的领域之一，随着包括移动互联网、大数据、云计算和物联网等新一代业务和应用的快速推进，对光纤通信技术的要求也不断提高。近年来，超高速率的相干光通信系统已经初步商用化，光纤到户也已成为宽带接入领域内最主要的实施方案，全光交换和组网技术也已得到了初步的应用，光纤通信的发展势必会迎来又一个高峰。为适应光纤通信的新发展，对本教材进行修订显得尤为迫切。

本次修订时，在保留了上一版教材概念清楚、重点突出优点的同时，以光纤通信系统的内在组成为主线，对全书的架构进行了重新梳理；同时也根据技术的发展和进步，增加了一些实用性强的新技术内容，使得本教材更加适应光纤通信的网络化、智能化和全光化等发展趋势。第 1 章导论部分对光纤通信系统的产生、发展、组成和发展趋势给出了概括性的介绍；第 2～7 章从系统组成各部分入手，介绍了一个完整的光纤通信系统的组成；第 8 章重点介绍了多信道光纤通信系统；第 9 章则是对光纤通信系统性能的分析和工程设计相关知识的介绍；第 10 章分别讨论了光接入网、计算机高速互联光网络、智能光网络和全光网等光网络技术；第 11 章介绍了相干光通信、无线光通信和量子光通信等新技术。

全书主要由沈建华编写并统稿，陈健和李履信老师参加了部分章节的编写，陈健老师对书稿提出了许多有益的意见和建议，李履信老师对本书第 1 版的编写做出了很大的贡献，在此一并表示感谢。

由于作者水平有限，书中难免存在缺点和错误，恳请广大读者批评指正。

编　者

目　　录

第1章 导 论

1.1 光纤通信的产生和发展

1.1.1 光通信的产生

通信是指人与人、人与自然之间通过某种行为或媒介进行的信息交流与传递，从广义上是指需要信息交互的双方或多方在不违背各自意愿的情况下，采用某种方法和使用适宜的媒质，将信息从某一方准确、安全地传送到另一方并真实准确再现的完整过程。狭义上而言，通信就是借助于某种手段实现两个或多个实体之间信息交换的过程，通信系统则是该过程的具体实现。一个完整的通信系统包括了信息的采集、格式变换、传输和交换等过程所涉及的所有实体，而光通信是指利用某种特定波长（频率）的光波信号承载信息，并将此光信号通过光波导或者大气信道传送到对方，然后再还原出原始信息的过程。广义上的光通信或光波通信（Lightwave Communication）包括光纤通信（Optical Fiber Communication）和大气光通信/空间光通信（Free Space Optics）两大类，目前在通信领域内主要采用的是光纤通信方式。

古代的中国已经利用光信号来传递信息，例如建造烽火台，用烟和火来报警。此外，从古代沿用至今的旗语、灯光和手势等，都可以看作是某种形式的光通信。当然，这些依赖可见光信号传递信息的方法不仅较为简单，易受外界因素（如阳光、大雾和雨雪天气等）的影响，同时信息的内容也极为有限且不可靠，信息传输的有效距离非常短。严格来说，上述这些都不能称之为真正意义的光通信。1880 年，贝尔（A. G. Bell）发明了光电话，这被认为是现代意义光通信的起源。贝尔利用弧光作光源，弧光灯发出恒定亮度的光束并投射在送话器的薄膜上；薄膜随发送端的人声而振动，使得接收端接收到的光束强弱变化就可以反映出声音的振动规律。在接收端利用一个大型的抛物面反射镜，把发送端送来的随着声音变化的光反射到硅光电池上，硅光电池转变的光电流再送给受话器还原出原始语音，就完成了发送和接收的过程。

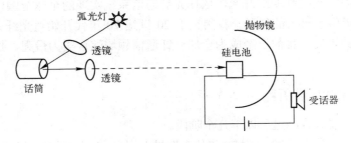

图 1-1 贝尔发明的光电话

贝尔发明的光电话提供了最基本的光通信的雏形，但自此之后的相当长一段时间内，光通信技术的进展非常缓慢，始终未能成为通信系统中的主流技术。究其原因，首先是贝尔所用的光源是热辐射源，其发出的光是非相干光，单色性和方向性差且调制困难。其次，作为接收机的硅光电池内部噪声很大，导致接收机的灵敏度很低。更为重要的是，由于没有一个适宜的光信号传输媒质，可见光在大气中传输的损耗很大，无法实现长距离的光通信。

随着研究的不断深入，人们注意到实用化的光通信主要面临两个问题：一是寻找适宜的光源，另一个是探寻对光信号具有良好传输性能的媒质。20世纪60年代，美国科学家梅曼率先研制成功了红宝石激光器，人们迅速注意到这种谱线很窄、方向性极好、频率和相位都高度一致的相干光——激光可以作为光通信理想的光源。后来，人们相继发明了氦氖激光器、二氧化碳激光器和染料激光器等，并利用这些激光器作为光源进行了激光大气传输的试验。但是由于这些激光器存在体积大和功耗大等缺点，同时以大气作为传输媒质受气候影响极大。因此，需要寻找更为合适的光源及理想的传光媒质。

1966年，在英国标准电信实验室工作的华裔科学家高锟（C. K. Kao）和 G. A. Hockham 首先提出可以用提纯的石英玻璃纤维（即光导纤维，简称光纤）作为光通信的媒质，这为光通信迈向实用化奠定了重要的理论基础，高锟也因此获得了 2009 年的诺贝尔物理学奖。1970年，美国康宁公司采用超纯石英为基本材料，首先拉制出损耗系数低于 20dB/km 的光纤，这是光纤迈向实用化传输媒质的最重要的一步。在光纤制造工艺有了重大突破的同一年，美国贝尔实验室研制成功了可以在室温下连续振荡的半导体材料镓铝砷（GaAlAs）为核心的半导体激光器，为光纤通信找到了合适的光源，1970 年也被认为是光纤通信实用化的开始。

光源和传输媒质问题的解决，极大地推动了光纤通信的发展。1973年，贝尔实验室发明了用改进的化学气相沉积（MCVD）方法制造光纤，可以使光纤的损耗系数下降到 1dB/km。1974 年，日本解决了光缆的现场敷设及接续问题。1975 年出现了光纤活动连接器，解决了光纤线路和传输系统间的连接问题。1976 年，日本把光纤的损耗降低到 0.5dB/km，同年，美国首先成功地进行了系统容量为 44.736Mbit/s，传输距离为 10km 的光纤通信系统现场试验。1979年，美国和日本先后研制出工作波长为 1550nm 的半导体激光器，日本制造出了超低损耗光纤（0.2dB/km，工作波长 1550nm），同时进行了多模光纤 1310nm 波长系统的现场试验。到了 1980 年，采用多模光纤的通信系统已投入商用，单模光纤通信系统也进行了现场试验。在随后的数年中，日本、英国、美国等发达国家都开始着手兴建光纤干线通信系统，光纤通信逐渐取代了传统的微波和同轴电缆，成为通信网络最主要的传输手段。随着光纤通信技术的日益成熟，光缆线路覆盖的地域已经从陆地向海洋延伸，美、日、英等国联合建立的横跨太平洋和大西洋的海底光缆都相继开通，依托光纤通信系统实现的全球范围内的通信为人类社会和经济的发展提供了极大的便利。我国也于 20 世纪 70 年代开始对光纤有关的技术进行研究，取得了较大的进展，目前已经成为全球光纤通信领域综合实力最强、技术最先进的国家之一。

1.1.2 光纤通信的发展历程

光纤通信的发展大致经过了以下几个阶段。

第一代光纤通信系统在 20 世纪 70 年代末期投入使用，多为工作波长为 850nm 的多模光纤通信系统。光纤的损耗系数典型值为 2.5～4.0dB/km，系统容量（比特率）最高为 34～45Mbit/s，中继距离为 8～10km。随后，工作波长为 1310nm 的多模通信光纤系统开始投入使用，光纤损耗系数下降为 0.55～1.0dB/km，系统传输容量达到 140Mbit/s，中继距离为 20～30km。

第二代光纤通信系统在 20 世纪 80 年代中期投入使用，多为工作波长为 1310nm 的单模光纤通信系统。光纤损耗系数典型值为 0.3～0.5dB/km，商用系统的最高传输容量可达 140～565Mbit/s，中继距离约为 50km。

第三代光纤通信系统在 20 世纪 80 年代后期投入使用，是工作波长为 1550nm 的单模光纤通信系统。光纤损耗系数进一步下降到接近 0.25dB/km，传输速率达 2.5～10Gbit/s，中继距离可超过 100km。

第四代光纤通信系统在 20 世纪 90 年代至今应用，一方面普遍采用了光放大器来增加中继距离，同时采用波分复用/频分复用（WDM/FDM）技术来提高传输速率。目前商用系统中单信道最高传输容量可达 40Gbit/s，系统总传输容量可达 1.6Tbit/s，而在实验室中最高的系统容量已经达到 100Tbit/s 级。

从光纤通信技术发展的趋势和特点来看，光纤通信将会在超大容量超长距离传输、灵活组网、宽带接入和全光通信等方面获得进一步发展。

提高光纤通信系统的容量（传输速率）始终是光纤通信技术发展中最重要的主题之一，目前光纤通信系统的单信道传输速率已经迈入 100Gbit/s 时代，并正在向 400Gbit/s～1Tbit/s 发展。100Gbit/s 光纤通信系统中普遍采用了包括先进的码型和调制（如 QAM 和 PM-QPSK），并结合相干检测和数字信号处理技术来提高系统的灵敏度、均衡群速度色散（GVD）和偏振模色散（PMD）等引起的线性畸变，并引入高编码增益的软判决前向纠错（SD-FEC）技术来提高系统的光信噪比（OSNR）容限。未来为了实现更高等级的 400Gbit/s～1Tbit/s 长距离传输，还可能需要引入包括多水平调制技术（mQAM）、多载波技术如光正交频分复用（OFDM）、分布式拉曼放大（FRA）或相位敏感放大器（PSA）等低噪声放大技术、先进的软判决 FEC（SD-FEC）技术和新型超低损耗及大有效面积光纤等。

OFC/NFOEC2012 会议上，日本 NTT 公司报道了 102.3Tbit/s（224λ×584Gbit/s，PM-64QAM）传输实验，这是迄今为止报道的单根光纤中实现的最大传输容量。实验中 224 个波长覆盖了整个 C 波段和扩展 L 波段频率范围，每个波长信号速率为 584Gbit/s，采用多载波复用，结合 64QAM 多水平调制以及偏振复用实现，传输距离达到 240km。虽然 WDM 和多水平调制技术可以有效地提高传输链路的容量，但是由于从放大、调制、纠错和更密集的载波间隔来进一步提高传输容量的空间非常有限，需要探索包括多芯和多模光纤等可能在未来对超大容量及超长距离传输提供支撑的新技术。

20 世纪 90 年代引入的光同步数字传送网（SDH）是一个将复接、线路传输及交换功能融为一体并由网管系统进行自动化管理的综合信息网，它使光纤通信从点到点传输的概念进入到网络化应用的阶段。在此基础上，为了减少传统的光纤通信系统配置复杂的缺点，光纤通信系统中开始引入智能化的控制平面技术，使得光纤通信系统也可以自动地根据用户的需求，动态和灵活地建立和拆除链接，即自动交换光网络（ASON）或智能光网络（ION），这也成为现阶段光纤通信的研究和应用热点。目前，光网络正在向动态的光网络发展，随着光网络结构和层次的日益扁平化，未来的光网络平台上将需要支持具有各种不同速率和类型的客户数据业务，光网络正在由静态的光网络向动态的、智能光网络发展。支持差异化业务分级和光层业务疏导的技术将会推动完全灵活的可重配置光分插复用器和光交叉连接器（ROADM/OXC）的应用，支持无颜色（任意波长到任意端口）、无方向（任意波长到任意方向)、无阻塞的上/下路功能,实现对光网络业务上下路的自动配置,充分体现智能光网络的灵活性。

光纤接入网作为通信网的一部分,通过先进的光纤传输,可以为用户提供各种业务。通过光纤到家、光纤到路边、光纤到大楼等手段,将光纤引入千家万户,保证用户的多媒体信息畅通地接入核心网络。光纤通信系统巨大的带宽资源和对高层协议的透明承载能力,使得它在接入环境中呈现明显的技术优点。未来随着包括物联网和传感网等应用的普及,家庭中需要联网交换信息的节点数量将会非常巨大,因此需要光接入网提供可靠和稳定的大容量接入手段。无源光网络(PON)目前是光纤接入网中最主要的发展方向,未来除了传输容量进一步提升外,还可以与无线技术进行融合,形成混合光纤无线接入网(HWO)。

先进的光器件是构成光纤通信系统的基础。目前,光纤通信中应用的器件正向高速率、高性能、多用途、组件化及单片集成化方向发展,特别是近年来硅光子学器件取得了很大的进展,硅光子器件的调制和探测带宽都已经达到了40GHz乃至更高的水平。目前在光通信系统中的器件主要是基于InP材料,随着硅光子技术的成熟,硅光子技术将会在光子集成中扮演重要角色,不仅可以有效降低生产成本,也便于实现电光集成(EPIC)。

全光交换最初在20世纪90年代提出,主要目的是为了降低O/E/O成本。在数据中心和高性能计算应用中,上千簇服务器之间有海量的数据要传送,要求交换机能够连接大量的节点,以进行高速、低时延、低功耗的工作。当前多机架交换机和路由器主要是采用电的处理和交换技术,随着交换容量的增长,交换机的处理能力将会遇到瓶颈,功耗增加非常剧烈。光交换技术的出现将实现光信号的直接交换,在降低功耗的同时实现高速稳定的传输。随着光电器件的成熟和光子集成技术的发展,光分组交换、光突发交换必将扮演更加重要的角色,未来有可能实现从信息的产生、处理到传送等的真正意义上的全光通信。

1.2　光纤通信系统

1.2.1　光纤通信系统的基本结构

图1-2给出了一个基本的光纤通信系统构成示例。

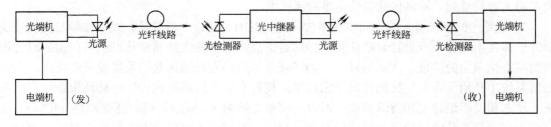

图1-2　光纤通信系统构成示例

图中所示的仅是一个方向的传输,相反方向传输的系统结构和工作原理是相同的。图中光发送部分包括了电端机和光端机两部分。其中电端机的主要作用是对不同业务信号(包括语音、文本、图像和视频等)进行处理,例如模/数转换和多路复用等。电端机输出电信号进入光端机后，由其变换成光信号（调制）并把已调制的光波信号送入光纤传送。经光纤长距离传送后，光信号会受到光纤损耗和色散等的影响而产生畸变，为保证长距离可靠传输，系统中间可以配置光中继机，将受损的光信号转换成电信号，再进行放大、整形、再生并恢复成与光发送机输出侧相同的光信号继续传输。光接收部分中的光端机部分首先将接收到的光信号经过光检测器完成光电变换后转换成电信号，经放大、均衡、判决等过程恢复为与发送端相一致的信号，再送至接收侧的电端机还原成原始的各种业务信号。

1.2.2　光纤通信系统的组成及作用

1. 光纤

光纤是光信号的传输媒质，对光纤的基本要求是其传输参数，如损耗、色散和非线性等要尽可能小。此外，对光纤要有一定的机械特性和环境特性性能要求。工程中使用的一般是由多根光纤和包括加强元件和外部护套等绞合在一起组成的光缆，光缆线路包含了光纤、光纤固定接续和光纤活动连接器等组成部分。

目前通信网络中使用的主要是石英系单模光纤，根据其传输损耗特性，石英系光纤的工作波长主要涵盖了三个传输损耗较低的波长窗口，即 850nm、1310nm 和 1550nm。因此，光纤通信系统的工作波长应首选这三个波长窗口，包括激光器的发射波长、光检测器的响应波长、光放大器的增益波长谱和各种无源器件的工作范围都应与其一致。通信中常用的单模光纤在这三个低损耗波长窗口的损耗系数典型值分别小于 2dB/km、0.4dB/km 和 0.25dB/km。为适合不同的光纤通信系统及应用环境，研发了包括非零色散位移光纤、色散平坦光纤和弯曲损耗不敏感光纤等在内的新型光纤，关于光纤的类型和参数等将在第 2 章中详细介绍。

2. 光源

光纤通信系统中实现电-光信号变换的是光发送机，光发送机的核心器件是光源。对光源的基本要求是输出功率足够大、调制性能好、光谱线宽度窄、光束发散角小、输出光波长稳定以及器件寿命长等。目前广泛使用的光源包括半导体激光器（也称激光二极管，LD）和在低速率和小容量系统中常用的半导体发光二极管（LED）。

把电信号转换成光信号的过程是通过电信号对光源进行调制来实现的，调制分为直接调制和间接调制（也称外调制）两种。直接调制是利用电信号直接驱动半导体激光器或发光二极管，使其输出功率的大小随信号电流的大小而变，也称为强度调制（Intensity Modulation）。直接调制方式实现较为简单，但调制速率受光源调制响应等特性所限制，同时还存在频率啁啾等，不适宜在高速率光纤通信系统中使用。外调制是把激光的产生和调制分开，在激光形成稳态输出后在光路上加载调制信号，使用电致吸收器或电光调制器对激光器输出的激光进行调制，外调制方法在高速率光纤通信系统和相干光通信系统中应用较多。

光源和光发送机的相关知识将在第 3 章中介绍。

3. 光检测器

光纤通信系统中实现光-电信号变换的是光接收机，其主要功能是将经光纤线路传输后的产生畸变和衰减的微弱光信号转换为电信号，并经放大、再生恢复为原来的电信号。光接收机主要由光检测器、各级放大器和相关电路组成，对光检测器的要求是响应度高、噪声低、响应速度快等，目前广泛使用的光检测器有光敏二极管（PIN）和雪崩光敏二极管（APD）。

光检测器工作方式主要有直接检测和相干检测两种，直接检测是由光检测器直接把光信号转换为电信号，相干检测是在接收机中设置一个本地振荡器和一个混频器，使本地振荡光和光纤输出的光进行混频产生差拍而输出差频信号，再经光检测器把差频信号转换成电信号。由于目前光纤通信系统的传输容量非常高，因此相干检测已经成为最主要的检测形式。

衡量接收机质量的主要指标包括灵敏度、动态范围、误码率和光信噪比等，相关内容将在第 4 章中介绍。

4．无源器件

在光纤通信系统中，除了光源、光纤和光检测等基本组成元件外，还有大量的无源器件，包括各类光纤连接器、调制器、耦合器、滤波器、光开关和环形器等，这一部分内容将在第 5 章中介绍。

5．光放大器

光放大器可以不将光信号转换为电信号而直接对其进行放大，是解决高速率大容量光纤通信系统传输的重要器件，也是克服各种损耗的主要器件。目前实用化的光放大器主要包括光纤放大器和非线性光放大器两类。光放大器的相关内容将在第 6 章中介绍。

1.3　光纤通信的应用和发展

1.3.1　光纤通信系统的特点

光纤具有传输容量大、传输损耗小、重量轻、不怕电磁干扰等一系列其他传输媒质所不具有的优点，因此光纤通信已经成为目前最主要的通信网和计算机网的传输手段。

1．传输容量大

光是频率极高的电磁波，在光纤中传输的激光属于近红外线范围，典型的工作波长范围覆盖了 1310nm～1625nm 范围，有着极高的信号频谱带宽。实际的光纤通信系统传输容量取决于光纤、光源类型、调制方式以及接收机的特性。目前，在实验室中已经可以实现单根光纤上 100Tbit/s 级的总传输容量，而工程中的商用系统容量也已经达到了 10Tbit/s 级。由于现阶段光纤中频谱效率还比较低，因此光纤可用频带的进一步利用和开发仍有很大的提高空间。

另一方面，在一根光缆中容纳数百根乃至数千根光纤的高密度光缆相关技术也已成熟实现，这样可使光纤通信系统的传输容量成百倍、千倍地增加。除此之外，实现光纤通信系统容量进一步提高还可以引入包括多芯光纤和极化复用等技术。

2．传输损耗小，中继距离长

最常用的标准单模光纤在 1310nm 波长窗口的典型损耗系数为 0.35dB/km，在 1550nm 波长窗口的典型损耗系数约为 0.2dB/km。当采用析氢技术进一步减小光纤中的 OH⁻离子含量后，光纤损耗系数可以在相当宽的频带内几乎保持一致。因此，与其他传输媒质相比，光纤通信系统的中继距离可以长得多。现阶段使用较多的单信道传输速率为 10Gbit/s 的系统，其典型中继距离可达 100km；若采用光纤放大器和色散补偿光纤等，中继距离还可增加。特别是，如果是光孤子（soliton）系统，其利用光放大器与非线性作用的相互抵消，理论中继距离可达数千千米乃至更长。

3．信号泄漏小，保密性好

由于光纤传输的特殊机理，在光纤中传输的光信号向外泄漏的能量非常微弱，难以被截取或窃听。因此，与其他通信方式相比光纤通信的保密性非常好，信息在光纤中传输非常安全。

此外，与传统的金属传输线相比，光缆中虽然部署了许多根光纤，但互相之间的影响也非常小，几乎不会引入串扰。

4．节省有色金属

制造传统的电缆需要消耗大量的铜和铅等有色金属。以四管中同轴电缆为例，1km 四管中同轴电缆约需 460kg 铜，制造高性能的宽带数据通信双绞线也需要消耗昂贵的有色金属。而制造 1km 光纤，只需几十克石英。制造光纤的石英（主要成分为 SiO_2）原材料丰富而便宜，几乎取之不竭。

除了材料成本低以外，与传统有色金属在开采、提炼和存储等过程中需要消耗大量能源及可能造成环境污染外，光纤的制造工艺对环境要友好许多，适应了绿色环保的需求。

5．抗电磁干扰性能好

光纤主要是由 SiO_2 材料制成，它不易受外界各种电磁场的干扰，包括强电、雷击和磁场变化等都不会显著影响光纤的传输性能。甚至在核辐射等极端环境中，光纤通信仍能正常进行，这是通常的电缆通信所不能比拟的。因此，光纤通信在电力输配、电气化铁路、雷击多发地区、核试验、煤矿等环境中应用更能体现其优越性。

光纤的抗电磁干扰性能除了在民用领域内得到广泛使用外，在军事领域内也有非常重要的应用价值。例如包括飞船、军舰和飞机等内部部署了大量的各种传感器和天线的应用场合，由于对于电磁兼容性要求非常高，金属线缆的使用受到很大限制。光纤因其良好的抗电磁干扰性能，已经成为这些应用场合中重要的通信手段，基于光纤的高速数据总线技术已经成为军事领域内首选的方案。

6．重量轻，可挠性好，敷设方便

光纤的主要材料是介质，而光缆的构成元件中金属加强元件的重量也比其他通信电缆的重量要轻得多，因此光缆的单位长度重量很轻。同时光缆的外径也较小，传统的敷设电缆的一根管道中可以敷设多根光缆，充分利用了地下管道资源。通信设备的重量轻和体积小，对军事、航空航天等特殊的应用环境具有特别重要的意义。

1.3.2　光纤通信系统的应用

1．光纤通信系统的应用类型

（1）按传输信号分类

1）模拟光纤通信系统：用模拟信号对光源调制并进行传输的系统。

2）数字光纤通信系统：用数字信号对光源调制并进行传输的系统。

（2）按调制方式分类

1）直接（强度）调制光纤通信系统：用电信号直接对光源进行强度调制，在接收端用光检测器直接检测。

2）相干调制光纤通信系统：在发送端电信号对光源发出的光载波进行调制（通常是外调制）后，经光纤传输到接收端，与接收机的本振振荡光波混频，经光检测器检测后获得信号光与本振光之差的差频信号，然后再解调出电信号。

（3）按光纤的传输特性分类

1）多模光纤通信系统。

2）单模光纤通信系统。

（4）按使用的光波长分类

1）短波长光纤通信系统：工作波长为 850nm 的多模光纤系统。这类系统的中继距离较短，一般多用于计算机局域网和设备间互联等场合。

2）长波长光纤通信系统：工作波长为 1310nm 和 1550nm。采用 1310nm 波长可以用多模光纤也可以用单模光纤，采用 1550nm 波长只能用单模光纤。这类系统的中继距离较长，适用于城域网和核心网等环境。

3）超长波长光纤通信系统：采用卤化物光纤等新材料的光纤系统。工作波长大于 2000nm 时，衰减值可为 $10^{-2} \sim 10^{-5}$dB/km，因此可能实现 1000km 的无中继传输。

2. 光纤通信的应用环境

光纤可以传输数字信号，也可传输模拟信号，在通信网、广播电视网、计算机网以及其他数据传输系统中都得到了广泛的应用。光纤通信的典型应用场合包括：

1）通信网：主要包括遍及全球的电信网和 Internet 中作语音和数据通信的骨干传输网，包括国际间的海底和陆地光缆系统、各国的骨干公共电信网（如我国的国家一级干线、省级干线及县以下的支线和市话中继通信系统）、覆盖城市及其郊区的城域网等。

2）计算机网络：主要包括连接不同规模的用户局域网、数据中心、存储局域网（SAN）等中的交换机、路由器和服务器等，构成高速的计算机通信链路。

3）有线电视网：如数字交互式有线电视的干线传输和分配网、工业上使用的监控视频信号和自动控制系统的数据传输等。

4）专用通信网：包括电力、铁路、高速公路、煤炭开采等特殊应用场合的光纤通信系统。这些应用环境中，有的是极高电压环境，有的是由于安全因素不能采用金属导线，有的则需要抵御电磁场环境，光纤因其良好的物理和传输特性成为理想的传输介质。此外，在包括医疗（如各类内窥镜）和军事（鱼雷及导弹的光纤制导）等应用场合中光纤也具有无可替代的优点。

1.3.3 光纤通信的发展趋势

目前，单根光纤上可传输的信号总容量已经达到 100Tbit/s 级，商用系统中已经广泛采用单信道传输容量为 40Gbit/s、复用波长总数达到 32～160，而采用相干接收的单信道 100Gbit/s 超高速系统也已经实现了商用化。另一方面，随着包括各种基于光-电-光混合方式和微机电系统（MEMS）的可重配置光分插复用器（ROADM）及光交叉连接（OXC）设备的实用化，光纤通信不再局限于传统的点对点传输应用，可以构建完整的端到端环形和网孔型（Mesh）网络。在此基础上，结合分布式的控制平面技术，可以实现灵活的智能光网络（ION）。在接入网领域，以太网无源光网络（EPON）和千兆比特无源光网络（GPON）等技术得到了广泛的应用，更高速率和分路比的下一代无源光网络（NG PON）也即将标准化。光纤通信正在呈现高速化、分组化、网络化和智能化等新的发展方向。

1. 超大容量和超长距离传输

波分复用（WDM）和时分复用（TDM）技术是当前提高光纤通信系统容量的主要方法，

WDM 技术的基本思想是通过增加单根光纤中传输的信道（波长）数来提高传输容量，TDM 技术则是通过提高单信道速率提高传输容量，两者结合已经可以在商用系统中实现 1～10Tbit/s 级的传输容量。随着宽带移动互联网和各种高清视频等业务的快速发展，未来对于通信网络的容量需求可能还将快速增长。因此，除了采用 TDM 和 WDM 技术来提高光纤通信系统的容量外，还可以采用包括偏振复用（PDM）、模分复用（MDM）和多芯光纤技术使得光纤通信系统的容量继续倍增。

另一方面，通过引入包括 EDFA 和 FRA 等光放大器，光纤通信系统也可以不断延长中继距离以适应跨海光缆等长距离传输应用；同时，光纤通信系统传输距离的延长也意味着系统总的性能代价预算较高，为工程应用中的设计、施工和维护等提供了便利。

2．全光网

全光网是指包括传输、复用和交换等主要功能都能在光域里实现，不需要转换至电域进行处理，光层直接承载业务的光传送网。业务信号只是在进出光网络时才进行电-光和光-电转换，在光网络内部的全部处理过程中，信号始终以光的形式存在。全光网的核心技术包括全光的信号分插和交叉连接、交换、传输、中继和网管管理等。

现阶段由于在光域中对光信号的存储、定时、提取、逻辑运算等相关技术还不成熟，因此仍然需要在光网络中的节点进行光-电-光的变换以及电域的信号处理。未来随着基本理论和器件技术的进步，有望实现真正意义的端到端全光网，从而彻底解决现存的光纤通信在电域处理的速率局限等问题。

3．智能光网络

现阶段光网络的业务供给及配置等都需要借助于未来管理系统，因此存在着灵活性和扩展性差等缺点。智能光网络具有自动资源发现能力、动态分配带宽的能力、灵活的网络扩展性以及良好的生存性，其将基于 IP 的分布式控制技术引入光网络中，使得光网络也能像 IP 网络一样具有资源和业务的动态发现、灵活配置和维护能力，成为一种新型的业务网络。

1.4 习题

1．光纤通信有哪些特点？
2．简述光纤通信系统的主要组成部分。
3．比较各代光纤通信系统的主要特点与差别。
4．为什么使用石英光纤的光纤通信系统中，工作波长只能选择 850nm、1310nm、1550nm 三种？

第 2 章 光纤与光缆

光纤是光纤通信系统中的传输媒质，其材料、结构和传输性能直接影响了系统的性能。本章首先介绍光纤光缆的基本结构和类型，然后分别应用射线光学和波动光学理论分析光纤传输原理，在此基础上对光纤的损耗、色散和非线性等传输性能参数进行介绍，最后给出光纤的类型及工程应用。

2.1 光纤光缆的结构和类型

2.1.1 光纤结构

现代通信用光纤的基本结构由以下几部分组成：折射率（n_1）较高的纤芯部分、折射率（n_2）较低的包层部分以及表面（一次）涂覆层，其结构如图 2-1 所示。

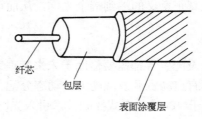

纤芯

包层

表面涂覆层

图 2-1 光纤的基本结构

纤芯和包层的主要构成材料均是 SiO_2，物理上是一个整体，不能分离，折射率的差异主要是通过制造时不同的掺杂材料实现。一次涂覆层材料一般为紫外固化的聚酯或树脂类材料，主要目的是为光纤提供基本的物理及机械保护，去除涂覆层后的部分也称为裸光纤。实际应用中，为增强光纤的力学、物理性能，在涂覆层外还可以有二次涂覆层（又称塑料套管）。具有一次涂覆层的光纤外径为 250μm，二次涂覆层的光纤外径为 900μm。通信用光纤的纤芯直径一般为 7～9μm（单模光纤）或 50～80μm（多模光纤），包层直径均为 125μm。

光纤可以按照纤芯、包层和二次涂覆层构造等进行分类。

1. 按纤芯折射率分布

按照纤芯和包层的折射率差异关系，可以分为阶跃折射率光纤（简称 SI 型光纤）和渐变折射率光纤（简称 GI 型光纤）。

阶跃折射率光纤的纤芯折射率为一固定值，即在纤芯内折射率分布处处相等，如图 2-2 所示。

渐变折射率光纤的纤芯内折射率分布符合由式（2-1）给出的指数分布规律，其结构如图 2-3 所示。

$$n(r) = n(0)\left[1 - 2\Delta\left(\frac{r}{a}\right)^2\right]^{1/2} \qquad (2\text{-}1)$$

式中，$n(r)$是距纤芯轴线 r 处的折射率；

$n(0)$是纤芯轴线处的折射率；

a 是纤芯半径；

r 是距光纤轴线的距离；Δ是相对折射率差，表示为

$$\Delta = \frac{n(0) - n_2}{n(0)}$$

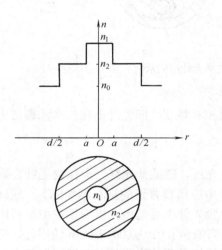

图 2-2　阶跃折射率光纤结构

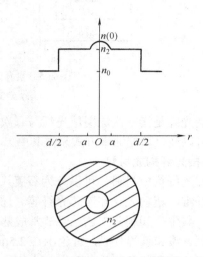

图 2-3　渐变折射率光纤结构

需要指出的是，此处给出的仅是光纤折射率的基本分布形式。实际工程应用中，为了满足不同的应用场合的需要，光纤折射率分布在满足纤芯略高于包层的基本条件的同时，会呈现各种复杂的分布形式，如三角形分布、下凹形分布和 W 形分布等。

2．按纤芯结构

根据一根光纤中线芯数量的多少，可以分为单芯光纤和多芯光纤。一般地，一根光纤中只有一根纤芯。为了提高光纤的传输容量，近年来研究提出了多芯光纤，图 2-4 给出了多芯光纤示例。

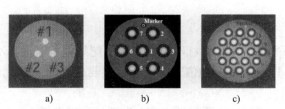

图 2-4　多芯光纤结构示例

a) 3 芯　b) 7 芯　c) 19 芯

3．按光纤的二次涂覆层（塑料套管）

按照光纤的二次涂覆层的构成形式，可以分为紧套光纤和松套光纤。

紧套光纤是指二次涂覆层与一次涂覆层紧密结合在一起,如图 2-5 所示(图中单位为 mm)。

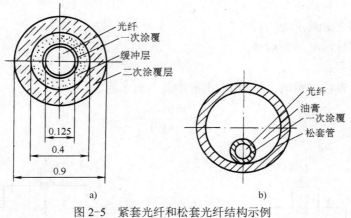

图 2-5　紧套光纤和松套光纤结构示例

a) 紧套光纤　b) 松套光纤

松套光纤是指一次涂覆层光纤与二次涂覆层相对独立,即光纤能在二次涂覆层内自由活动(也可以通过填充油膏方式悬浮其中)。

4. 按光纤构成材料

按照光纤构成材料,可以分为石英(SiO_2)光纤、硅酸盐光纤、卤化物光纤、硫属化合物玻璃纤维、塑料光纤和液芯光纤等。通信光纤中应用最普遍的是石英(SiO_2)或硅酸盐玻璃材料,其生产和制备工艺已经非常成熟。卤化物光纤主要是由元素周期表中第Ⅶ族元素,如氟、氯、溴和碘等制成,理论上在 2.5μm 附近有低至 0.01～0.001dB/km 的损耗,但主要缺点是工艺复杂和制备困难。硫属化合物光纤的非线性效应较为明显,主要应用于光交换和光纤激光器等场合。塑料光纤使用了甲基丙烯酸甲酯(PMMA)和含氟聚合物(PP)聚合物,具有成本低、便于耦合和韧性好等优点,缺点是损耗较高。近年来为了降低光纤中传输光信号的能量损失,提出了纯硅芯光纤(PSCF),其传输损耗可以降至 0.15dB/km,接近理论极限。

5. 按光纤传导模式

按照光纤中光信号的传导模式,可以分为多模光纤(即能传输多种模式的光纤)和单模光纤(即只能传输一种模式的光纤)。模式的数学意义是电磁场在光纤波导中传播时波动方程的解,物理意义则是对应的电磁场的存在形式,相关内容将在 2.2 节中详细阐述。

2.1.2　光纤类型

目前国际上对光纤光缆型号进行标准化的主要是国际电信联盟标准化组织(ITU-T)和国际电工委员会(IEC)。ITU-T 涉及通信光纤的标准主要是 G.65x 系列,IEC 则是标准 60793 系列。

ITU-T 标准规定的光纤型号主要包括 G.651 光纤(多模光纤 MMF)、G.652 光纤(常规单模光纤,也称标准单模光纤,STD SMF/SSMF)、G.653 光纤(色散位移光纤 DSF)、G.654 光纤(截止波长位移单模光纤或 1550nm 波长损耗最小光纤)、G.655 光纤(非零色散位移光纤 NZ DSF)、G.656 光纤(宽带光传输用非零色散平坦光纤)和 G.657 光纤(弯曲损耗不敏感单模光纤)等。以上的光纤类型中,除 G.651 是多模光纤外,其他都是单模光纤。不同类型的单模光纤的主要区别是工作波长和传输特性的差异。进一步地，根据应用场合和偏振模色散（PMD）等参数，G.652 光纤又可以分为 A、B、C 和 D 四种亚型号，G.655 光纤又可以分为 A、B 和 C 三种亚型号。

IEC 标准（我国国标也参照 IEC 命名）将光纤分为 A 类（多模）光纤和 B 类（单模）光纤，其中 A 类包括了 A1a 多模光纤（50/125μm 型多模光纤），A1b 多模光纤（62.5/125μm 型多模光纤）和 A1d 多模光纤（100/140μm 型多模光纤）；B 类单模光纤中，B1.1 对应于 G.652 光纤（2009 年后增加了 B1.3 光纤以对应于 G.652C 光纤），B1.2 对应于 G.654 光纤，B2 光纤对应于 G.653 光纤，B4 光纤对应于 G.655 光纤。

不同型号光纤的传输特性差异和应用场合将在 2.4 节中介绍。

2.1.3 光纤制造工艺

制造光纤需要首先制作出光纤预制棒，预制棒一般直径为数十毫米或更粗（俗称光棒）。由于光纤的内部结构（折射率分布等）是在预制棒制作过程中形成的，因而预制棒的制备是光纤制造工艺中最重要的部分。生产光纤预制棒的主要方法包括：改进的化学气相沉积法（MCVD）、轴向气相沉积法（VAD）、棒外化学气相沉积法（OVD）和等离子体激活化学气相沉积法（PCVD）等。

以 MCVD 法为例简述光纤预制棒的制造流程：首先将高纯度金属卤化物的蒸气（如 $SiCl_4$）和氧气（O_2）发生反应，形成氧化物微粒（SiO_2），这些氧化物微粒会沉积在玻璃或者石英体的表面上（或管状体的内壁），然后通过烧结形成透明的玻璃棒（如果是管状体，还要进行高温烧制使其塌陷并收缩成为棒状）。

光纤预制棒完成后，就进入光纤拉丝的过程。光纤拉丝是在无尘室中将光纤预制棒垂直固定于拉丝塔顶端，并逐渐加热至 2000℃以上。光纤预制棒受热后便逐渐融化并在底部累积液体，待其自然垂下即形成光纤，此时需要用收容盘将拉制出的光纤盘好。为给光纤提供基本的支撑和保护，一次涂覆层也在拉丝过程完成后即附着在光纤外部。拉丝过程中涉及的关键技术包括光纤直径的测量及控制、拉丝的速度和张力控制等。

为保证光纤的结构和传输性能，在制造光纤的过程中需要严格控制以下方面：

1）光纤原材料的纯度必须极高。

2）必须防止光纤中出现杂质污染以及气泡等缺陷。

3）需要精确控制纤芯和包层的折射率分布。

4）正确控制光纤的结构尺寸。

5）尽量减小光纤表面的伤痕等损害，提高光纤机械强度。

光纤预制棒拉制出的光纤长度一般在数十千米，为了便于存储和后续成缆等，一般将其收容在光纤盘上。而制造完成的光缆受到运输、仓储和维护等限制，单盘长度一般为 2km。因此，实际的一条光纤线路往往是由许多段光纤（光缆）级联组成的，因此需要对光纤进行接续以保证光信号的传输。

光纤的接续方法可分为两种：一种是一旦接续就不可拆断的永久接续法；另一种是可拆断的连接器接续法。永久接续法又可分为机械接续和熔接接续两种。机械接续法是通过 V 形槽使光纤的横截面贴合的同时，将其压住固定成型（成为一根光纤）的机械固定方法。机械接续法工艺相对简易且成本低廉，被视为包括光纤接入等现场接续和成端的主要技术。熔接接续法则是已经广泛使用的可靠接续技术，其基本原理是通过在针状电极两侧施加高压电并产生电弧放电，瞬间的高温可以使待接续的两根光纤熔融为一体。熔接接续法可以把接续引入的附加损耗降到最低，也是目前应用最普遍的光纤接续方法。当待接续的两根光纤的各项参数匹配较好时，熔接接续可以保证连接损耗控制在 0.05dB 以下。

熔接接续的一般步骤包括：

1）在光纤上预先套上对接续部位进行保护的热缩套管。

2）除去光纤涂覆层并使用无水酒精将纤芯擦拭干净。

3）切割光纤，制作端面。在光纤接续中，光纤端面的制作是最为关键的工序，光纤端面的完善程度是决定光纤接续损耗质量的最重要的因素。

4）将待接续的光纤放入自动熔接机中进行熔接。

5）使用仪表，如光时域反射仪（OTDR），对接续性能进行判定，符合要求后对接续部位进行保护。

6）完成全部纤芯接续和保护，进行接续质量复测和收纳。

采用活动连接器进行接续的方法将在第 5 章无源光器件中进行介绍。

2.1.4 光缆及其结构

光缆是以光纤为主要通信元件，由加强元件和外护层等组合而成的整体。

光纤是光纤通信系统的传输媒质，光缆则是保证光纤完成光信号传输的通信设施，因此光缆的结构设计和制造工艺必须要保证其中的光纤具有稳定的传输特性。此外，由于光缆多在野外（室外）工作，不可避免地会受到各种自然和人为外力的影响，还可能受化学侵蚀和各种动物的伤害。例如在光缆的施工敷设过程中，光缆可能会受到外力导致的弯曲、拉伸和扭曲形变；敷设在土壤中和水下的光缆可能会受到酸性或碱性腐蚀；在特定的地域还可能受到白蚁或啮齿类动物的啃咬等。要想在这些情况下，保证光缆中的光纤长期稳定工作，抵御各种外部因素的影响，就要求光缆必须具有足够的机械强度以及相应的抗化学性和抗腐蚀性。同时，为了便于施工、维护和降低系统成本，光缆的结构也不宜过于复杂。

光缆工作的外部环境条件对于光缆中光纤传输特性的影响，大致归纳为微弯、弯曲、应变和潮气等问题。例如，由于光缆各部分材料的膨胀系数不同，当环境温度发生变化时，光缆各部分的尺寸将会发生相对变化，从而造成微弯和弯曲，这样使光信号在光纤中传输的损耗增大，继而影响正常传输。光缆制造和敷设过程中，可能会使光缆中的光纤受到应力影响导致扭曲和拉伸。如果残余应力不能及时释放，长期使用可能导致光纤传输损耗增加、寿命缩短乃至断裂。此外，渗入光缆的潮气也会降低光纤机械强度并使传输损耗增加。

针对这些问题，光缆的结构设计中一般包括了加强元件（包括金属或非金属加强元件）、防潮层、填充油膏、外护套以及铠装层等。根据光缆中光纤的类别、成缆方式、结构元件的选取和制造工艺等，可以将光缆进行以下分类：

（1）按光缆中的光纤类型

按光纤类型的不同可将光缆分为多模光纤光缆和单模光纤光缆。

（2）按缆芯结构（成缆方式）

按缆芯结构的不同可将光缆分为层绞式、骨架式、中心束管式和带状光缆等。

1）层绞式光缆：在松套管内放置多根光纤，多根松套管围绕中心加强件绞合成一体。松套管由热塑性材料（一般采用高密度聚丙烯或聚氯乙烯）制成，管内充满油膏以防潮，并对其中的一次涂覆光纤起机械缓冲和保护作用。层绞光缆中单位面积的光纤密度较高，制造工艺简单成熟，是目前光缆结构的主流。

2）骨架式：骨架式光缆中的骨架是由高密度聚烯烃塑料绕中心加强件以一定的螺旋节距挤制而成的。骨架槽为矩形槽，在槽中放置多根裸光纤或光纤带并填充油膏。骨架式光缆的优点是抗侧压力性能好，缺点是成缆工艺相对比较复杂。

3）中心束管式：将多根光纤或光纤带置于松套管中，松套管居于光缆结构的轴心处，外部由高密度聚乙烯或聚氯乙烯外护套和外护套中的加强元件组成。加强元件可以采用两根平行于缆芯的轴对称加强芯，或由多根加强芯围绕中心扭绞而成。这种结构由于光纤处于缆芯，受压小，在水下和海底光缆中使用较多。

4）带状式：把多根带状光纤单元（每根光纤带可收容4～16根光纤）叠合起来，形成一个矩形光纤叠层，放入松套管内，可做成束管式、层绞式或骨架式结构的光缆。带状光缆可以制成纤芯数达数百～数千的高密度光缆，这种光缆结构在接入网等环境中有广泛的应用。

（3）按加强件和护层结构

按加强件和护层结构的不同可将光缆分为金属加强件光缆、非金属加强件光缆、铠装光缆和全介质光缆等。

光缆中一般采用金属作为加强元件，例如高强度镀锌钢绞线广泛地应用于各种光缆结构中，而铝塑综合护层、纵包钢带和层绞钢丝等则是铠装光缆的主要结构元件，直埋和海底光缆多采用较为复杂的金属铠装保护结构。

在电力通信等特定应用场合中，不允许光缆中有金属元件，因此出现了全介质自承式光缆（ADSS）和光纤复合架空地线（OPGW）等特殊光缆类型。

（4）按使用场合

按使用场合的不同，可将光缆分为普通光缆、用户线光缆、软光缆、室内光缆、海底光缆等。

某些特殊应用场合（如室内和机房内）要求光缆结构具有阻燃的特性，即不仅要采用难以燃烧的材料构成光缆护套，同时也不允许在燃烧时释放有毒气体。

（5）按敷设方法

按敷设方法不同，可将光缆分为架空、管道、直埋和水下光缆。

目前应用中以管道敷设方式较多，长途光缆中不具备管道条件的一般采用直埋。

1）架空方式：架空方式是将光缆敷设于电杆上使用，这种敷设方式可以利用原有的架空通信杆路或其他现有杆路（如广电和电力线路），从而节省建设费用、缩短建设周期。架空光缆一般挂设在架设电杆间的钢制吊线上，因此较易受台风和冰凌等自然灾害的威胁，也容易受到外力影响和本身机械强度减弱等影响，因此架空光缆的故障率高于直埋和管道光缆。近年来在长途干线中的使用逐渐减少，主要用于省内干线光缆线路或某些局部特殊地段。架空光缆的敷设方法有两种：

● 吊线式：先用钢制吊线紧固在电杆上，然后用S形挂钩将光缆悬挂在吊线上，光缆的负荷由吊线承载。

● 自承式：光缆本身即包含了承载自身重量的加强元件。自承式光缆呈"8"字形，上部为自承钢绞线，下部是光缆，光缆的负荷由自承钢绞线承载。

2）直埋方式：直埋方式是在光缆沿途的路由中按照要求（针对不同土质的挖深和回填要求不同），挖掘光缆敷设沟并将光缆直接放置于沟中。这种敷设方式一般要求光缆外部有钢带或钢丝的铠装，具有一定抵抗外界机械损伤的性能和防止土壤腐蚀的性能。由于不同环境、土壤、地下水和要根据不同的使用环境和条件选用不同的护层结构，例如在有虫鼠害的地区，要选用有防虫鼠咬啮的护层的光缆。直埋方式的光缆埋入地下的深度一般在 0.8～1.2m 之间。在敷设时，还必须注意保持光纤应变要在允许的限度内，同时在地表显著处还应有清晰的说明或警示标记。

3）管道方式：管道方式一般应用于城市或沿铁路、公路等交通基础设施较为完备的场合，由于管道敷设方式的环境比较好，因此对光缆护层没有特殊要求，一般无需铠装。管道敷设前必须选择敷设段的长度和接续点的位置。敷设时可以采用机械牵引或人工牵引。近年来普遍采用的是气吹敷设方式，使用同向、反向或双向气吹机将光缆吹入管道。制作管道的材料可选用混凝土、石棉水泥、钢管、塑料管等。目前普遍采用的方式是敷设 PVC 管道或在原有的混凝土管道中敷设 PVC 管，然后采用气吹机将长距离的光缆一次性吹入管道。这种敷设方式不仅效率高，而且对光缆的损伤小。此外，在对原有的光缆线路进行升级时，也可以在已有的混凝土管道中敷设小口径 PVC 子管道。

4）水下方式：水下方式敷设光缆是用于水下或水底以穿越河流、湖泊和滩岸等处的光缆。这种光缆的敷设环境比管道敷设、直埋敷设的条件差得多。水底光缆必须采用钢丝或钢带铠装的结构，护层的结构要根据河流的水文地质情况综合考虑。例如在石质土壤、冲刷性强的季节性河床，光缆遭受磨损、拉力大的情况下，不仅需要粗钢丝作铠装，甚至要用双层的铠装。施工的方法也要根据河宽、水深、流速、河床土质等情况进行选定。由于水底光缆的敷设环境条件比直埋或管道等差得多，修复故障的技术和措施也困难得多，所以对水底光缆的可靠性要求也比直埋光缆高。海底光缆是一种特殊应用场合的水底电缆，但是其敷设环境条件比一般水底光缆更加严峻，要求更高，特别是应用于水深超过 1000m 的深海光缆，对光缆系统结构、材料和元件选型等要求更高，高强度光纤拉制、大长度不锈钢松套管光单元焊接、内铠装钢丝绞合、铜管氩弧焊焊接、绝缘粘结护套挤制、光缆承力钢丝强度传递结构制造和接头盒高水压密封结构制造等工艺都有较高要求。海底光缆的使用寿命要求一般在 25 年以上。

常用光缆结构如图 2-6 所示。

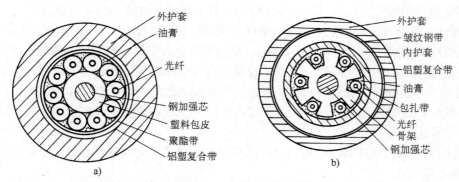

图 2-6　常用光缆结构示例

a）层绞式　b）骨架式

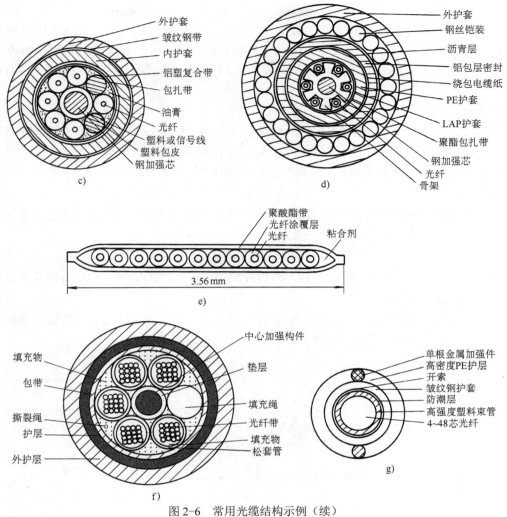

图 2-6　常用光缆结构示例（续）

c) 层绞式铠装　d) 水底式　e) 光纤带　f) 光纤带式光缆　g) 中心束管式

2.2　光纤传输原理

光是特定频率的电磁波，具有波粒二象性。因此，在讨论光纤中光信号的传输原理时，可以分别采用射线光学和波动光学分析方法进行讨论。射线光学理论分析方法是近似方法，可以对光纤传输原理进行定性讨论；波动光学理论分析方法是精确方法，可以对光纤传输原理进行定量分析。

2.2.1　射线光学理论分析法

考虑一个点光源，其发出的光通过一块无限大的不透明板上的一个极小的孔，板后面会出现的一条光的轨迹，即为光线。如果光波长极短且可以忽略，并使小孔无穷小，则通过的光的轨迹形成一条尖锐的线即为光射线。也可以说，对于一条极细的光束而言其轴线就是光射线。

用光射线代表光信号传输轨迹的方法称为射线光学理论分析方法，其成立的近似条件是相比于光纤的纤芯尺寸，光信号的波长非常短且趋于 0。由于射线光学理论分析方法是用几何的方法定性描述光射线的传输路径以及光与其他介质的相互关系，所以也称为几何光学。

1. Snell 定律

射线光学理论分析方法中最重要的是斯涅尔（Snell）定律，包括反射定律和折射定律。

当光射线轨迹处于恒定折射率区域时，Snell 定律可表示为：

● 反射定律，即光射线的入射角始终与反射角相等，其表达式为

$$\theta_\lambda = \theta_\text{反} \tag{2-2}$$

● 折射定律，光射线入射角的正弦与第一种介质折射率的乘积等于折射角的正弦与第二种介质折射率的乘积，其表达式为

$$n_1 \sin\theta_\lambda = n_2 \sin\theta_\text{折} \tag{2-3}$$

式（2-2）和式（2-3）中，n_1 和 n_2 分别为两种介质的折射率；θ_λ、$\theta_\text{反}$ 和 $\theta_\text{折}$ 分别是光射线的入射角、反射角和折射角。

当入射光线从光密媒质（具有较高的相对折射率 n_1）进入光疏媒质（具有较低的相对折射率 n_2）时，即呈现图 2-7 所示场景。

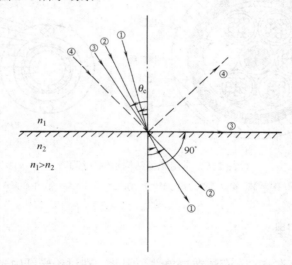

图 2-7　入射光线从光密媒质进入光疏媒质

此时，随着 θ_λ 的增加，$\theta_\text{折}$ 也随之增加；当 θ_λ 增加到一定角度（θ_c）时，$\theta_\text{折} = 90°$；此时 θ_λ 继续增加，由于 $\theta_\text{折} = 90°$，即不能产生折射光，而只会产生反射，这种现象称为全反射现象。此时有

$$n_1 \sin\theta_\text{c} = n_2 \sin 90°$$
$$\sin\theta_\text{c} = \frac{n_2}{n_1} \tag{2-4}$$

式中，θ_c 称为全反射的临界角。

2．光纤的传光原理

以阶跃折射率光纤为例，光射线由纤芯向包层入射的全反射现象如图 2-8 所示。

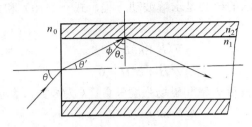

图 2-8　阶跃折射率光纤的全反射

图中 $n_0=1$，为空气折射率，n_1 为纤芯折射率，n_2 为包层折射率，满足 $n_1>n_2$。

在光纤的入射端面，与光纤轴线夹角为 θ 的光射线，由光纤端面首先进入纤芯，产生折射，由于 $n_0 < n_1$，故折射角 $\theta'<$ 入射角 θ，即有

$$n_0 \sin \theta = n_1 \sin \theta' = n_1 \cos \phi \tag{2-5}$$

在纤芯与包层的分界面处，为不使光线进入包层中产生折射而产生能量衰减，必须使其在纤芯与包层分界面处产生全反射，其条件需满足 $\phi > \theta_c$，即

$$\sin \phi > \frac{n_2}{n_1} \tag{2-6}$$

由简单的分析可知，当在光纤入射端面满足下式时，进入光纤的光线就能在纤芯-包层界面处产生全反射：

$$n_0 \sin \theta < \sqrt{n_1^2 - n_2^2} \tag{2-7}$$

由纤芯包层分界面处的全反射临界角 θ_c，可推导出光纤端面处入射角的临界角 θ_a，即

$$\theta_a = \arcsin \frac{\sqrt{n_1^2 - n_2^2}}{n_0} \approx \arcsin \sqrt{n_1^2 - n_2^2} \tag{2-8}$$

只要从光纤端面入射的光射线的入射角 $\theta_\lambda \leqslant \theta_a$，就能在纤芯中形成全反射传输。$\theta_a$ 为光纤端面的最大入射角，$2\theta_a$ 为光纤对光的最大可接收角。

定义端面入射临界角 θ_a 的正弦与空气折射率乘积为光纤的数值孔径（NA），即有

$$NA = n_0 \sin \theta_a = \sqrt{n_1^2 - n_2^2} \approx n_1 \sqrt{2\Delta} \tag{2-9}$$

式中，$n_0 \approx 1$；$\Delta = \dfrac{n_1 - n_2}{n_1}$。

数值孔径（NA）可以反映光纤接收和传输光的能力，NA（或 θ_a）越大，表示光纤接收光的能力越强，光源与光纤之间的耦合效率越高。同时，NA 越大，光纤对入射光的束缚越强，光纤抗弯曲特性越好。但 NA 太大时，进入光纤中的光线过多，将会产生过大的模色散，因而限制了信息传输容量，所以必须适当选择 NA。

2.2.2　波动光学理论分析法

1．基本方法

射线光纤理论分析方法虽然形象地给出了光纤中光的传输原理，但其是假定光波长趋于

0 时的近似分析方法，无法对光在光纤中的传输状态进行严格的定量分析，因此需要引入波动光学理论分析方法。

波动光学理论分析方法的核心是求解波动方程，式（2-10）和式（2-11）给出了简化形式的波动方程

$$\nabla^2 \vec{E} + k^2 \vec{E} = 0 \tag{2-10}$$

$$\nabla^2 \vec{H} + k^2 \vec{H} = 0 \tag{2-11}$$

式中，$\vec{E}$ 和 $\vec{H}$ 分别是电场强度矢量和磁场强度矢量；k 为波数，表示为

$$k^2 = \omega^2 \mu \varepsilon \tag{2-12}$$

式中，ω 为角频率；ε 和 μ 分别为介电常数和磁导率。

如果式（2-10）和式（2-11）中的 $\vec{E}$ 和 $\vec{H}$ 为时谐场，该方程也称为亥姆霍兹（Helmholtz）方程。根据特定的初始条件和边界条件，方程即可能有解，方程的每一组解即对应着电磁波在光纤中的特定传播形式（即模式）。

考虑光纤的外形是圆柱形，纤芯和包层是存在一定折射率差的石英（SiO$_2$）材料。因此，可以把光纤抽象为一个圆柱形介质波导体，z 轴是轴向坐标（光信号传播的前进方向）。用求解波动方程的方法考察光在光纤中具体的传播和存在形式，即在圆柱坐标系中求解 E_r、E_φ、E_z 和 H_r、H_φ、H_z 等共 6 个变量。由于波动方程只有两个方程，因此需要进行必要的矢量变换，即将横向分量（即与光纤轴线垂直的方向）E_r、E_φ、H_r、H_φ 分别用 E_z、H_z 表示，即

$$E_r = \frac{-\mathrm{j}}{K^2}\left(\beta \frac{\partial E_z}{\partial r} + \omega\mu \frac{1}{r} \frac{\partial H_z}{\partial \phi} \right) \tag{2-13}$$

$$E_\phi = \frac{-\mathrm{j}}{K^2}\left(\frac{\beta}{r} \frac{\partial E_z}{\partial \phi} - \omega\mu \cdot \frac{\partial H_z}{\partial r} \right) \tag{2-14}$$

$$H_r = \frac{-\mathrm{j}}{K^2}\left(\beta \frac{\partial H_z}{\partial r} - \omega\mu \frac{1}{r} \cdot \frac{\partial E_z}{\partial \phi} \right) \tag{2-15}$$

$$H_\phi = \frac{-\mathrm{j}}{K^2}\left(\frac{\beta}{r} \frac{\partial H_z}{\partial \phi} + \omega\mu \cdot \frac{\partial E_z}{\partial r} \right) \tag{2-16}$$

其中，$K^2 = k^2 - \beta^2$；β 为传播常数。待求解的波动方程可以表示为

$$\frac{\partial^2 E_z}{\partial r^2} + \frac{1}{r}\frac{\partial E_z}{\partial r} + \frac{1}{r^2}\frac{\partial^2 E_z}{\partial \phi^2} + K^2 E_z = 0 \tag{2-17}$$

$$\frac{\partial^2 H_z}{\partial r^2} + \frac{1}{r}\frac{\partial H_z}{\partial r} + \frac{1}{r^2}\frac{\partial^2 H_z}{\partial \phi^2} + K^2 H_z = 0 \tag{2-18}$$

如果式（2-17）和式（2-18）给出的波动方程有解，则可解得光纤中任一处的 E_z 和 H_z，再分别代入式（2-13）～式（2-16），便可得到光纤中电磁场分布的完整描述。

2. 阶跃折射率光纤传输原理

图 2-9 给出了波动方程分析所使用的阶跃折射率光纤示例。

由于求解的是光纤中的稳态传输特性，因此初始条件（$t=0, z=0$）相对可以忽略，主要考察稳态传输时的边界条件。由图 2-9 不难看出，电磁波的传输主要涉及纤芯和包层的分界

面，以及包层和空气的分界面两个边界条件。为简化分析，可以假设光纤包层的半径 b 足够大且趋于无穷，以使得包层内电磁场在包层和空气的界面处衰减趋于 0，这样就可以把光纤作为两种介质的边界问题进行分析。此种假设也符合光纤作为传输媒质的特定，即场只在波导（光纤）中存在。

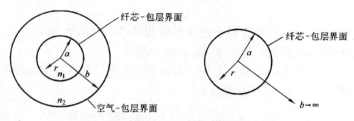

图2-9　阶跃折射率光纤几何图形

运用分离变量法求解式（2-7）和式（2-8）所示的波动方程，经过一系列数学处理，可得

$$\frac{\mathrm{d}^2 E_z}{\mathrm{d}r^2} + \frac{1}{r}\frac{\mathrm{d}E_z}{\mathrm{d}r} + \left(n^2 k_0^2 - \beta^2 - \frac{m^2}{r^2} \right) E_z = 0 \qquad (2\text{-}19)$$

$$\frac{\mathrm{d}^2 H_z}{\mathrm{d}r^2} + \frac{1}{r}\frac{\mathrm{d}H_z}{\mathrm{d}r} + \left(n^2 k_0^2 - \beta^2 - \frac{m^2}{r^2} \right) H_z = 0 \qquad (2\text{-}20)$$

式中，m 是贝塞尔函数的阶数，称为方位角模数，它表示纤芯沿方位角 ϕ 绕一圈场变化的周期数。式（2-19）和式（2-20）是贝塞尔方程。

根据前述边界条件的假设，在纤芯和包层中波动方程的解（分别对应纤芯和包层中场的存在形式）应该不一样。纤芯中（$0 \leqslant r \leqslant a$）应该是振荡场，场的能量可以沿 z 轴方向传输；包层（$r > a$）中应该是衰减场，理想情况下应该没有场存在，这也符合前述的稳态传输条件假设，即场能量只存在于纤芯中。

由于波动方程中的各系数都是待定的，因此波动方程的求解可能得到许多组解，这就意味着可能会在光纤中存在多种形式的传输场。下面根据贝塞尔方程解的存在条件，对可能的解进行分类：

当 $m=0$ 时，可以得到两组独立的分量，一组是 H_z、H_r、E_ϕ，即 z 方向上只有 H 分量，称为横电模（TE）；一组是 E_z、E_r、H_ϕ，z 方向上只有 E 分量，称为横磁模（TM）。

当 $m>0$ 时，z 方向上既有 E_z 分量，又有 H_z 分量，称之为混合模。若 z 方向上的 E_z 分量比 H_z 分量大，称为 EH_{mn} 模；若 z 方向上的 H_z 分量比 E_z 分量大，称为 HE_{mn} 模。n 是贝塞尔函数的根按从小到大排列的序数，称为径向模数，它表示从纤芯中心（$r=0$）到纤芯与包层交界面（$r=a$）场变化的半周期数。

显然，作为传输媒质的光纤应该对其中传输的模式数有要求。理想的情况下，应该只有唯一的一个模式携带信息在光纤中传输，而且无论光纤的结构和参数发生何种变化，该模式始终应能保持传输。那么模式的存在和哪些参数有关呢？

对每一个传播模来说，应该仅能存在于纤芯中，而在包层中衰减无穷大，即不能在包层中存在，场的全部能量都沿光纤轴线方向传输。如果某一个模式在包层中没有衰减，根据前面假设的边界条件也即意味着该模式沿横向方向进行辐射，场的能量没有沿光纤轴线方向传输，称该模式被截止（cutoff）。

经过复杂的计算和数学处理，对式（2-19）和式（2-20）中可能的各个解进行讨论，发现具有以下特点：

1）不同的模式具有不同的模截止条件，满足该条件时能以传播模形式在纤芯中传输，否则该模式被截止；

2）在所有的模式中，仅有 HE_{11} 模不存在模截止条件，即截止频率为0。也就是说，当其他所有模式均截止时该模式仍能传输，称 HE_{11} 模为基模。

从基模及其他模式（称为高阶模）的截止条件和波长等，即可推导出对应的边界条件（包括纤芯和包层的几何尺寸、折射率等参数）。

当包层与纤芯的相对折射率差 $\Delta = \dfrac{(n_1 - n_2)}{n_1} \ll 1$ 时，称为弱导光纤。弱导光纤中可以用标量近似法来分析阶跃折射率光纤中的模式（相对上述的矢量精确分析法），此时求解得到的模式可以记为线性极化模（LP 模）。

LP_{mn} 模可以看成是 $HE_{m+1, n}$ 模和 $EH_{m-1, n}$ 模的叠加。线性极化模 LP 模与 HE、EH 模之间的关系如表 2-1 所示，注意矢量精确分析法中得到的 HE_{11} 对应于标量近似分析法得到的 LP_{01}，两者都可以表示基模。

表 2-1　LP 模与 HE/EH 模的关系

LP 模	矢 量 模	简 并 度	总 模 数
LP_{01}	HE_{11}	2	2
LP_{11}	TE_{01}，TM_{01}，HE_{21}	4	6
LP_{02}	HE_{12}	2	8
LP_{21}	HE_{31}，EH_{11}	4	12
LP_{31}	HE_{41}，EH_{21}	4	16
LP_{12}	TE_{02}，TM_{02}，HE_{22}	4	20
LP_{41}	HE_{51}，EH_{31}	4	24
LP_{03}	HE_{13}	2	26
LP_{22}	HE_{32}，EH_{12}	4	30
LP_{51}	HE_{61}，EH_{41}	4	34

2.2.3　单模传输条件

定义参数归一化频率 V，表示为

$$V = \frac{2\pi a \sqrt{n_1^2 - n_2^2}}{\lambda} \tag{2-21}$$

当满足 $V < 2.405$（2.405 是贝塞尔方程的第一个实根）时，光纤中只存在唯一的传播模式（即 HE_{11} 或 LP_{01} 模），此时光纤满足单模传输条件，即仅有基模可以传输，其他高阶模式均被截止。而当 $V > 2.405$ 时，光纤中会有多个不同的传输模式。

从式（2-21）不难看出，判断光纤是否能满足单模传输与光纤本身的参数和入射光信号均有关系，因此引入判断光纤是否满足单模传输的重要参数——截止波长。

1. 截止波长

由式（2-21）可知，只有当 $V < 2.405$ 时才能保证光纤中只传输基模（LP_{01} 模或 HE_{11} 模），因此单模光纤的理论截止波长 λ_c 可以表示为

$$\lambda_c = \frac{2\pi a \sqrt{n_1^2 - n_2^2}}{2.405} \tag{2-22}$$

截止波长是单模光纤的基本参数。判断一根光纤是否满足单模传输条件，可以比较其工作波长 λ 与理论截止波长 λ_c。如果 $\lambda > \lambda_c$，则满足单模传输；如果 $\lambda < \lambda_c$，则不满足单模传输。

2. 模场直径

模场直径（MFD）是描述光纤端面横截面上基模场强分布的物理量。

由于实际的光纤的纤芯和包层尺寸较小，即使满足截止波长条件，实验证明光纤中基模（LP_{01} 模或 HE_{11} 模）的场强并不是完全集中在纤芯内，而是有一小部分在包层中传播。所以一般使用模场直径作为描述单模光纤传输时光能集中程度的参数。

模场直径并不是直接测量光纤的纤芯直径，而是通过光纤端面的光场强分布来定义。ITU-T 将远场二阶矩作为单模光纤模场直径的正式定义，即根据远场强度分布，以下式来定义模场直径：

$$d = \frac{2}{\pi} \left[\frac{2 \int_0^\infty F^2(q) q^2 \mathrm{d}q}{\int_0^\infty F^2(q) q \mathrm{d}q} \right]^{-1/2} \tag{2-23}$$

式中，$F(q)$ 是基模的远场强度分布，$q = \sin(\theta/\lambda)$，λ 是入射光波长，θ 是远场锥角。

式（2-23）中的积分虽然是从 0 到无穷，但一般单模光纤中基模的远场强度在 $\theta > 25°$ 时就几乎趋于 0，故实际积分只限到某个远场强度极大值（q_{max}）即可。

令 $x = \sin\theta$ 为远场锥角的数值孔径，则式（2-23）可改写为

$$d = \frac{\sqrt{2}\lambda}{\pi} \left[\frac{\int_0^\infty F^2(x) x^2 \mathrm{d}x}{\int_0^\infty F^2(x) x \mathrm{d}x} \right]^{-1/2} \tag{2-24}$$

由于当远场锥角增大到光纤的数值孔径附近时，基模的远场强度急剧衰减，因此模场直径的描述可以简化为

$$d \approx \frac{\sqrt{2}\lambda}{\pi} \frac{1}{\sqrt{NA^2}} \tag{2-25}$$

需要指出的是，只有实际测量出光纤的远场分布之后，才能准确计算数值孔径的方均根值。而光纤的远场与光纤的折射率分布有关，也就是与光纤的相对折射率差 Δ、光纤纤芯尺寸 a 及折射率分布形状有关。

2.3 光纤传输特性

光纤中的光信号经过一定距离传输后会产生劣化，主要表现在光脉冲不仅幅度减小，而且波形会失真（展宽），继而引起码间干扰等现象并影响系统的性能。产生光信号幅度衰减和波形畸变的主要原因是光纤中存在损耗、色散和非线性效应等因素，这些因素限制了系统的

传输距离和传输容量。本节主要讨论影响光纤传输性能的参数及其产生机理。

2.3.1 损耗特性

光纤中光信号传输的能量的衰减将导致传输信号的损耗。在光纤通信系统中，当入纤光功率和接收灵敏度给定时，光纤的损耗特性将是限制无中继传输距离的重要因素。

损耗特性描述的是单位长度光纤传输过程中能量的损失程度。定义工作波长为 λ 时，L 公里长光纤的总损耗 $A(\lambda)$（单位为 dB）及单位长度光纤的损耗系数 $\alpha(\lambda)$（单位为 dB/km）分别为

$$A(\lambda) = 10\lg\frac{P_i}{P_o} \qquad\qquad (2\text{-}26)$$

$$\alpha(\lambda) = \frac{10}{L}\lg\frac{P_i}{P_o} \qquad\qquad (2\text{-}27)$$

式中，P_i 是光纤的输入功率（W）；P_o 是光纤的输出功率（W）；L 是光纤长度（km）。

引起光纤损耗的机理主要包括吸收、散射和辐射。其中，吸收损耗与光纤组成材料和杂质有关，散射损耗与光纤材料及结构中的缺陷有关，辐射损耗则是由光纤几何形状的微观和宏观扰动引起的。

1. 吸收损耗

吸收损耗是由于光纤组成材料和杂质对光能的吸收引起的。

（1）本征吸收

本征吸收是由构成光纤材料对特定波长的固有吸收所引起的，构成光纤的材料（SiO_2）中存在着紫外光区域光谱的吸收和红外光区域的吸收等引起的能量损失，吸收损耗与光波长有关。其中，紫外吸收带主要是由于原子跃迁引起的。对纯 SiO_2 材料而言，光吸收峰是在 0.16μm 处，但其吸收尾部会拖到 0.7～1.1μm 的波长段中。红外吸收则是由分子振动引起的。对 SiO_2 材料而言，吸收峰是在 9.1μm 附近，但其吸收尾部会拖到 1.5～1.7μm。由两种吸收带所产生的固有吸收损耗相对较小，在 0.8～1.6μm 波长段，一般小于 0.1dB/km；在 1.3～1.6μm 波长段，一般小于 0.03dB/km。

（2）杂质引起的吸收

光纤中的杂质包括两部分：一部分是人为掺入的特定元素；另一部分是由于制造工艺限制不可避免带入的其他元素。

由于需要构建纤芯和包层的折射率差，以 SiO_2 为主的光纤材料中加入了一定的掺杂剂，如锗（Ge）、硼（B）和磷（P）等，以及制造工艺中带入的铁（Fe）、铜（Cu）和铬（Cr）等金属杂质离子。杂质离子在相应的波长段内有强烈的吸收，如铜离子吸收峰为 0.8μm，铁离子吸收峰为 1.1μm，杂质含量越多，衰减越严重。除了金属杂质吸收外，氢氧根离子（OH^-）的存在也产生了较大的吸收损耗。氢氧根离子（OH^-）主要的吸收损耗峰分别位于为 0.95μm、1.24μm 和 1.39μm 处。其中以 1.39μm 处的吸收峰影响最严重。为此，近年来在析氢技术方面开展了大量工作，目前已近可以将 OH^- 的含量降到 10^{-9} 以下，典型的 1.39μm 处的吸收损耗也可以降至 0.5dB/km 以下。

由杂质引起的损耗的情况见图 2-10 及表 2-2。

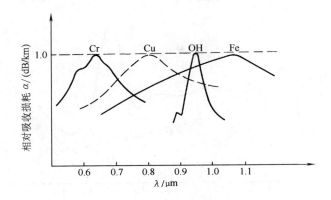

图 2-10　杂质引起的吸收衰减

表 2-2　产生 1dB/km 的杂质离子浓度

离　　子	吸收峰处损耗 1dB/km 的杂质离子浓度
OH^-	1.25×10^{-6}
Cu^{2+}	2.5×10^{-9}
Fe^{2+}	1.0×10^{-9}
Cr^{3+}	1.0×10^{-9}

2. 散射损耗

散射损耗主要是由于光纤材料和结构中存在的不均匀及缺陷（如极小的裂隙和气泡等），导致光散射现象的出现而引起的损耗。

（1）瑞利散射损耗

瑞利散射是由于光纤内部的密度不均匀引起的，从而使纤芯的折射率沿纵向产生不均匀的变化（不均匀点的尺寸比光波波长还要小）。光在光纤中传输时，遇到随机起伏的不均匀点时，会受其影响并改变传输方向，即产生散射现象。瑞利散射损耗（α_R）的大小与 $1/\lambda^4$ 成正比，可用经验公式表示为 $\alpha_R \propto \dfrac{A}{\lambda^4}$。其中，瑞利散射系数 A 主要取决于纤芯和包层的相对折射率差 Δ。图 2-11 给出了一个典型的光纤损耗——波长特性曲线。

由图可见，瑞利散射损耗与红外吸收尾部曲线的交点，决定了 SiO_2 光纤传输损耗的下限。如果 $\Delta=0.2\%$，在 $\lambda=1.55\mu m$ 处光纤损耗系数最低理论极限为 0.149dB/km。随着技术和工艺的进步，目前最新的纯硅芯光纤（PSCF）的损耗性能已经接近这一理论值。

（2）波导散射损耗

光纤在制造过程中，即使采取了各种高精度的测量和控制技术，但是仍然不可避免地会产生某些缺陷。例如，纤芯尺寸上的细微变化、纤芯内部或纤芯-包层分界面上的微小气泡等缺陷，都可能使得光纤的纤芯部分沿 z 轴（传播方向）发生变化或不均匀，这也会产生散射损耗。此外，由于光纤波导结构中的畸变或粗糙可能会引起模式转换，从而产生其他的传输模式或辐射模式，并进一步产生附加损耗，也称为波导散射损耗。

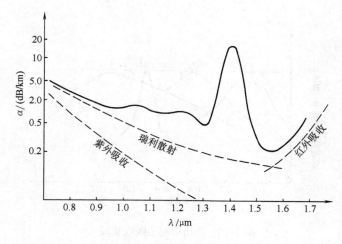

图 2-11　光纤损耗——波长特性

3．辐射损耗

前述的射线光学和波动光学分析方法中，均假设光纤是一个理想的圆柱体（刚体）。但实际中当光纤受到外力作用时，可能会产生一定的弯曲或形变。弯曲后的光纤虽然仍然可以继续传光，但光线的传播途径会发生改变。光纤中的传播模式由于外力引起的形变转换为辐射模和引起能量的泄漏，这种由应力及形变导致能量泄漏产生的损耗称为辐射损耗。

光纤受力弯曲有两类：

1）曲率半径比光纤直径大得多的弯曲，称为宏弯。例如，当光缆敷设中沿着道路或河流拐弯时，就会产生这样的较大半径的弯曲。

2）光缆成缆和敷设时产生的极小的随机性弯曲，称为微弯。例如在拉丝、成缆或敷设环节中引入的附加应力导致的光纤细微弯曲等。

当弯曲程度较大（曲率半径较小）时，光纤损耗将随之增大。由弯曲产生的损耗系数 α 与曲率半径 R 关系可以表示为

$$\alpha = C_1 e^{-C_2 R} \tag{2-28}$$

式中，C_1 和 C_2 为常数。

由式（2-28）可见，弯曲越严重（R 越小），α 越大。对于阶跃折射率光纤，其允许的最小弯曲半径可以表示为 $R_{0s}=2a/\Delta$。对于渐变折射率光纤，其允许的最小弯曲半径为

$$R_{0g}=4a/\Delta$$

式中，a 为纤芯半径；Δ 为相对折射率差。实际工程中应该尽可能避免光纤光缆弯曲或受力，以尽可能减小或消除弯曲损耗的影响。

2.3.2　色散特性

光纤中传输的光信号可能包括不同的频率成分和模式成分，这些包含不同频率或不同模式成分的光脉冲在光纤中传输的速度不同，从而产生时延差并引起光脉冲形状的变化。

定义色散（Dispersion）为单位波长间隔内不同波长成分的光脉冲传输单位距离后脉冲前后沿的时延变化量，其单位为 ps/nm·km。色散是导致光纤中传输信号畸变的主要性能参数，

会使光脉冲随着传输距离延长而出现展宽现象，进一步地会产生码间干扰（ISI），增加系统的误码率。因此，色散一方面限制了光纤通信系统的传输距离，另一方面由于高速率系统对于色散更加敏感，因而色散也限制了光纤通信系统的传输容量。

光纤中的色散可分为模式间色散、材料色散和波导色散等。

1）模式间色散：在多模传输下，光纤中各模式在同一光源频率下传输系数不同，因而群速度不同而引起的色散。

2）材料色散：由于制造光纤材料本身的折射率随频率而变化，导致传输光信号不同频率的群速度不同引起的色散。

3）波导色散：对于光纤中某一模式本身，由于光源发出的光包含了不同频率成分，其传输系数不同引起的群速度不同导致的色散称为波导色散。波导色散是模式本身的色散。

对多模光纤而言，模式间色散占主导，材料色散相对较小，波导色散一般可以忽略。材料色散和波导色散发生在同一模式内，称为模内色散。对于单模光纤而言，材料色散占主导，波导色散较小。但是当制造光纤的材料确定后，决定单模光纤色散的主要是波导色散。由于实际的光源发出的不是理想的单频光，具有一定的谱宽，加上光纤色散的影响，会对高速率光纤通信系统的性能产生严重的影响。

1．单模光纤色散及其影响

单模光纤中只传输基模（HE_{11}），总的色散由材料色散和波导色散组成。由于色散与波长有关，因此单模光纤的总色散也称为波长色散 $D(\lambda)$，可以表示为

$$D(\lambda)=D_m + D_W + D_p \tag{2-29}$$

式中，D_m、D_W 和 D_p 分别为材料色散、波导色散和折射剖面色散系数。由于 $D_p \approx 0$，$D(\lambda)$ 可以简化为

$$D(\lambda) \approx D_m + D_W = -\frac{\lambda}{c}\frac{d^2 n_2}{d\lambda^2} - \frac{n_2 \Delta}{c\lambda}V\frac{d^2(Vb)}{dV^2} \tag{2-30}$$

式中的第一项是纯 SiO_2 的材料色散系数，第二项表征波导色散系数，主要与归一化传播常数 b 和归一化频率 V 有关，b 和 V 与光纤折射率剖面结构参数有关。

对于单模光纤而言，在一定的波长范围内，材料色散系数与波导色散系数符号相反，其绝对值大小主要和纤芯半径 a、相对折射率差和折射率剖面形状等有关。在实际的光纤制造中，可以通过改变折射率分布形状和剖面结构参数的方法获得不同的波导色散以抵消 SiO_2 的色散值，从而获得在不同波长上色散系数不同的光纤。

2．高阶色散和色散斜率

高阶色散可用色散斜率 $S=dD/d\lambda$ 来表示，S 也叫二阶色散系数，可以表示为

$$S = (4\pi c/\lambda^3)\beta_2 + (2\pi c/\lambda^2)^2 \beta_3 \tag{2-31}$$

式中，β_2 和 β_3 分别是传输常数 β 在光脉冲中心频率 ω_0 处展开成泰勒级数的二次和三次项。由于高阶色散与波长有关，根据对高斯、超高斯、双曲正割脉冲等不同类型的脉冲传输特性的研究，其影响不可忽视。特别是对于多信道光纤通信系统而言，高阶色散（色散斜率）的影响会更为复杂，需要采用仔细的对策以保证受色散影响的不同传输波长光信号都得到有效的克服。

2.3.3 非线性效应

构成光纤的材料（SiO_2）本身并不是一种非线性材料，但光纤的结构使得入射光信号的较高能量聚集在很小的光纤截面上。当入纤光功率较高时可能会引起较明显的非线性光学效应，对光纤传输系统的性能和传输特性产生影响。特别是近年来，随着光放大器和波分复用（WDM）技术的大量使用，成倍地提高了光纤中的平均入纤光功率，光纤中的非线性效应显著增大。损耗、色散和非线性效应已经被公认为是影响高速率大容量光纤通信系统最主要的三个性能参数。

从波动光学理论角度而言，任何处于高强度电磁场中的电介质，其响应特性会出现非线性效应，光纤也不例外，这种非线性响应可以分为受激散射和非线性折射两种类型。

受激散射效应可以分为弹性散射和非弹性散射。弹性散射中，被散射的光的频率（或光子能量）保持不变，相反在非弹性散射中被散射光的频率将会降低。光纤中最常见的非弹性散射现象包括受激拉曼散射（SRS）和受激布里渊散射（SBS），这两种散射都可以理解为一个高能量的光子被散射成一个低能量的光子，同时产生一个能量为两个光子能量差的另一能量子。两种散射的主要区别在于拉曼散射的剩余能量转变为分子振动，而布里渊散射转变为声子振动，拉曼散射和布里渊散射都使得入射光的能量降低。在较高的入射光功率情况下，SRS 和 SBS 都可能导致较大的输入光能量的损耗。而且当入射光功率超过非线性效应的阈值后，两种散射效应导致的散射光强度都随入射光功率成指数增加。

非线性折射效应是指材料的折射率与入射光功率相关。一般情况下，SiO_2 的折射率是一个固定值（与光功率无关），这在较低功率的情况下基本成立。但在较高入纤功率情况下，由于非线性折射效应的影响，折射率不再是一个常数，将会产生一个非线性相位移。如果相位移是由入射光场自身引起的，即称为自相位调制（SPM），SPM 会导致光纤中传播的光脉冲频谱展宽。当两个或两个以上的信道使用不同的载频同时在光纤中传输时，折射率与光功率的依赖关系也可以导致另一种称为交叉相位调制（XPM 或 CPM）的非线性现象。特别地，四波混频（FWM）是多个光波在介质中相互作用所引起的非线性效应，这种效应对于波分复用（WDM）系统而言影响较为严重。

1. 受激拉曼散射（SRS）

由于 SRS 的阈值较高（典型阈值为 1W），远超过单个激光器的输出功率，因此 SRS 一般对单信道系统影响较小。但在波分复用（WDM）系统中，多个信道合并后的入纤光功率可能达到或超过 SRS 阈值，若不同信道的频率差在光纤的拉曼增益谱内，则高频率信道的能量可能通过受激拉曼散射效应向低频率信道的信号转移。SRS 造成的能量转移不但使低频信道能量增加而高频信道的能量减小，更重要的是能量的转移与两个信道的调制码型有关，从而形成信道间的串扰以及接收噪声的增加和接收灵敏度劣化。由于拉曼增益谱很宽（约 10THz），所以在 WDM 系统中较易观察到 SRS 引起的非线性干扰现象。因此，针对 WDM 系统而言需要仔细控制各信道的功率，避免和减小 SRS 引起的干扰。

2. 受激布里渊散射（SBS）

高频信道的能量也可能通过 SBS 效应向低频信道传送，但由于 SBS 的增益谱很窄（约 10～100MHz），为实现泵浦光与信号光能量的转移，要求两者频率严格匹配。因此，只要信号载频及间隔设计合理，就可以较好地避免 SBS 引起的干扰。同时 SBS 要求两个信号光反向传输，所以如果所有信道的光都是同方向传输的，则不易出现 SBS 引起的干扰。尽管如此，SBS 效应也对信道功率构成限制。这是由于当信道入纤功率超过一定值后，信道能量可能通过 SBS 效应转变成斯托克斯波并对原始信号产生影响。

3. 交叉相位调制（XPM）

XPM 是引起 WDM 系统中信道非线性串扰一个重要因素。XPM 起源于光纤中折射率与光强度的依赖关系。当某一信道信号沿光纤传输时，信号的相位移不仅与自身的强度有关，而且与其他信道的光信号强度有关，对于传统的强度调制/直接检测（IM/DD）系统而言，由于信号检测和接收只与入射光的强度有关而与相位无关，所以 XPM 不会对系统性能造成显著的影响。但对于相干检测光纤通信系统而言，信号相位的改变将会引起噪声，因此 XPM 会对这种系统形成信道串扰。XPM 不仅与单个信道功率有关，而且与信道数目有关。在信号功率较大的情况下，任何引起信号功率漂移的因素（如相对强度噪声、FSK 和 PSK 调制引起的附加幅度变化等）都可能通过 SPM 而形成对系统性能的影响。

4. 四波混频（FWM）

在 WDM 系统中，假设三个频率分别为 ω_i、ω_j 和 ω_k（i, j, k 可取 1 到最大信道数 N）的信道同时传输，FWM 效应会导致初始信道频率间的相互混频并可能产生第四个频率为 $\omega_{ijk}=\omega_i\pm\omega_j\pm\omega_k$ 的信号，称为 FWM 寄生或感生频率 ω_{FWM}。如果信道间隔是等分的，则这第四个频率会与某一个初始信道的频率相同，从而形成干扰。另一方面，FWM 可能导致能量在信道之间的转换，即使在信道间隔不是等分的情况下，新产生的频率也可能落在原始信道间隔之间，在接收机检测和接收过程中也可能引起噪声。若所有信道的功率 P_{ch} 相等，则 FWM 的效率与 P_{ch}^3 成正比。此外，是否会出现明显的 FWM 效应还与各信道的相位匹配条件有关，而在光纤的零色散波长区域，较易观察到明显的 FWM 效应。

对于强度调制直接检测（IM/DD）系统，由于信道间隔一般较大（>100GHz），并且如果使用在 1.55μm 工作波长处具有较大色散的普通单模光纤，则可以不考虑 FWM。但如果波长接近于光纤的零色散波长，就应该考虑 FWM 的影响。对于相干检测系统，信道间隔较小（1～10GHz），一般均应考虑 FWM 效应。

在各种非线性因素中，当光纤通信系统信道数目 $N=10$ 时，FWM 和 SBS 为主；当 $N>10$ 时，XPM 开始占主导地位；当 $N>500$ 时，SRS 成为主要限制因素。在实际的 WDM 系统中，由于受到上述这些非线性串扰因素的限制，各信道的发射功率通常需要严格控制。

通过前面的分析可知，XPM 不构成对 IM/DD 系统性能的影响，SBS 只与信号的调制方式有关而与信道数目无关，因而只要通过适当的调制技术就能克服 SBS 作用。所以在 IM/DD 系统中，当信道间隔很小、且波长接近于光纤的零色散波长时，就只有 FWM 和 SRS 对系统产生影响。当信道数目在十几路至几十路时，FWM 的影响是主要的。

2.3.4 随机双折射与偏振模色散

偏振模色散主要是由光纤的双折射效应引起的。单模光纤中，有极化方向互相垂直的两个基模 LP_{01}^x 和 LP_{01}^y，它们的电场各沿 x、y 方向极化。因而，单模光纤中实际上同时传输两个正交的模式。前述波动光学理论分析方法中，假设理想光纤的横截面形状及折射率指数分布是均匀对称的，因此 LP_{01}^x 模和 LP_{01}^y 模的相位常数 β 在光纤中处处相等，即这两个模式是完全简并的。但实际中的光纤总有某种不同程度的不完善，如纤芯几何形状的椭圆度、光纤在拉制和预涂覆时未能释放的内部残余应力、光纤的弯曲扭绞等都可能引起折射率指数的各向异性，最终使得 $LP_{01}{}^x$ 模和 $LP_{01}{}^y$ 模的完全简并条件受到破坏，其相位常数 β_x 和 β_y 不再处处相等，这种现象就称为双折射现象。

引入参数 $\Delta\beta = \left(\beta_y - \beta_x\right)$ 表明双折射的程度。双折射在单模光纤中引起了一系列复杂的效应并可能会影响单模光纤的传输特性，其中之一就是差分群时延（DGD）。由于 $LP_{01}{}^x$ 模和 $LP_{01}{}^y$ 模的相位常数 β_x、β_y 不同，将引起这两个模式传输的不同步，从而形成色散，这种色散即称为偏振模色散或极化模色散（PMD），光纤的 PMD 系数单位为 $\mathrm{ps}/\sqrt{\mathrm{km}}$。

偏振模色散可以用 $LP_{01}{}^x$、$LP_{01}{}^y$ 两个模式单位长度上的时延差 $\Delta\tau$ 来表示，即偏振模色散可以简化表示为

$$\Delta\tau_{\mathrm{p}} = \frac{n_y - n_x}{c} = \frac{\Delta\beta}{\omega} \tag{2-32}$$

式中，用 n_x、n_y 分别表示两个正交双折射轴的等效折射指数，即

$$\beta_x = \frac{\omega n_x}{c}, \beta_y = \frac{\omega n_y}{c} \tag{2-33}$$

可见极化色散与光纤的双折射参数 $\Delta\beta$ 成正比。当光纤的不完善性比较严重（例如纤芯的椭圆度大、内应力强等）时，PMD 较大，这就限制了单模光纤的应用。因此，必须要对光纤的极化色散加以控制，也就是要减小光纤的双折射参数 $\Delta\beta$。

与前述的光纤色散系数不同，光纤的 PMD 系数是服从 Maxweilian 分布的随机变量，其瞬时 PMD 系数值与波长、时间、温度及光缆的敷设条件有关。此外，由于 PMD 具有统计特性，在经过多段光纤连接时，光纤链路总的 PMD 值会变小，表 2-3 给出了不同光纤链路 PMD 值下光纤通信系统的传输速率与传输距离之间的关系。

表 2-3 PMD 与系统传输速率、最大传输距离的关系

PMD/(ps/$\sqrt{\mathrm{km}}$)	最大传输距离/km		
	2.5Gbit/s	10Gbit/s	40Gbit/s
3.0	180	11	<1
1.0	1600	100	6
0.5	6400	400	25
0.1	160000	10000	625

多根光纤级联后的 PMD 链路值 X_{Total} 可以表示为

$$X_{\mathrm{Total}} = \left[\left(X_1 + X_2 + \cdots + X_M\right)/M\right] \tag{2-34}$$

式中，M 是等长度连接光纤的数量；$X_i(i=1, 2, \cdots, M)$ 是单根光纤的 PMD 系数。

2.4 常用光纤类型

根据 ITU-T 规定，目前常用的单模光纤包括 G.652 光纤（常规单模光纤）、G.653（色散位移光纤）、G.654（1550nm 低损耗光纤）、G.655（非零色散位移光纤）、G.656（色散平坦光

纤）、G.657 光纤（弯曲损耗不敏感单模光纤）和 DCF（色散补偿光纤）等。

1. G.652 光纤

G.652 光纤是目前应用最为广泛的单模光纤，在语音、数据通信、图像传输和接入网等场合得到了普遍应用。G.652 光纤可以工作在 1310nm 或 1550nm 两个波长窗口，在 1310nm 处损耗系数较大，同时具有零色散；在 1550nm 处损耗最小，但具有较高的色散值，可达+(17～20)ps/(nm·km)。

显然，G.652 光纤对于 1310nm 和 1550nm 两个工作波长窗口而言，都不具有最佳的传输特性。表 2-4 给出了 G.652 光纤的主要性能指标。

表 2-4　G.652 光纤的性能指标与要求

性　能	工作波长/nm	损耗系数/(dB/km)		色散系数/(ps/nm·km)	
		1310nm	1550nm	1310nm	1550nm
要求值	1310/1550	≤0.36	≤0.22	0	+18

ITU-T 针对适用于不同应用场合的 G.652 光纤进行了性能指标的细化，具体包括以下 4 个亚型号：

1）G.652A：仅能支持 2.5Gbit/s 及其以下速率的系统（对光纤的 PMD 系数不作要求）。

2）G.652B：可以支持 10Gbit/s 速率的系统（要求光纤的 PMD 系数小于 $0.5ps/\sqrt{km}$）。

3）G.652C：基本属性与 G.652A 相同，但在 1550nm 波长的损耗系数更低，而且消除了 1380nm 波长附近的水吸收峰，可以工作在整个 1360～1530nm 波段；

4）G.652D：属性与 G.652B 光纤基本相同，而损耗性能与 G.652C 光纤相同，即系统可以工作在 1360～1530nm 波段。

2. G.653 光纤

G.653 光纤是针对 1550nm 工作波长进行传输性能优化的光纤。通过将 G.652 光纤在 1310nm 波长附近的零色散点移至 1550nm 波长处，G.653 光纤在 1550nm 波长处的损耗系数和色散系数均很小，主要用于单信道、长距离海底或陆地通信干线。当 G.653 光纤应用于波分复用（WDM）系统中时，由于四波混频（FWM）效应的影响，可能会导致寄生频率对初始信号频率的影响。因此，G.653 光纤不适合波分复用系统使用。表 2-5 给出了 G.653 光纤的性能指标

表 2-5　G.653 光纤的性能指标与要求

性　能	工作波长/nm	损耗系数/(dB/km)	色散系数/(ps/nm·km)
		1550nm	1550nm
要求值	1550	≤0.25	0

3. G.654 光纤

G.654 光纤是截止波长位移光纤（1550nm 波长最低损耗光纤）。其针对 1550nm 波长处的损耗性能进行了优化，$\alpha_{1550nm}=0.2dB/km$，主要用于无需插入有源器件的长距离无再生海底光缆系统，其缺点是制造困难，价格较高。表 2-6 给出了 G.654 光纤的性能指标。

表 2-6　G.654 光纤的性能指标与要求

性　　能	工作波长/nm	损耗系数/(dB/km)		色散系数/(ps/nm·km)	
		1310nm	1550nm	1310nm	1550nm
要求值	1550	≤0.45	≤0.20	0	18

4．G.655 光纤

G.655 光纤称为非零色散位移光纤，也是针对 1550nm 波长进行性能优化的单模光纤。G.655 光纤在 1550nm 波长处有较低的色散（但不是零色散），从而在降低色散对系统性能影响的同时有效抑制了四波混频现象，适用于速率高于 10Gbit/s 的使用光纤放大器的波分复用系统。表 2-7 给出了 G.655 光纤的性能指标。

表 2-7　G.655 光纤的性能指标与要求

性　　能	工作波长/nm	损耗系数/(dB/km)	色散系数/(ps/nm·km)
		1550nm	1550nm
要求值	1540～1565	≤0.24	$1 \leqslant |D| \leqslant 4$

ITU-T 针对适用于不同应用场合的 G.655 光纤进行了性能指标的细化，具体包括以下三个亚型号：

1）G.655A：支持 200GHz 及其以上间隔的 DWDM 系统在 C 波段的应用。

2）G.655B：支持以 10Gbit/s 为基础的 100GHz 及其以下间隔的 DWDM 系统在 C 和 L 波段的应用；

3）G.655C：能满足 100GHz 及其以下间隔 DWDM 系统在 C、L 波段的应用，又能使 $N×10$Gbit/s 系统传送 3000km 以上，或支持 $N×40$Gbit/s 系统传送 80km 以上，除了 PMD_Q 为 0.20 ps/$\sqrt{km}$ 之外，其他同 G.655B。

5．G.656 光纤

为充分开发和利用光纤的有效带宽，提供更高的系统传输容量，需要光纤在整个光纤通信的波段（1310～1550nm）能有一个较低的色散，G.656 光纤是一种能在 1310～1550nm 波长范围内呈现低的色散（≤1ps/nm·km）的一种光纤。表 2-8 给出了 G.656 光纤的性能指标。

表 2-8　色散平坦光纤的性能指标与要求

性　　能	工作波长/nm	损耗系数/(dB/km)		色散系数/(ps/nm·km)	
		1310nm	1550nm	1310nm	1550nm
要求值	1310～1550	≤0.5	≤0.4	≤1	≤1

6．G.657 光纤

以 G.652 光纤为代表的单模光纤由于受弯曲半径的限制，光纤不能随意地进行小角度拐弯安装，因此敷设和施工技术要求较高，特别是对于光纤接入环境，急需弯曲半径更小的光纤。为此 ITU-T 开发了用于接入网的低弯曲损耗敏感的 G.657 光纤。G.657 光纤的弯曲半径可达 5～10mm，可以像铜缆一样沿着建筑物内很小的拐角安装（直角拐弯），有效降低了光纤布线的施工难度和成本。

ITU-T 将 G.657 分为两个亚型号：

1）G.657A 光纤可用在 D、E、S、C 和 L 五个波段，可以在 1260～1625 nm 整个工作波长范围工作，其传输性能与 G.652D 相同。

2）G.657B 光纤的传输工作波长分别是 1310nm、1550nm 和 1625 nm，G.657B 光纤的应用只限于建筑物内的信号传输。

6．色散补偿光纤

光脉冲信号经过长距离光纤传输后，由于色散效应会产生光脉冲的展宽或畸变，除了各类电均衡器进行补偿外，还可以使用与单模光纤传输波长区域内色散性能相反（具有负色散系数）的特殊光纤来进行补偿。DCF 就是一种具有很大负色散系数的光纤，其在 1550nm 波长处有较大的负色散系数，可以用来补偿 G.652 光纤在 1550nm 波长处的正色散，从而可以抵消或减小光脉冲的展宽，延长系统的中继距离。表 2-9 给出了 DCF 光纤的性能指标与要求。

表 2-9　DCF 光纤的性能指标与要求

性　能	工作波长/nm	损耗系数/(dB/km)		色散系数/(ps/nm·km)	
		1310nm	1550nm	1310nm	1550nm
要求值	1550	≤1.0		−80	−150

图 2-12 给出了主要传输光纤的色散特性。

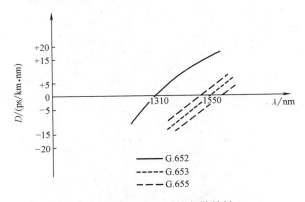

图 2-12　传输光纤的色散特性

2.5　习题

1．光纤传输信号产生能量衰减的原因是什么？光纤的损耗系数对通信有什么影响？

2．在一个光纤通信系统中，光源波长为 1550nm，光波经过 5km 长的光纤线路传输后，其光功率下降了 25%，则该光纤的损耗系数 α 为多少？

3．光脉冲在光纤中传输时，为什么会产生瑞利散射？瑞利散射损耗的大小与什么有关？

4．光纤中产生色散的原因是什么？色散对通信有什么影响？

5．光纤中色散有几种？单模传输光纤中主要是什么色散？多模传输光纤中主要存在什么色散？

6. 单模光纤的基本参数截止波长，模场直径的含义是什么？

7. 目前光纤通信为什么只选用以下三个波长段：$\lambda=850nm$，$\lambda=1310nm$，$\lambda=1550nm$？

8. 何谓模式截止？光纤单模传输的条件是什么？单模光纤中传输的是什么模式？其截止波长为多大？阶跃折射率光纤中线性极化模 LP_{11} 模对应的是什么矢量模？

9. 由光源发出的 $\lambda=1.31\mu m$ 的光，在 $a=9\mu m$，$\Delta=0.01$，$n_1=1.45$，光纤折射率分布为阶跃型时，光纤中导模的数量为多少？

10. 某阶跃折射率光纤的参数为 $n_1=1.5$，$n_2=1.485$，现有一光波在光纤端面轴线处以 $15°$ 的入射角入射进光纤，试问该入射光线在光纤中是成为传导模还是辐射模？为什么？

11. 已知光纤参数为：$n_1=1.45$，$\Delta=0.01$，$\lambda=1.31\mu m$ 的光，估算光纤的模场直径。

12. 光谱线宽度为 1.5nm 的光脉冲经过长为 20km，色散系数为 3ps/km·nm 的单模光纤传输后，光脉冲被展宽了多少？

13. 为什么 G.653 光纤不适合于波分复用系统使用？

第3章 光源和光发送机

3.1 光源

3.1.1 激光产生原理

1. 半导体物理基础

（1）能级

古希腊哲学家留基伯首先提出了关于原子的学说，后经他的学生德谟克利特的进一步发展，形成了最早的朴素唯物主义的原子论。现代科学认为自然界中的一切物质都是由原子组成，不同物质的原子结构各不相同。1911 年，英国物理学家卢瑟福提出了著名的原子结构模型：原子的质量几乎全部集中在直径很小的原子核，电子在原子核外绕核作轨道运动。原子核带正电，电子带负电。

由于电子运动所处的不同轨道之间是不连续的，并且每一轨道具有确定的能量，因此对应的能量也是不连续的。离原子核较近的轨道对应的能量较低，离核较远的轨道所对应的能量较高，原子内部的这些离散的能量差异可表示为原子的不同能级。通常可以若干条水平线来表示电子所处的能级状态（即具有不同能量的轨道），如图 3-1 所示。

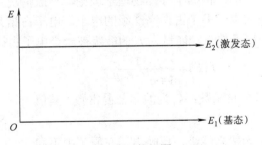

图 3-1　能级图

图 3-1 所示的是一个仅有两个能级的原子结构，即原子核外有两个能级 E_1 和 E_2。纵坐标表示原子内部能量值的大小，能量较高的能级（E_2）称为高能级。

通常情况下，电子总是处在一些内层轨道上，即相应能级图中的较低能级上，这种原子状态叫做基态（或稳态）；能量比基态高的其他能级，均称为激发态。在没有外部激励或能量交换情况下，大部分原子通常处于基态。

在讨论原子对外发光或吸收光能量时，可以把光看作是由光子组成的。考虑在真空中传播的光，若其频率为 f，则一个光子的能量 E 可以表示为

$$E = hf \tag{3-1}$$

式中，h 为普朗克常数，$h = 6.626 \times 10^{-34}$ J·s。

（2）跃迁

由于能级的存在，围绕原子核作轨道运动的电子，其运动轨道不是连续可变的，电子只能沿着某些可能的轨道绕核运转，而不能具有任意的轨道。但当原子与外部有能量交互时，原子中的电子可能从一个轨道跳到另一个轨道，这一过程称为跃迁。一般地，如果原子中的两个能级满足一定的能量交换条件，则可能出现下述情况：

- 一个处于高能级 E_2 的电子，发射一个能量为 $E=hf=E_2-E_1$ 的光子后，由于电子能量的减小返回到低能级 E_1。
- 一个处于低能级 E_1 的电子，从外界吸收能量为 $E=hf=E_2-E_1$ 的光子，由于电子能量的增加其被激发到高能级 E_2。

这种原子中的特定能级上的电子由于发射或吸收光子能量而从一个能级改变到另一个能级的情况称为辐射跃迁（即与外界有能量交换），辐射跃迁必须满足特定原子与外部的能量交换与原子内部能级间能量差的对应关系，即原子发射或吸收光子只能出现在某些特定的能级之间。需要指出的是，电子跃迁伴随的能量变化除了吸收和发射光子外，可能还会有热或其他形式。

原子从高能级跃迁到低能级时，所发出光的频率（波长）取决于这两个能级之间的能量差。两个能级之间的能量差越大，发出光的波长越短（频率越高）。同一种物质的原子中，电子可能在不同能级之间进行跃迁，可以发出不同波长的光。由于每种物质的原子能级结构是一定的，因此只能发出特定频率（波长）的光。这些频率（或波长）就称为原子的固有频率（固有波长）。所以，对于任何一种激光器而言，在满足激光产生条件时也仅能发出特定的固有频率（波长）的光。

（3）费米能级

物质中的电子不停地做无规则的运动，可以在不同的能级间跃迁，即对于某个电子而言，其具有的能量是在不断变化的。根据半导体物理学理论，一般情况下电子占据各个能级的概率并不相等，占据低能级的电子多于占据高能级的电子。电子占据某个能级的概率遵循费米能级统计规律，即在热平衡条件下，能量为 E 的能级被一个电子占据的概率为

$$f(E) = \frac{1}{1 + e^{(E-E_F)/k_0 T}} \tag{3-2}$$

式中，$f(E)$ 为电子的费米分布函数；k_0 为玻尔兹曼常数，其值为 $k_0 = 1.38 \times 10^{-23} \text{ J/K}$；

T 为热力学温度；E_F 为费米能级，反映电子在原子中不同能级间分布的情况。

由式（3-2）可以绘出 $f(E)$ 的变化曲线，如图 3-2 所示。

由图可以看出，在 $T > 0\text{K}$ 的情况下，若 $E=E_F$，则 $f(E)=1/2$，说明该能级被电子占据的概率等于 50%；若 $E<E_F$，$f(E)>1/2$，说明该能级被电子占据的概率大于 50%；若 $E>E_F$，$f(E)<1/2$，说明该能级被电子占据的概率小于 50%。

因此，费米能级反映了物质中的电子占据特定能级的概率。

（4）自发辐射

在通常情况（没有与外部的能量交互）下，原子中总是表现出绝大多数电子处在能量较低的基态能级上，只有极少的一

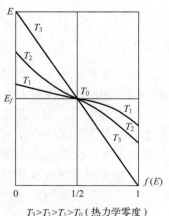

$T_3 > T_2 > T_1 > T_0$（热力学零度）

图 3-2　费米分布曲线

些电子处于激发态的分布情况。要使得基态上的电子产生辐射跃迁，首先要将其激发到较高能级上去，使之具有更高的能量，这一过程称为激发，可用光照、加热或电子碰撞等方式来实现。

电子从基态激发到激发态后，处于能量较高的能级。此时电子处于不稳定状态，有天然和自发地返回到基态的趋势，这个过程称为自发跃迁。电子自发跃迁时，根据能量守恒原理，需要释放出能量。释放出的能量有两种形式：一种是热，这种跃迁称为无辐射跃迁；另一种是光，这种跃迁称为自发辐射跃迁，其辐射称为自发辐射。

由此可见，处于高能级 E_2 的电子具有这样的趋势，即自发地跃迁返回到低能级 E_1，并发射出一个频率为 f，能量为 $E=hf=E_2-E_1$ 的光子。

2．受激吸收和受激辐射

当处于低能级 E_1 的电子，受到光子能量为 $E=hf=E_2-E_1$ 的外来入射光照射时，电子吸收一个光子能量从而跃迁到高能级 E_2，称为光的受激吸收，如图 3-3a 所示。

当处于高能级 E_2 的电子，在受到光子能量为 $E=hf=E_2-E_1$ 的外来入射光的照射时，电子在入射光子的刺激下，跃迁回到低能级 E_1，同时发射出一个与入射光子相同频率、相同相位和相同传播方向的光子，这种类型的跃迁称为受激跃迁，其辐射称为受激辐射，产生的光称为相干光，如图 3-3b 所示。相反地，自发辐射产生的光子的频率、相位和偏振等状态都是不一样的，称为非相干光。

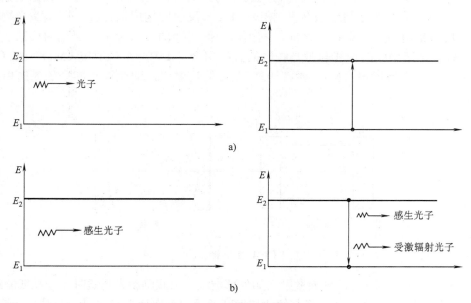

图 3-3　光的受激吸收和受激辐射

实际上，光的自发辐射、受激吸收和受激辐射三种过程是同时存在的。

在由大量同类原子构成的物质中，如果部分处于高能级 E_2 的电子，通过自发辐射发射出能量为 $E=hf=E_2-E_1$ 的光子，则这些光子对其他电子（特别是处于基态的电子）来说，可以作为外部入射光子使得低能级 E_1 上的电子产生受激吸收，而对于另一些处于高能级 E_2 的电子则可能发生受激辐射。

设在单位物质中，处于低能级 E_1 和处于高能级 E_2（$E_2 > E_1$）的原子数分别为 N_1 和 N_2。当系统处于热平衡时，满足以下分布：

$$\frac{N_2}{N_1} = \exp\left(-\frac{E_2 - E_1}{k_0 T}\right) \tag{3-3}$$

式中，k_0 为波尔兹曼常数；T 为热力学温度。由于（E_2-E_1）>0，T>0，因此总是满足 $N_1>N_2$。根据量子力学理论中的能量最低原理，核外电子总是尽可能先占有能量最低的轨道，只有当能量最低的轨道占满后，电子才依次进入能量较高的轨道，也就是尽可能使体系能量最低，电子总是首先占据较低能量的轨道。处于高能级的电子数总是远少于处于低能级上的电子数，这种统计规律称为粒子数的正常分布。

3. 粒子数反转分布

由于低能级上的电子数较多，所以总是光的受激吸收占优势，也就是总体上原子不能对外发射光子。要获得足够的受激辐射光子输出，必须设法使原子中的受激辐射占优势。只有处于高能级上的电子数量远多于低能级上的电子数量，才可能实现受激辐射发射出的光远超过受激吸收的光，原子对外呈现发光状态。处于高等级的电子数多于处于低能级电子数的分布称为粒子数反转分布。

当满足粒子数反转分布条件时，原子中的受激辐射效应超过受激吸收效应，可以实现光的放大。进一步地，将光的放大转为光的振荡并实现稳定输出，即可形成稳定输出的光源。最常见的一种方法是利用法布里-帕罗（F-P）反射腔构成谐振腔，即将激光物质放置在由两个反射镜组成的光谐振腔之间，利用两个面对面的反射镜来实现光的反馈放大，使其产生振荡。光谐振腔的轴线与激光物质的轴线相合。其中一个反射镜（M_1）要求有 100% 的反射率，另一个反射镜（M_2）要有 95％左右的反射率，即允许有部分的光透射，如图 3-4 所示。

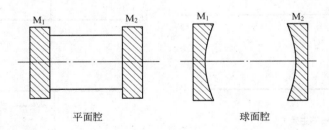

平面腔　　　　　　　　球面腔

图 3-4　F-P 谐振腔

当用能量为 $hf_{31}=E_3-E_1$ 的外界激励（如外部电源）去激励激光物质时，处在低能级 E_1 上的电子被激发到了高能级 E_3 上，但其很快自发跃迁返回到亚稳态级 E_2 上。这样，持续不断的外部激励作用的结果，使得大量电子处于 E_2 能级，这样就在 E_2 与 E_1 之间形成了粒子数反转分布，此时受激辐射占主导地位，原子向外发射能量为（E_2-E_1）的光子。大量频率为 $f_{21}=(E_2-E_1)/h$ 的受激辐射光子在 F-P 腔内沿任意方向运动，与谐振腔轴线方向运动不一致的光子，很快通过谐振腔的侧面射出腔外。只有沿着轴线方向运动的光子，可以在腔内继续前进。光子运动中可能继续激励处于亚稳态级 E_2 上的电子，使其发生受激辐射并激发出新光子，类似的运动不断进行使得原子产生的受激辐射光子数不断增加。保持足够强度的外部激励，使得上述连续反应持续不断，将使原子激发出大量同向运动的受激辐射光子，谐振腔内的光子流不断加强。但需要指出的是：原子在谐振腔内产生的受激辐射光子总数，一定要远大于由于各种原因所损失掉的光子数，这样才可能在光谐振腔内产生足够的受激辐射光及反馈放大，形成稳定的振荡并最终通过 M_2 射出，形成强度高、方向性一致的相干光，即激光。

激光（LASER）的本意是受激辐射的光放大（Light Amplification by Stimulated Emission of Radiation），我国著名科学家钱学森于 1964 年在给《光受激辐射》杂志的复信中首次提出了激光一词，用来产生激光的装置即称为激光器。

不难看出，激光器最基本的组成部分包括：

1）工作物质——激光器的组成核心，也就是发光物质。除了光纤通信中常用的半导体材料外，还包括固体激光物质（如各类激光晶体）、气体激光物质（如各类原子、分子和离子气体）和液体激光物质（有机荧光染料或稀土螯合物）等。

2）光学谐振腔——用以形成激光振荡和输出激光。

3）激励系统——将各种形式的外界能量转换为激发受激辐射所需的能源。

3.1.2 半导体激光器

1. 半导体激光器的结构和工作原理

用半导体材料做激光物质的激光器，称为半导体激光器（Laser Diode ，LD），根据发光波长可以分为可见光半导体材料激光器和红外激光半导体材料激光器。目前在光纤通信方面用得较多的是砷化镓（GaAs）类半导体材料，如镓铝砷－镓砷（GaAlAs-GaAs）和铟镓砷磷－铟磷（InGaAsP-InP）等。

前述原子中的电子能级分布和运动主要是针对孤立原子的情况，当多个原子彼此靠近时，外层电子就不再仅受原来所属原子的作用，还要受到其他原子的作用，这使电子的能量发生微小变化。原子结合成晶体时，原子最外层的价电子受束缚最弱，它同时受到原来所属原子和其他原子的作用，已很难区分究竟属于哪个原子，实际上是被晶体中所有原子所共有，称为共有化。原子间距减小时，孤立原子的每个能级将演化成由密集能级组成的准连续能带。共有化程度越高的电子，其相应能带也越宽。孤立原子的每个能级都有一个能带与之相应，所有这些能带称为允许带。相邻两允许带间的空隙代表晶体所不能占有的能量状态，称为禁带。图 3-5 给出了一个晶体能带结构示意，由图中可以看出，晶体中的原子外层的轨道（能级）互相重叠且原子数目巨大，因此分裂形成了非常密集的能级（能带）。

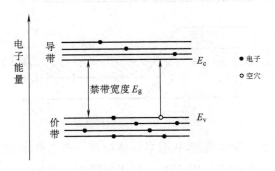

图 3-5　晶体能带结构示意

若晶体由 N 个原子组成，则每个能带包括 N 个能级，根据泡利不相容原理，其中每个能级可被两个自旋相反的电子所占有，故每个能带最多可容纳 $2N$ 个电子。价电子所填充的能带称为价带。如价带中所有量子态均被电子占满，则称为满带，满带中的电子不能参与宏观导电过程。未被电子占满的能带称为未满带，未满带中的电子能参与导电过程，故称为导带。对于晶体而言，其禁带带隙较窄（ $E_g = 1 \sim 3eV$ ）， T=0K 时，晶体是不导电的； $T \neq 0K$ 时，将有部分电子从价带顶部被激发到导带的底部，晶体因而具有一定的导电能力。

图 3-6 给出了一个典型的半导体激光器结构示例。激光器核心部分是一个半导体 PN 结，PN 结的两个端面是按晶体的天然晶面剖切开的，表面非常光滑，成为两平行的镜面，称之为解理面，两个解理面之间组成一个法布里-帕罗谐振腔（F-P 谐振腔）。

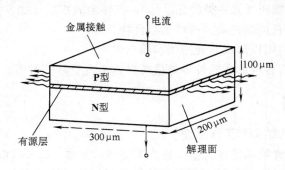

图 3-6　F-P 激光器结构

LD 核心部分的 PN 结是高度掺杂的，即 P 型半导体中空穴极多，N 型半导体中自由电子极多。由于 N 区电子极多，其向 P 区扩散的结果导致靠近 PN 结分界面附近区域内剩下带正电的离子；P 区空穴极多，其向 N 区扩散的结果导致靠近 PN 结分界面附近区域内剩下带负电的离子，因此在 PN 结分界面附近非常薄的一小块区域形成了与 P 和 N 型半导体中带相反电荷的区域，称为空间电荷区。空间电荷区的存在使得在 P 型和 N 型半导体交界的两侧形成了一个电场，称为自建场，其方向由 N 区指向 P 区。由此形成了空间电荷区两侧的电位差 V_D 称为势垒，势垒 V_D 阻碍了空穴和电子的无限扩散。

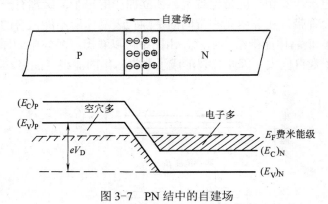

图 3-7　PN 结中的自建场

对于独立的 P 和 N 型半导体而言，P 型半导体能带分布中费米能级 E_F^P 较低，处于价带中；而 N 型半导体能带分布中费米能级 E_F^N 较高，处于导带中。而 PN 结是一个热平衡系统，此时有统一的费米能级 E_F。由于势垒 V_D 的存在，使得 P 型半导体空间电荷区一侧的能量比 N 型半导体空间电荷区一侧的能量提高了 eV_D（e 是电子能量）。由于 PN 结是高度掺杂的，空间电荷区可能会出现较大的势垒 V_D，最终导致 N 型半导体空间电荷区部分导带底部的能带$(E_C)_N$ 比 P 型半导体空间电荷区价带顶部的能带$(E_V)_P$ 还要低。此时，N 型半导体空间电荷区部分 E_F 和 $(E_C)_N$ 间各能级被电子占据的概率大于 1/2；而 P 型半导体空间电荷区部分 E_F 和$(E_V)_P$ 之间各能级被电子占据的概率小于 1/2，这也意味着热平衡时 PN 结的空间电荷区中电子主要位于具有较低能量的能带上，属于粒子数的正常分布，不满足形成受激辐射所需的粒子数反转分布条件。

为了实现受激辐射以产生激光，必须采取措施使得 PN 结的空间电荷区部分形成粒子数反转分布，即采用外部电源、光泵或高能电子束等激励措施，使得外部电场克服和抵消自建场的影响，形成粒子数反转分布。如图 3-8 所示，在 PN 结上外加正向电压时，可以抵消和克服自建场形成的势垒影响，使势垒持续降低。

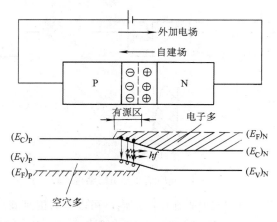

图 3-8　外加正向电压时的 PN 结

所加的正向电压破坏了原来的热平衡状态，使得费米能级分离并最终形成以下情况：N 型半导体空间电荷区中$(E_F)_N$ 以下各能级，电子占据的可能性大于 1/2；P 型半导体空间电荷区中$(E_F)_P$ 以上的各能级，空穴占据的可能性大于 1/2，形成了粒子数反转分布。因此，当 PN 结上施加足够的正向电压并保证注入电流足够大时，P 型半导体中的空穴和 N 型半导体中的电子大量地注入空间电荷区，空间电荷区中形成电子反转分布的区域，称为有源区。有源区内，由于电子分布满足粒子数反转分布，受激辐射大于受激吸收和各种损耗，不断产生的受激辐射光子在谐振腔内进行运动并最终从腔内射出，形成激光。

需要指出的是，只有足够大的正向电压，保证激励电流足够大时，才能产生激光。当外部激励电流较小时，PN 结中的受激辐射小于各种吸收和损耗，只能发出普通的荧光（非相干光）。只有注入电流持续加大，注入结区的电子和空穴增多，大量的受激辐射光子形成光放大，在腔内产生振荡并输出后才能形成激光。对于半导体激光器而言，当外加激励电流满足某一门限值时可以产生激光振荡，该电流门限值即称为阈值电流。

P 型和 N 型半导体如由同一种物质组成，即称为同质结半导体激光器。同质结半导体激光器的主要缺点是阈值电流密度 J_{th} 较大（室温下 $J_{th} \geqslant 5 \times 10^4 \mathrm{A \cdot cm^{-2}}$）。为了满足阈值条件，需要使用较大的注入电流，这也导致结温较高，器件发热量较大，因此不能在室温下连续工作。

为了降低阈值电流，可以使用不同材料（例如砷化镓 GaAs 和砷镓铝 GaAlAs 两种材料）构成激光器的 PN 结，称为异质结半导体激光器，如图 3-9 所示。

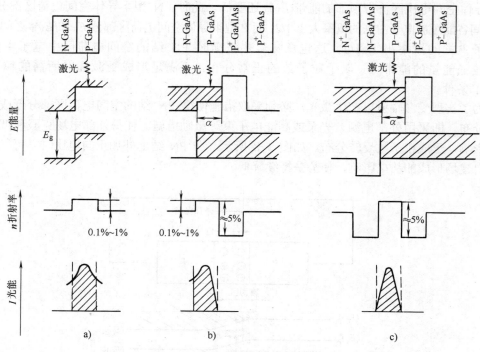

图 3-9　同质结和异质结结构比较

异质结结构可以将电子与空穴局限在中间层内，可以显著提高载流子的注入效率。异质结构激光器又分为单异质结（Single Heterostructure）和双异质结（Double Heterostructure）两类。

2. 半导体激光器的工作特性

（1）阈值

由前述可知，半导体激光器是一个阈值器件，其工作状态随注入电流而变化。只有当外部激励超过某一临界值时，PN 结中的粒子数反转达到了一定程度，激光器才能克服光谐振腔内的损耗而产生激光，此临界值就称为激光器的阈值。对于半导体激光器而言，其阈值一般用阈值电流 I_{th} 描述。

当注入电流大于 I_{th} 时，激光器才能发出激光，一般用激光器的输出特性曲线（也称 P-I 特性曲线）描述，如图 3-10 所示。

对激光器而言，希望其阈值电流越小越好。因为阈值电流小，要求的外加激励能源就小，激光器工作中发热就少，也利于系统长时间连续稳定工作。

（2）转换效率

半导体激光器是一个把激励的电功率转换成光功率并发射出去的器件，可用功率转换效率和量子效率来衡量激光器的转换效率。

功率转换效率定义为输出光功率与消耗的电功率之比，可以表示为

$$\eta_{p} = \frac{P_{ex}}{IV_{j} + I^{2}R_{s}} \tag{3-4}$$

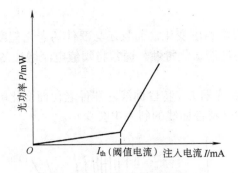

图 3-10　半导体激光器输出特性

式中，P_{ex} 为激光器发射的光功率；V_j 为激光器结电压（PN 结正向电压）；R_s 为激光器等效串联电阻；I 为注入电流。

量子效率定义为输出光子数与注入电子数之比，可以表示为

$$\eta_{ex} = \frac{激光器每秒钟发射的光子数}{激光器每秒钟注入的电子-空穴对数} = \frac{P_{ex}/hf}{I/e} = \frac{e}{hf} \frac{P_{ex}}{I} \tag{3-5}$$

（3）温度特性

激光器的阈值电流和发光波长随温度而变化的特性统称为温度特性。其中，阈值电流随温度的变化对激光器性能影响最大。

阈值电流受温度的影响是因为温度上升会导致异质结中势垒的载流子限制作用下降，继而引起阈值电流增大。阈值电流与温度的变化关系可以表示为

$$I_{th}(T) = I_{th}(T_1) \cdot \exp\left(\frac{T - T_1}{T_0}\right) \tag{3-6}$$

式中，T_1 和 T 分别是起始和终止温度；T_0 是阈值电流的温度敏感参数，与激光器材料密切相关，其值越大受温度影响越小。对于目前常用的镓铝砷（GaAlAs）和铟镓砷磷（InGaAsP）材料而言，T_0 分别为 100～180℃和 50～80℃，相当于阈值电流的增加斜率分别为 0.6%/℃～1.0%/℃和 1.2%/℃～2.0%/℃。

图 3-11 给出了不同温度下的 P-I 曲线。可见，随着温度的升高，在注入电流不变的情况下，激光器的输出光功率会变小。

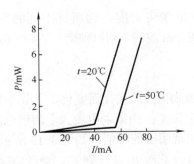

图 3-11　不同温度下半导体激光器的 P-I 曲线

（4）时间退化特性

激光器的阈值电流不仅随温度变化，而且还与器件的老化程度有关。随着激光器工作时间增长，器件老化，会出现性能退化特性。通常将阈值电流增加 50%的时间定义为寿命终了点，此时需要更换激光器。

图 3-12 给出了半导体激光器 P-I 特性曲线随器件老化而变化的情况。可见随器件的老化，其阈值电流变大，而且其 P-I 特性曲线的斜率也会变小。

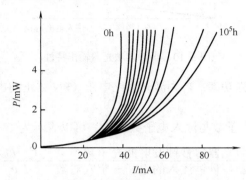

图 3-12　P-I 特性曲线随器件老化变化情况

激光器的性能退化可以分为快退化和慢退化，快退化的主要原因是暗线缺陷的发展，慢退化的主要原因是残余点缺陷的移动和积累。快退化一般在数百或数千小时后表现出来，而慢退化一般要数千或数万小时，因此在激光器生产和应用中可以采用加速老化的方法筛选出快退化的器件。

（5）光谱特性

1）发射波长

半导体激光器的发射波长取决于导带的电子跃迁到价带时所释放的能量。这个能量近似等于禁带宽度 E_g（eV），即有

$$hf = E_g$$

式中，f 为发射光频率（Hz），$f = c/\lambda$；λ 为发射光波长；c 为光速；h 为普朗克常数。

已知 $1\ eV = 1.6 \times 10^{19}J$，代入上式可得

$$\lambda = \frac{hc}{E_g} = \frac{1.24}{E_g} \tag{3-7}$$

不同的半导体材料有不同的禁带宽度，因而有不同的发射波长，一般镓铝砷—镓砷（GaAlAs-GaAs）材料适用于 0.85μm 波段，铟镓砷磷—铟磷（InGaAsP-InP）材料适用于 1.3～1.5μm 波段。

2）谱线宽度

半导体激光器的光谱特性激励电流的变化而变化，当激励电流小于阈值电流时，激光器发出的是荧光，此时的谱线宽度很宽；当激励电流大于阈值电流后，激光器发出的是激光，此时谱线宽带变窄，谱线中心出现明显的峰值，如图 3-13 所示。

由图中可以看出，当电子从高能级 E_3 跃迁到 E_2，受激辐射发出的光子频率应为

$$f_{32} = \frac{E_3 - E_2}{h}$$

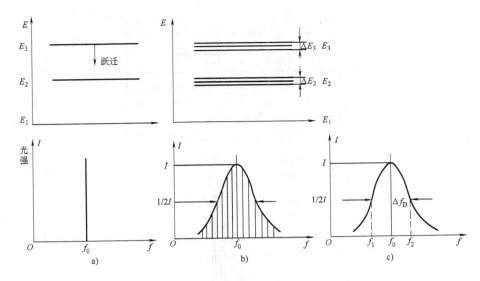

图 3-13　光谱线图

因此应该发出的光都是由 $f_0=f_{32}$ 的光子组成，应具有唯一的光谱线（谱线宽度为 0）。但实际中的激光器谱线宽度有一定的宽度，即包含了不同的频率成分，其原因一方面是由于在晶体中，能级分裂成能带。而根据泡利不相容原理，每一个能级上只能存在两个自旋方向相反的电子。因此原本在单个原子中处于同一个能级的电子，在晶体中存在于能带中时存在着细微的能量差异；另一方面，当处于高能级上的电子，在受激辐射发射光子的过程中，由于运动速度不一致，经过谐振腔振荡输出的激光中也包含了不同的频率成份。

除受激光器材料影响外，半导体激光器的光谱特性还受到输出功率、温度和调制等影响，而谱线宽度则是光纤通信系统设计中最重要的参数之一。对于多纵模激光器，由于谱线中包括了多个纵模，因此可以用均方根谱线宽度（$\delta\lambda$）衡量其输出光功率的集中程度。对于单纵模激光器，通常用相对主模峰值功率下降-20dB 的间隔作为谱线宽度，也可以用相对主模峰值功率下降一半（3dB）的间隔作为半高全宽（Full Width Half Maximum，FWHM）。

（6）调制响应

由于激光器是阈值器件，为了减小注入电流，通常可以采用先加直流偏置再加调制信号的方法以获得较好的调制响应。直流偏置电流大小的选取一般略小于阈值电流，这样，激光器处于近阈值状态。当外加的调制信号加在激光器上时，较小的调制信号电流即可获得足够的激光输出同时响应时间较短。但这种调制方式易在高频部分出现一个谐振峰，使用中激光器的工作频率应尽量远离该谐振峰。

此外，当激光器的工作电流增加时，谐振峰会向高频段移动。激光器的寄生电容、载流子扩散效应以及自发辐射耦合进激光模式等都会对调制效应产生影响。

3．多纵模激光器

多纵模（MLM）激光器就是存在多个纵模同时工作的激光器，前述的最常见的 F-P 腔 InGaAsP 激光器就是典型的 MLM 激光器，其典型结构和光谱特性如图 3-14 所示。

MLM 激光器中有多个纵模同时存在，各个纵模之间的距离取决于工作波长、腔长和有效折射率，可以表示为

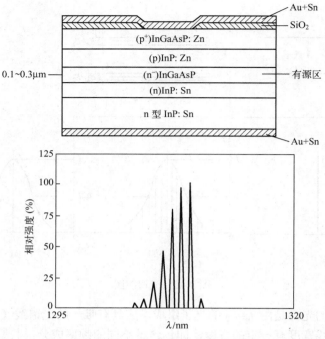

图 3-14　InGaAsP MLM 激光器结构和光谱特性

$$\Delta\lambda = \frac{\lambda^2}{2L \cdot n_e} \tag{3-8}$$

式中，λ 为波长（nm）；L 为激光器腔长；n_e 为材料的有效折射率（对于 GaAlAs 器件为 4.5，InGaAsP 材料为 3.5）。

　　MLM 激光器的工作波长可以覆盖单模光纤常用的所有低损耗波长窗口，但主要还是应用于 1310nm 波长区域，其典型的 rms 谱宽为 1.4～4nm。对于速率不高，输出功率要求较小的应用场合可以使用无制冷的 MLM 激光器。

　　需要指出的是，多纵模激光器是指其内部的激光模式存在多个纵模，而与光纤中的导模个数无关，因此 MLM 激光器既可以用于多模光纤通信系统也可以应用于单模光纤通信系统。特别是对于一些传输速率较低、对系统成本较为敏感的应用场合，MLM 激光器得到了广泛的应用。

4. 单纵模激光器

　　单纵模激光器就是只有一个纵模能工作，其他形式的纵模都受到抑制的激光器。由于大容量和长距离光纤通信系统中，激光器通常直接调制在数十 GHz 或更高频率，高速调制会使得多纵模激光器的输出频谱展宽，从而限制了传输的码速率和距离。因此要求半导体激光器在高速调制下仍然维持单纵模输出，这样的激光器称为动态单纵模（SLM）激光器。

　　对于 SLM 激光器而言，其光谱特性可以用以下三个参数来度量：一是峰值波长 λ_p；二是 20dB 线宽 λ_{20}，表示峰值点功率跌落 20dB 对应的谱线宽度，其大小反映了激光器的自发辐射和动态调制结果（有时也用线宽增强系数 α 来衡量其动态单模特性）；第三是边模抑制比 SMSR，其值为

$$\text{SMSR} = 10 \cdot \log_{10}\left(\frac{P_{mm}}{P_{sm}}\right) \tag{3-9}$$

式中，P_{mm} 为主模功率；P_{sm} 为边模功率。

动态单纵模激光器主要有以下工作特点：

1）只有一个主模能正常存在，其他的边模得到有效的抑制，其谱线宽度主要由主模决定，λ_{20} 一般为 0.2～0.6nm，远小于 MLM 激光器。

2）可以稳定地输出波长，其波长的温度稳定性要求较高。

3）输出功率的线性度较好，适用于所有的模拟和数字光纤通信系统。

4）频率选择器件（如光栅或标准具等）固化在器件内部，性能稳定，可重复，不易受时间和外部条件变化的影响。

SLM 半导体激光器可以分为分布反馈（DFB）激光器、分布布拉格反射（DBR）激光器和量子阱激光器（QW）等。

（1）DFB 半导体激光器

与 F-P 谐振腔激光器利用反射镜实现反馈机制不同，DFB 激光器在靠近有源层沿长度方向刻有光栅，反馈是通过折射率周期性变化的光栅产生的布拉格衍射得到，并使正向和反向传播的光波相互耦合使其产生激光振荡。由于反馈是沿有源层在整个光栅长度上进行的分布式反馈，所以称为分布反馈（DFB）激光器。由分布反馈产生模式选择的条件为布拉格条件，由式（3-10）给出

$$\varLambda = m\frac{\lambda_{\mathrm{B}}}{2\bar{n}} \qquad\qquad (3\text{-}10)$$

式中，$\varLambda$ 为光栅周期；$\bar{n}$ 为材料的折射率；λ_{B} 为布拉格波长；m 为布拉格衍射的级数。

通过选择适当的光栅周期 $\varLambda$，就能实现在选定波长的反馈。

图 3-15 给出了一个分布反馈（DFB）激光器的结构示意。

（2）分布布拉格反射（DBR）激光器

与 DFB 激光器不同，DBR 激光器将光栅刻在有源区的外面，相当于在有源区的一侧或两侧加了一段分布布拉格反射器，起到了衍射光栅的作用，因此也可以将其看成是端面反射率随波长变化的激光器。

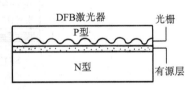

图 3-15　DFB 激光器结构示意

DBR 激光器的工作原理也是布拉格反射，因此其主要工作特性与 DFB 激光器类似。当 DBR 激光器在有源区与分布布拉格光栅将存在耦合损耗，因此其阈值电流要比 DFB 激光器高。

（3）量子阱激光器

前述的 DFB 和 DBR 激光器的有源层厚度一般远大于激光器的工作波长，通常可达 100～200nm。当把有源层的厚度减小到 10nm 级别时，有源层中的载流子运动会呈现量子特性，其动能量子化为离散的能级。由于这一现象类似于一维势能阱的量子力学问题，因此将此类器件称为量子阱激光器。

量子阱激光器的主要特性包括：

1）量子阱激光器可以在极低的载流子密度下实现高增益，因而其阈值可以比传统 DFB 激光器小一半左右，输出功率可达 100mW。

2）量子阱激光器的发光波长由材料能带结构和阱的物理尺寸共同决定，因此只要改变层的厚度就可以灵活地改变波长。例如对于 InGaAs/InP 材料，通过改变量子阱的宽度可以使波

长从 1300nm 变至 1550nm。

3）量子阱激光器的增益随载流子密度的变化速率较高，因而有利于工作在超高速率光纤通信系统。

4）量子阱激光器的线宽比 DFB 激光器约减小一半，因此受光纤色散的影响较小。

量子阱激光器可以分为单量子阱和多量子阱激光器两类。

3.1.3　发光二极管

发光二极管（LED）的发光原理与半导体激光器类似，只是其没有谐振腔，产生的不是受激辐射光而是自发辐射光。LED 发光的光谱范围较宽，是低相干光源，相比半导体激光器而言具有发光效率低、输出功率小、调制带宽较低（约数百 MHz）和输出谱宽较宽（可达 20~100nm）等特点。LED 的主要优点是结构简单和价格便宜，线性响应较好，可靠性高且对温度不敏感，不需要致冷器，因此一般适用于中低速短距离光纤通信系统。

1.　发光二极管的结构

发光二极管的结构可以分为面发光型（SLED）和边发光型（ELED），它们的结构如图 3-16 所示。

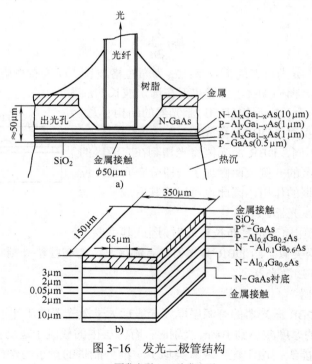

图 3-16　发光二极管结构

a) 面发光型　b) 边发光型

SLED 价格便宜，高温下可靠性较高，同时与光纤的对准也较为容易，缺点是输出功率较低，难以满足长距离传输时的光功率要求。ELED 的结构与激光器类似，性能介于 SLED 和激光器之间，输出功率比 SLED 高。

LED 的核心也是一个 PN 结，当正向偏置时，由于注入 PN 结的空穴和电子复合作用产生辐射光，其发光波长由下式给出：

$$\lambda = \frac{1.24}{W_g} \tag{3-11}$$

式中，W_g 是带隙能量，单位为 eV；λ 的单位为 μm。不同的材料和组合具有不同的带隙能量。

2. 发光二极管的工作特性

（1）P–I 特性

一个典型 LED 的 P–I 特性如图 3-17 所示，与半导体激光器的 P–I 特性相比，LED 的输出光功率基本上随正向驱动电流而线性增加，没有阈值。需要指出的是，LED 并不是具有理想的线性 P–I 特性，在输出功率较高的区域，其 P–I 特性也会呈现非线性，即存在输出饱和。因此在 LED 的工作电路中一般要设计预畸变和负反馈等线性优化技术。

（2）光谱特性

图 3-18 给出了 LED 的典型光谱特性。由于在发光二极管中没有选择波长的谐振腔，所以其自发辐射的光谱较宽。在室温下，典型的短波长 LED（GaAlAs-GaAs）的谱线宽度为 30～50nm，长波长 LED（InGaAsP-InP）的谱线宽度为 60～120nm。随着温度升高，谱线宽度增大，且相应的发射峰值波长向长波长方向漂移，其漂移量为 0.3nm/℃左右。

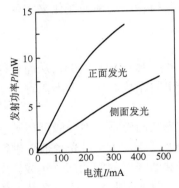

图 3-17　LED 的 P–I 特性

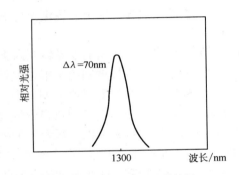

图 3-18　LED 的光谱特性

（3）调制特性

用电信号调制发光二极管时，信号的码速率受其调制特性的限制。当注入电流较小时，发光二极管的带宽受结电容的限制，而在大的偏置电流工作时，发光二极管的带宽主要由注入有源区的载流子寿命时间 τ_e 的限制，τ_e 一般为 10^{-8}s 的量级，所以发光二极管的频率响应可以表示为

$$H(f) = \frac{P(f)}{P(0)} = \frac{1}{\sqrt{1 + (2\pi f \tau_e)^2}} \tag{3-12}$$

式中，$P(0)$ 和 $P(f)$ 分别是调制频率为 0 和 f 时 LED 的输出光功率。

（4）空间光场分布

表面发光型和边发光型 LED 的空间光场分布（辐射图形）分别如图 3-19 和图 3-20 所示。

表面发光型 LED 的空间光场分布具有余弦分布特点，也称为朗伯（Lambert）辐射体，其空间发散角（半功率点辐射角）为 120°。

边发光型 LED 在平行于结平面的方向上，光发散角 $\theta_{/\!/} \approx 120°$，在垂直于结平面的方向上，光发散角 $\theta_{\perp} \approx 20\sim30°$。

由于 LED 的发散角较大，因此 LED 与光纤的直接耦合效率很低，一般小于 10%。

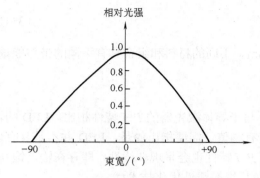

图 3-19 表面发光型 LED 辐射图形

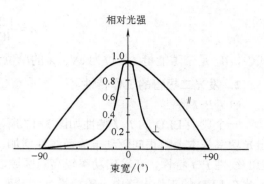

图 3-20 边发光型 LED 辐射图形

3.2 光源调制

调制是一种将信号注入载波，使载波随输入信号变化而变化的技术。对于光纤通信而言就是将信息加载到光源上，使光源发出的光脉冲携带信息的过程即称为光源调制。光源调制既可以采用通过信息流直接控制光源的驱动电流，从而获得输出功率的变化来实现；也可以使用外部调制机制改变光源输出的稳定光功率来实现。

1. 直接调制

直接调制方法是把要传送的信息转变为驱动电流信号注入 LD 或 LED，从而获得发光功率相应变化的光信号。直接调制的基本思想是使光源发出的光载波功率大小在时间上随驱动电流变化而变化，也称为强度调制（IM）。

强度调制可以分为模拟信号和数字信号调制方式，光纤通信系统中一般采用数字信号调制方式。数字信号强度调制可以理解为一个由数字信号"1"和"0"对光源器件进行幅移键控（ASK）。直接调制的优点是结构简单，调制部分可以和激光器的驱动部分集成。直接调制的缺点是会引入频率啁啾，即光脉冲的载频随时间变化。由于啁啾光脉冲在光纤中传输时会加剧色散引起的脉冲展宽，因此对于传输速率达到 10Gbit/s 及以上的系统需要考虑采用间接调制，此外相干光通信系统也需要采用间接调制。

2. 间接调制

间接调制是利用晶体的光电效应、磁光效应和声光效应等性质来实现对光源发出的稳定激光进行调制。

间接调制最常用的是外调制的方法，即在形成稳定的激光信号输出后，在激光器谐振腔外的光路上放置调制器。通过改变调制器上的外加信号，使调制器的某些物理特性发生相应的变化，当由光源发出的激光通过其时即获得调制。间接调制在超高速率传输系统和相干光纤通信中得到了广泛的应用。

目前最主要的外调制器类型有铌酸锂（LiNO₃）、电致吸收器（EA）及Ⅲ／Ⅴ族半导体马赫—曾德尔（MZ）调制器等。调制器的原理及性能将在第 5 章中进行介绍。

3.3 光发送机

光发送机的主要功能是将输入的电信号进行必要处理后，调制在光源后再将已调制的光载波信号耦合入光纤线路。光发送机的主要性能参数包括光源的谱宽和最小边模抑制比、平均发送光功率，以及通断化/消光比和眼图模板等。

3.3.1　光发送机的结构

光发送机主要由输入电路和光发送电路两部分组成。

1. 输入电路

输入电路主要包括了输入接口与线路码型变换两部分，如图 3-21 所示。

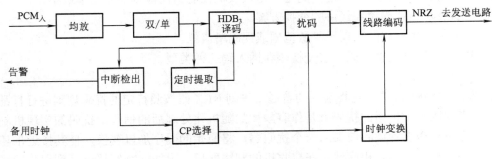

图 3-21　输入电路

（1）输入接口

输入接口是光发送机的入口电路，包括各类模拟和数字复用设备的输出信号均需经该接口连接至光发送机的输入接口。由于通信网络中业务形态的多样化特性，可能同时存在不同格式、不同编码和不同电平的业务信号，因此光发送机的输入接口除需要适应业务信号的幅度和阻抗特性外，还要根据光纤通信系统的传输特性对业务信号调制和编码类型进行必要处理。

以直接调制（强度调制）光发送机为例，采用 ASK 调制方案的光载波只有对应信号"1"和"0"的两种状态，而有些输入业务信号可能会存在多个信号电平。如准同步数字体系（PDH）中的接口速率方案中，一次群（2.048Mbit/s）至三次群（34.368Mbit/s）等级的电接口信号码型为 HDB$_3$ 码。HDB$_3$ 码是一种双极性码，即有"+1"、"-1"和"0"三种电平状态，因此需要进行双／单变换，将其变成单极性码才可以送入光发送机的输入接口进行调制。

除了码型变换外，输入接口中还包括必要的信号电平衰减及信号中断检测电路等。

（2）线路码型变换

数字通信系统中所采用的 HDB$_3$ 和 CMI 等编码方案，其目的主要是用于减小长连"0"和"1"导致的直流分量，有利于接收端的定时提取和减小由图案噪声等引起的系统抖动。因此，输入电路中将不同业务信号转换为单极性普通二进制信号（如非归零码 NRZ）后，一般不能直接送到光发送电路进行光驱动，而是要进行线路码型变换，以解决下列可能存在的问题：

① 由于原始码流中连"0"和"1"数太大，导致信号中的离散定时分量减少，使得接收机的时钟提取比较困难。

② 如原始码流中"0"、"1"分布不均匀，会导致直流分量波动起伏，即基线漂移，影响判决电路对信号的再生。

③ 没有额外的冗余信息加入，导致难以进行不中断通信误码检测和纠错。

为了解决上述问题，可以对输入接口完成双／单变换后的码流进行必要的线路码型变换，一方面是打乱其中的"0"、"1"分布，减少其直流分量的起伏；另一方面也可以插入冗余信息以便进行检错和纠错。

线路码型选取的基本原则包括：

① 应有足够的定时含量，即应尽量减少连"0"和连"1"数，便于时钟提取。

② 应有不中断业务进行误码检测的能力。

③ 应力求降低线路传输的码率，或线路传输码率的提高应尽可能少。

④ 应具有较好的抗干扰性能，满足一定接收机性能所需检测的光功率最小。

⑤ 应具有尽可能简单和经济的变换方案。

⑥ 传输中发生误码时，误码扩散范围或误码增值低。

常用的线路码型包括扰码、字变换码和插入码三种类型。

1）扰码

扰码也称加扰二进制，是将输入的普通二进制 NRZ 码按照特定的扰码规则进行打乱的处理方法。光发送机中使用的扰码就是作有规律的随机化处理后的信码。扰码的实现机制是在输入电路之后，在进行调制前加入一个扰码器，将原始的码序加以变换，使其接近于随机序列后再进行调制和传输。相应地，在接收机的判决器后，附加一个解扰器，利用与发送端一样的加扰序列进行处理后以恢复原始序列。选取适宜的扰码序列可以有效地改变码流中的"1"码和"0"码的分布，能改善码流的特性。扰码的主要缺点是不能完全控制长连"1"和长连"0"序列的出现。此外，扰码未在原始码流中加入冗余信息，难以实现不中断业务的误码检测，因而扰码在准同步数字体系（PDH）中较少单独使用。在同步数字体系 SDH 中，由于 SDH 帧结构本身已经有严格的编码格式和完善的冗余开销信息，此时采用扰码方式是可行的。扰码的另一个优点是不改变（提高）光接口的速率，对于多厂家设备互通而言具有明显的优点，所以在目前的 SDH 光纤通信系统中基本上都采用的是扰码。

2）字变换码

字变换码是将输入二进制码分解成一个个"码字"，输出用对应的另一种"码字"来代替。常用字变换码为 $mBnB$ 码，即将输入码流每 m 比特为一组，然后变换成另一种排列规则的 n 比特为一组的码流。字变换码中的 n、m 均为正整数，且 $n>m$。显然该方式引入了一定的冗余信息，可以满足线路码型变换的要求。

以 3B4B 码为例简要介绍字变换码的工作原理。3B4B 码是将输入信号码流分成 3 个比特一组，共有 $2^3=8$ 种状态，然后用一组 4 个比特的码流重新表示，共有 $2^4=16$ 种状态。即可以从 16 种 4B 码流状态中选出若干种代表 3B 码流的 8 种状态，如表 3-1 所示。

表 3-1　3B 和 4B 的码字

3B 码	4B 码	
000	0000	1000
001	0001	1001
010	0010	1010
011	0011	1011
100	0100	1100
101	0101	1101
110	0110	1110
111	0111	1111

引入"码字数字和"（WDS）以评价所选择的 4B 码型方案的优劣，表 3-1 中每一组 4B 码组即称为一个"码字"。如果用"-1"表示码字中的"0"，用"+1"表示码字中的"1"，则码字数字和（WDS）等于码字中"0"和"1"对应的"-1"和"+1"的代数和。例如：码字"1000"的数字和表示为（+1）+（-1）+（-1）+（-1）=-2，即码字"1000"的 WDS=-2。显然，如某个码字的数字和为 0 时，码字中的"0"和"1"个数均等；其代数和为正或为负时，"0"和"1"个数不均等。mBnB 码的基本原理就是选取 WDS=0 或较小的 4B 码字以表示原有的 3B 码字，使得 3B 码字中可能存在的"0"和"1"个数相等。

4B 码组的 16 种状态中，以 WDS 值分类，可分为 5 类，如表 3-2 所示。

表 3-2　WDS 值分类

WDS=0	WDS=+2	WDS=-2	WDS=+4	WDS=-4
0011	0111	0001	1111	0000
0101	1011	0010		
0110	1101	0100		
1001	1110	1000		
1010				
1100				

由前述分析可知,选择 4B 码组时应尽可能选择｜WDS｜最小的码字,禁止使用｜WDS｜最大的码字。例如表 3-2 中的 1111 和 0000 就不应使用，这类码字也称为禁字。由于 4B 码组共有 16 种排列方案，因此 3B4B 码变换方案可以有不止一种。表 3-3 给出了其中一种方案。

表 3-3　3B4B 码表

3B 码	4B 码				
	模式一（"+"组）		模式二（"-"组）		
	码组	WDS	码组	WDS	
000	1011	+2	0100	-2	
001	1110	+2	0001	-2	
010	0101	0	0101	0	
011	0110	0	0110	0	
100	1001	0	1001	0	
101	1010	0	1010	0	
110	0111	+2	1000	-2	
111	0101	+2	0010	-2	

由表 3-3 可以看出：每一组 3B 码字分别对应于两组 4B 码字，称为模式一和模式二。除了 3B 码字中的 010、011、100 和 101 四个码字对应的都是 WDS=0 的 4B 码字外，其余 4 组 3B 码字对应的模式一和模式二 4B 码字的 WDS 恰好相反，分别记为"+"组和"-"组。例如，3B 码字中的 000，将其变换为 4B 码字时首先选取模式一中的 1011，然后使用 0100，如此交替出现，以保证码变换后的"1"和"0"均等出现。

采用 mBnB 的字变换码方案后，光纤线路上的信号速率将比原始信号速率提高 n/m 倍。

（3）插入码

插入码是把输入原始码流分成每 m 比特（mB）一组，然后在每组 mB 码末尾按一定的规律插入一个码，组成 $m+1$ 个码为一组的线路码流。根据插入码的规律，可以分为 mB1C 码、mB1H 码和 mB1P 码等。

采用插入码后的光纤线路码速率提高了 $(m+1)/m$ 倍。

2. 光发送电路

光发送电路的主要作用是将经过线路编码的电信号对光源进行调制，即完成电 / 光变换，并从光源输出光信号耦合入光纤线路进行传输。

以直接调制光发送机为例，光发送电路主要由激光器组件、光源驱动（调制）电路、自动功率控制（APC）电路、自动温度控制（ATC）电路、保护电路和监测告警电路等组成，如图 3-22 所示。

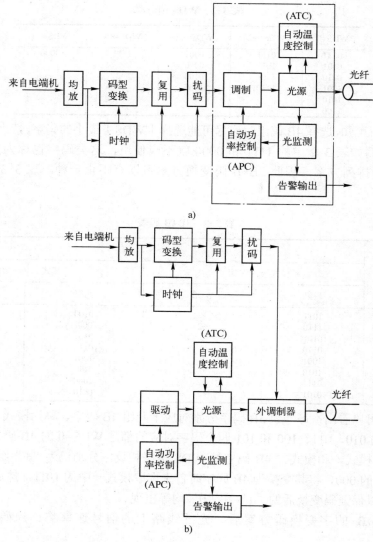

图 3-22　光发送电路框图

a) 直接调制　b) 间接调制

图中驱动（调制）电路是电流源电路，它把电压脉冲变成电流脉冲去驱动激光器，使其达到阈值条件并随着调制信号发光。

激光器组件由 LD、光敏二极管 PIN、热敏电阻 R_t、半导体致冷器 TEC、尾纤等组成。LD 发出的光耦合到尾纤里，通过活动连接器送入光纤光缆中传输。LD 组件中的光敏二极管 PIN 用于检测 LD 的背向光，背向光通过 PIN 检测送给自动功率控制（APC）电路和监测告警电路，监测告警电路可以监测 LD 的发送光功率（I_{PD}）、寿命和无光告警等。

APC 电路可以控制驱动电路，调整 LD 的预偏置电流 I_B，从而达到发送功率的稳定不变。自动温度控制（ATC）电路控制和调制制冷器电流以使得 LD 的温度保持稳定。

（1）光源驱动（调制）电路

光源驱动电路是光发送电路的核心，数字信号直接调制光源的输出功率，完成电／光变换过程，光源输出的光功率与调制电流成正比。

对于光源驱动电路的基本要求包括：

1）输出光脉冲峰值，即输出光功率保持稳定。

由于 LD 的阈值会随温度和老化而增加，若驱动（调制）电流保持不变的化，LD 的输出功率会逐渐变小。因此需要采取必要措施以保证温度变换或激光器老化时，光源的输出功率稳定。

2）光脉冲的通断比应≥10（或消光比≤0.1），以免接收灵敏度受到损害。

通断比和消光比都是用于描述激光器输出特性的参数，通断比定义为

$$通断比 = \frac{全"1"码时的平均输出光功率}{全"0"码时的平均输出光功率} \tag{3-13}$$

消光比定义为

$$消光比 = \frac{全"0"码时的平均输出光功率}{全"1"码时的平均输出光功率} \tag{3-14}$$

对于理想的光源器件而言，调制信号为全"0"码时平均输出光功率应该为 0，因此通断比的理想值应为无穷大，而消光比的理想值应为 0。但是由于激光器是阈值器件，为保证其有较好的调制特性，需要在其驱动（调制）电路上加上直流偏置，这也使得通断比和消光比都无法达到理想值。一般希望通断比尽可能大而消光比尽可能小。

3）调制响应性能好。

调制响应是指对于驱动（调制）电路而言，当调制信号加入后，激光发射的时间必须远短于每位码元的时间段。如果激光器的调制响应性能不好，同时调制信号的码速率较高的话，输出的光脉冲可能引起弛张振荡并对系统性能造成不良影响。

此处简述弛张振荡的产生机理及对策。

激光器是阈值器件，如果其阈值较大的话，需要用较大幅度的调制电流信号（I_D）来进行驱动。而调制电流脉冲从零上升的时间至激光开始发生的时间之间存在迟延，在产生光脉冲的开始时间会产生暂态过击，然后又出现反复振荡的现象，即称为弛张振荡，弛张振荡也是激光器内部光电相互作用所表现出的固有特性。

当驱动（调制）电流注入激光器时，有源区内自由电子密度 n 增加，开始有源区内导带底电子的填充。由于有源区电子密度 n 的增加与时间呈指数关系，而当 n 小于阈值密度 n_{th} 时，激光器并不激射，从而使输出光功率存在一段初始的迟延时间，如图 3-23 所示。有源区内的

电子密度达到粒子数反转的阈值后，激光器开始进行受激辐射并向外发射光子。光子密度的增加也有一个时间过程，只要光子密度还没有达到它的稳态值，电子密度将继续增加，造成导带中电子的超量填充，当 $t=t_1$ 时，光子密度达到稳态值 $\overline{S}$，电子密度达到最大值。在 $t=t_1$ 后，由于导带中有超量存储的电子，有源区内的光场也已经建立起来，结果受激辐射过程迅速增加，光子密度迅速上升，同时电子密度开始下降。当 $t=t_2$ 时，光子密度达到峰值，而电子密度下降到阈值时的浓度。由于光子在谐振腔内完成振荡并射出腔外需要有一定的时间（光子寿命时间 τ_{pn}），在 $t>t_2$ 后，有源区内的过量复合过程仍然持续一段时间。使电子密度继续下降到 n_{th} 之下，从而使光子密度也开始迅速下降。当 $t=t_3$ 时，电子密度下降到 n_{min}，激射可能停止减弱，于是重新开始了导带底电子的填充过程。且是由于电子的存储效应，这一次电子的填充时间比上次短，电子密度和光子密度的过冲也比上次小。这种衰减的振荡过程重复进行，直到输出功率达到稳态值。

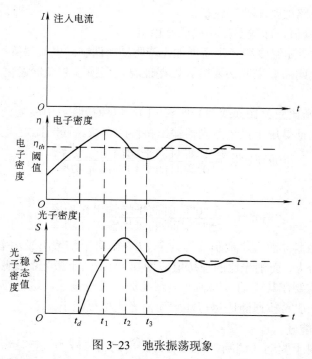

图 3-23　弛张振荡现象

由弛张振荡的机理可知，如果调制电流都是从 0 开始，则激光器的弛张振荡现象限制了其调制响应性能。为了减小光脉冲的弛张振荡，可以先加直流偏置电流（I_B），使激光器的输出特性（P-I 特性）工作在接近阈值电流附近；然后再加调制电流脉冲（I_D），这样可以获得较好的调制响应性能。

偏置电流大小的选取直接影响了光源的调制响应性能，一般直流偏置电流的取值应接近（略小）于激光器的阈值电流（I_{th}），这可以大大减小调制光输出的延迟，抑制激光器的弛张振荡。当激光器偏置在阈值电流附近时，较小的调制脉冲电流就能得到足够的输出光脉冲，而太大或太小的偏置电流都会使通断比（消光比）性能恶化。

采用直流偏置结合调制电流后，激光器的总驱动电流 $I=I_B+I_D$，I 与输出光功率 P 之间的输出特性如图 3-24 所示。

（2）自动功率控制（APC）电路

由光源的温度特性可知，激光器的阈值电流会随温度升高及老化而提高。此时如果加在激光器上的总驱动电流（$I=I_B+I_D$）不变，则输出光功率会逐渐下降。激光器的输出光功率与温度和老化特性的关系如图 3-25 所示。

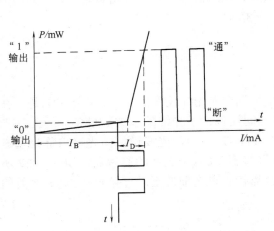

图 3-24　激光器输出特性　　　　　　图 3-25　激光器输出光功率与温度和老化特性关系

在总的驱动电流中，调制信号电流 I_D 不变，因此要保持原有的输出光功率就必须增大偏置电流 I_B。为了稳定输出光功率，必须采用自动功率控制（APC）电路。

自动功率控制电路的主要工作原理是通过光敏二极管（PIN）监测激光器的输出功率，但发现输出功率下降时，调整光源驱动电路中的偏置电流，使激光器的输出功率保持稳定。

（3）自动温度控制（ATC）电路

对于温度变化引起激光器阈值电流增加，继而导致输出光功率降低的情况，固然可以通过 APC 电路进行调节，使 LD 输出光功率恢复正常值。但如果环境温度升高较多，使得 I_{th} 增大较多，则经 APC 调节后 I_B 也增大较多，激光器的结温会随之升高，进一步导致 I_{th} 增加，形成恶性循环。因此，对于温度变化导致的输出功率下降可以采用自动温度控制（ATC）电路，使激光器的结温保持稳定，这对于光源的长期稳定工作是有利的。

ATC 的实现可以采用被动和主动两种方式，除了常见的风扇和空气对流外，常用的是半导体制冷器方式。制冷器由特殊的半导体材料制成，当其通过直流电流时，一端制冷（吸热），另一端放热。在 LD 组件中将制冷器的冷端贴在热沉上，测温用的热敏电阻也贴在热沉上，封装在同一管壳中，再利用 ATC 电路控制通过制冷器电流的大小，就可以达到自动温度控制的目的。

ATC 电路框图如图 3-26 所示。

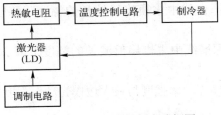

图 3-26　自动温度控制电路框图

（4）保护和监测告警电路

保护电路的主要作用是使激光器的偏置电流慢启动以及限制偏置电流的峰值。一方面在驱动电路启动时起到减小瞬时冲击电流的影响，另一方面也避免激光器老化时可能出现的偏置电流过大导致半导体结击穿。

监测告警电路的功能是在出现光发送电路故障、输入信号中断、激光器失效、激光器输出功率低于设定门限等情况时，及时发出告警信号指示。

3.3.2 光发送机的性能参数

1. 光接口位置

光发送机完成电光变换后，将调制光脉冲信号耦合入光纤线路传输。需要指出的是，在实际的光纤通信系统中，光发送机和光纤线路之间还包括了光缆配线架等设备。因此，光发送机的输出光接口并不是激光器的输出接口。ITU-T 规定，光发送机的光接口称为发送参考点（S 点），是紧靠光发送机输出端的活动连接器（C_{TX}）之后的参考点，如图 3-27 所示。对应的光接收机的接收参考点（R 点）是紧靠接收机之前的活动连接器（C_{RX}）之前的输入参考点。

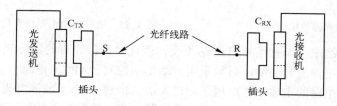

图 3-27　光接口位置示例

2. 光发送机性能参数

光发送机的主要性能参数包括：平均发送光功率、光源的均方根谱宽（RMS）、-3dB 谱宽（FWHM）和-20dB 谱宽、边模抑制比、消光比和眼图模框等。

平均发送光功率是指在正常的工作条件下，光发送机输出的平均光功率。对于采用半导体激光器为光源的光发送机而言，其平均发光功率一般在 mW 级别。

均方根谱宽定义为：用高斯函数 $\sigma_{rms}^2 = P(\lambda)$ 近似光谱包络分布，若 σ_{rms} 为均方根谱宽值，则有

$$\sigma_{rms}^2 = \int_{-\infty}^{+\infty} (\lambda - \lambda_0)^2 P(\lambda) d\lambda / \int_{-\infty}^{+\infty} P(\lambda) d\lambda \tag{3-15}$$

式中，λ 为光源波长；λ_0 为光源中心波长。

-3dB 谱宽定义为：光源谱线中主模峰值波长的幅度下降一半处光谱线两点间的波长间隔。

-20dB 谱宽定义为：光源谱线中主模峰值波长的幅度下降 20dB 处光谱线两点间的波长间隔。

边模抑制比定义为：主模光功率强度与最大边模光功率强度之比的对数。

3.4 习题

1．比较半导体激光器和发光二极管的异同。半导体激光器（LD）有哪些特性？半导体发光二极管（LED）有哪些特性？

2．为什么 LD 要工作在正向偏置状态？何谓激光器的阈值电流？激光器的阈值电流与激光器的使用温度、使用时间有什么关系？

3．半导体激光器输出的光脉冲为什么会产生弛张振荡和暂态过击现象？这两种现象有何危害？如何消除这两种现象？

4．已知半导体材料 GaAs 的 E_g=1.43eV，InGaAsP 的 E_g=0.96eV，分别求由这两种材料组成的半导体激光器的发射波长。

5．目前光纤通信中为什么普遍采用异质结结构的半导体激光器作为光源？

6．在光纤通信系统中对 LD 驱动电路和偏置电路有什么要求？在 LD 驱动电路中为什么一定要加偏置电流？偏置电流应加多大才合适？若偏置电流加得过大或过小，对 LD 的调制特性会产生什么影响？

7．某数字光纤通信系统，在实际使用中发现 LD 的输出光功率慢慢下降，试分析其原因并提出解决办法。

8．何谓 LD 输出光脉冲的消光比？消光比不合要求时，将会对整个系统产生什么影响？

9．在数字光纤通信系统中，选择线路码型时要考虑哪几个因素？字变换码（mBnB 码）和插入码（mB1H 码）各有什么特点？采用 mBnB 码或 mB1H 码时，线路码速将比原来的信息码速提高多少？某数字光纤通信系统中，信息码速为 139.264Mbit/s，若采用 5B6B 码其线路码速为多少？若采用 4B1H 线路码速又为多少？

10．目前在光纤通信系统中对光源的调制采用的 PCM 脉码强度直接调制方式有什么特点？

11．光发送机中输入接口的作用是什么？对驱动电路有什么要求？

12．在光发送电路中为什么要设置自动功率控制（APC）电路？用 APC 电路是控制 LD 的哪些因素？试述 APC 电路的工作原理。

13．在光发送电路中为什么要设置自动温度控制（ATC）电路？用 ATC 电路是控制 LD 的哪些因素？试述 ATC 电路的工作原理。

第4章　光检测器和光接收机

4.1　光检测器

4.1.1　光检测原理

光发送机调制的光脉冲信号经过光纤传输到达接收端后，光接收机中完成光/电信号变换的器件称为光检测器（Detector）。光检测器能够检测入射在其表面的光信号，并把光信号转换为相应的电信号。由于经过长距离光纤线路传输的光脉冲受光纤损耗、色散和非线性等影响造成了信号劣化和损伤，因此对光检测器的性能要求较高。

光纤通信系统中对于光检测器的主要要求包括：

1）灵敏度高。灵敏度高表示光检测器把微弱光信号功率转变为电流的效率高。在实际的光接收机中，经光纤传输后的光信号非常微弱，为了得到较大的信号电流，希望光检测器的灵敏度尽可能地高。

2）响应速度快。响应速度是指射入光信号后，检测器应立即有电信号输出；无光信号入射时，电信号应停止输出，也即电/光变换的延迟要求非常小，这样才能较好地恢复光纤通信系统的输入信号。对于实际的光检测器而言，输出电信号相对入射光信号完全不延迟是不可能的，但是应该限制在一个较小范围之内。随着光纤通信系统传输速率的不断提高，超高速的传输对光检测器的响应速度要求越来越高，对其制造和封装等技术提出了更高的要求。

3）噪声小。为了提高光纤通信系统的性能，要求系统的各个组成部分的噪声要求足够小，特别是对于光检测器的噪声性能要求特别严格。由于光检测器是在极其微弱的信号条件下工作，又处于光接收机的最前端，如果在光电变换过程中引入的噪声过大，则会使整个系统的性能降低。

4）稳定可靠。光检测器的性能应尽可能不受或者少受外界温度变化和环境变化的影响，以提高系统的稳定性和可靠性；同时光检测器还应该具有体积小、功耗低和易于集成等特点。

光检测器的类型主要包括光电倍增管、热电检测器和半导体光检测器等。半导体光检测器中的光敏二极管由于体积小、灵敏度高和响应速度快等优点，在光纤通信系统中得到了广泛的应用。

最基本的光敏二极管由反向偏置的 PN 结构成。如第 3 章中所述，在 PN 结分界面上，电子和空穴的扩散运动形成了自建场，自建场的存在使得在 PN 结分界面附近形成了高电场区域，称为耗尽区，而在耗尽区两侧的 P 和 N 型半导体中电场基本为 0，称为扩散区。光敏二极管中的 PN 结如图 4-1 所示。

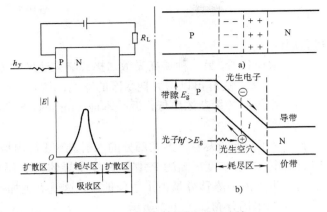

图 4-1　光敏二极管中的 PN 结

当光入射在 PN 结上时，如果入射光子的能量大于半导体的禁带宽度 E_g，会发生受激吸收现象，即价带的电子吸收光子能量，跃过禁带并到达导带，在导带中形成光生电子，在价带形成光生空穴，即光生电子-空穴对或光生载流子。耗尽区中形成的光生载流子在自建场的作用下，空穴向 P 区方向运动，电子向 N 区方向运动，形成了漂移电流。在扩散区内产生的电子-空穴对，少数的通过扩散会进入耗尽区，然后在电场作用下形成和漂移电流相同方向的电流，所以光生电流中包含了漂移分量和扩散分量。

把 PN 结的外电路构成回路时，外电路中就有电流。这种在入射光作用下，由于受激吸收过程产生电子-空穴对的运动，在外电路中形成的电流称为光生电流。当入射的光信号发生变化时，光生电流随之作线性变化，从而把光信号转变成了电信号，完成了光电转换

在扩散区内，因为光生载流子的扩散速度比耗尽区内光生载流子的漂移速度慢得多，这部分光生载流子的扩散运动的时延，将使检测器输出电流脉冲后沿的拖尾加长，如图 4-2 所示，这影响了光敏二极管的响应时间，就限制了光电转换速度。

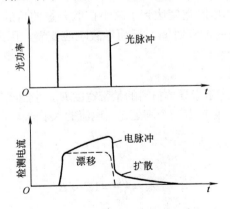

图 4-2　光生电流中的漂移和扩散

可以采用在光敏二极管上加反向偏压，即外电源的负极加在光敏二极管的 P 型半导体侧，使得 PN 结中外电场与内建电场方向一致，这等效于间接增加了耗尽区的宽度，缩小了耗尽区两侧扩散区的宽度，从而减小了光生电流中的扩散分量。此外，反向偏压也增强了耗尽区内的电场，加快了光生载流子的漂移速度，有利于加快光敏二极管的响应时间。

4.1.2 PIN 光敏二极管

1. PIN 光敏二极管原理

除了在 PN 结上加反向偏压外看，另一种提高光敏二极管响应速度的方法是在 PN 结中间掺入一层浓度很低的 N 型半导体，这样可以增大耗尽区的宽度，达到减小扩散运动的影响，提高响应速度的目的。由于掺入层的掺杂浓度低，近乎本征（Intrinsic）半导体，也称为 I 层，这种结构称为 PIN 光敏二极管。

由于 I 层较厚，几乎占尽了整个耗尽区。绝大部分的入射光在 I 层内被吸收并产生大量的电子-空穴对。而在 I 层两侧是掺杂浓度很高的 P 型和 N 型半导体且 P 层和 N 层很薄，吸收入射光的比例很小，因而光生电流中漂移分量占了主导地位，这就大大加快了响应速度。PIN 光敏二极管的结构以及各层的电场分布如图 4-3 所示。

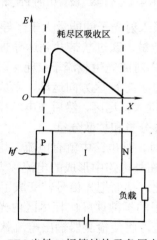

图 4-3　PIN 光敏二极管结构及各层电场分布

通过插入 I 层，增大耗尽区宽度达到了减小扩散分量的目的，但是过大的耗尽区宽度将延长光生载流子在耗尽区内的漂移时间，反而导致响应变慢，因此耗尽区宽度要合理选择。

2. PIN 光敏二极管特性参数

（1）截止波长和吸收系数

只有入射光子的能量 hf 大于半导体材料的禁带宽度 E_g，才能产生光电效应。因此对于某种特定材料制造的光检测器而言，存在着一个满足光生电流的入射光的下限频率 $f \geqslant f_c$ 和上限波长 λ_c。

$$hf_c = E_g \qquad (4\text{-}1)$$

或写成

$$\lambda_c = \frac{hc}{E_g} = 1.24/E_g \qquad (4\text{-}2)$$

式中，h 为普朗克常量；c 为光速；λ_c 为波长（μm）；E_g 为禁带宽度（eV）。

由式（4-2）可见，只有波长小于 λ_c 的入射光才能用由这种材料做成的器件检测，λ_c 称为对应该器件的截止波长。

另一方面，入射进半导体材料的光信号，在其中按指数律衰减，即

$$P(d) = P(0)\exp(-\alpha d) \qquad (4\text{-}3)$$

式中，$P(0)$为半导体表面的光功率；$P(d)$为半导体深度为d处的光功率；α为材料对光的吸收系数（m^{-1}）。

在上式中令$d=1/\alpha$，则可以简化为$P(d)=P(0)/e$。此时称$1/\alpha$为光在半导体中的穿透深度（入射光功率在半导体中衰减为表面处的$1/e$时的深度），用δ表示（$\delta=1/\alpha$）。

半导体的吸收作用随光波长的减小而迅速增强。即α随波长减小而变大。因此光波长很短时，光在半导体表面就被吸收殆尽，使得光电转换效率很低。这限制了半导体检测器在较短波长上的应用。

由以上分析可见：要检测某波长的入射光，必须要选择由适当材料做成的检测器。一方面由其禁带宽度决定的截止波长要大于入射光波长，否则材料对光透明，不能进行光电转换。另一方面，吸收系数不能太大，以免降低光电转换效率。

（2）响应度和量子效率

响应度和量子效率是表示光敏二极管能量转换效率的参数。

若平均输入光功率为P_0，光检测器的平均输出电流为I_p，则响应度R_0（单位为 A/W）定义为

$$R_0 = I_p / P_0 \tag{4-4}$$

量子效率η定义为

$$\eta = \frac{\text{光生电子-空穴对数}}{\text{入射光子数}} = \frac{I_p/e}{P_0/hf} = \frac{I_p}{P_0}\frac{hf}{e} \tag{4-5}$$

由式（4-4）、式（4-5）可知

$$R_0 = \frac{e}{hf}\eta \tag{4-6}$$

显然，光敏二极管的响应度和量子效率都与入射光信号的频率（波长）有关。

假定半导体材料吸收的光子全部转换为电子-空穴对，则通过计算半导体-空气界面的反射损耗和耗尽区透射损耗，就可以算出量子效率。令器件的表面反射系数为r，耗尽区宽度w，对光的吸收系数为$\alpha(\lambda)$，单位为m^{-1}，则量子效率η可以表示为

$$\eta = (1-r)\{1-\exp[-\alpha(\lambda)w]\} \tag{4-7}$$

图 4-4 给出了几种材料的 PIN 管的R_0、η、λ的关系曲线。

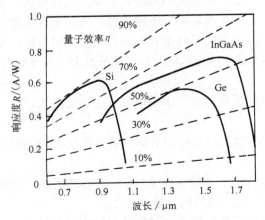

图 4-4　典型 PIN 的R_0、η、λ关系曲线

（3）响应时间

响应时间是指 PIN 光敏二极管所产生的光生电流随输入光信号变化快慢的关系。在 PIN 中，光生载流子的复合和运动都需要时间，同时器件的结电容和外电路的负载电阻也会影响响应时间。一般而言，PIN 光敏二极管的响应时间主要取决于光检测电路的上升时间、光生载流子在耗尽层中的渡越时间以及耗尽层外载流子的扩散时间等。

PIN 光敏二极管的响应速度还可以用截止频率（带宽）来表示。

（4）线性饱和

PIN 光敏二极管可以检测的输入光信号功率有一定的范围，当入射光功率太大时，光生电流和入射光功率将不成正比，从而产生非线性失真，这种状态称为线性饱和。

产生线性饱和的原因是随着输入光功率 P_0 和输出电流 I_p 的增大，PIN 光检测器的外电路中负载上的电压降增大，PN 结上的实际电压降反而减小，导致耗尽区内电场减弱。当内电路不足以使光生载流子达到饱和漂移速度时，单位光功率产生的光电流变小，I_p 和 P_0 不再成正比。图 4-5 中实线表示的是非线性光电转换，即当 P_0 较小时，I_p 和 P_0 呈线性关系；P 超过一定值后，I_p/P_0 减小，响应度降低。图中的虚线表示的是理想的线性光电转换关系曲线。

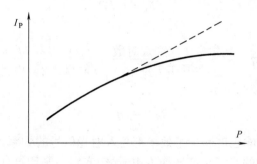

图 4-5　线性饱和

PIN 光敏二极管的线性工作区域较大，因此入射光功率在一般情况下不易产生线性饱和，但在实际工程中仍需对接收光功率进行必要的控制。

（5）暗电流

理想的光敏二极管，但没有入射光信号时，应该无电流输出。但是实际中处于反向偏压下的半导体光敏二极管，在无光照时仍有电流流过，这部分电流称为暗电流。暗电流主要包括两部分：一部分为反向偏压下的反向饱和电流，称为体暗电流，是由载流子的热扩散形成的，其大小由半导体材料及掺杂浓度决定；另一部分是由半导体表面缺陷引起的表面漏电流，称为表面暗电流。

如果增加光敏二极管的反向偏压，则暗电流也会随之增大，同时暗电流会随器件温度的升高而增大。

暗电流的存在限制了光敏二极管所能检测的最小光功率，也就是降低了接收机的灵敏度。

（6）噪声

噪声是 PIN 光敏二极管的一个重要特性参数，其存在限制了 PIN 光敏二极管所能检测的最小光功率，也直接影响了光接收机的性能。

PIN 光敏二极管噪声包括散粒噪声（又称量子噪声）和热噪声，噪声的大小通常用方均噪声电流（或在 1Ω 标准负载上消耗的噪声功率）来描述。

1）散粒噪声

光敏二极管受到入射光照射时，所产生的光生电子–空穴对具有离散性和随机性，这使得产生的信号电流带有随机量子噪声，而且这种噪声随信号强度变化，频带极宽，称为散粒噪声，也称为量子噪声；另外，光生载流子越过耗尽区时的随机起伏也构成了散粒噪声。散粒噪声电流的方均值为

$$<i_s^2> = 2eI_0B \tag{4-8}$$

式中，e 是电子电荷；B 是带宽；I_0 是二极管的直流电流。

通过二极管的电流包括了信号电流 I_p 和暗电流 I_d，所以式（4-8）可以改写为

$$<i_s^2> = 2e(I_p + I_d)B \tag{4-9}$$

2）热噪声

热噪声由二极管的负载电阻和后接的放大器输入电阻产生，热噪声电流的方均值为

$$<i_T^2> = \frac{4\kappa TB}{R} \tag{4-10}$$

式中，κ 为波尔兹曼常数；T 为绝对温度；B 为带宽；R 为等效电阻，即 PIN 光敏二极管外电路中负载电阻和放大器输入电阻并联的等效电阻。

因此，光敏二极管的总的噪声电流方均值可以表示为

$$<i^2> = <i_s^2> + <i_T^2> = 2e(I_p + I_d)B + \frac{4\kappa TB}{R} \tag{4-11}$$

4.1.3 雪崩光敏二极管

光发送机发出的光信号经过数十甚至数百公里光纤传输，到达光接收机侧的信号非常微弱，光接收机需要有很高的灵敏度才能完成光电转换和信号还原。而光接收机的灵敏度主要取决于信噪比，因此可以采用减小噪声或增大信号电流等措施来提高接收机的灵敏度。

PIN 光敏二极管的量子噪声很小，所以采用 PIN 光敏二极管的光接收机噪声主要由外电路中的负载电阻和后级放大器决定，但放大器的引入不可避免地会带来噪声，从而降低光接收机的灵敏度。如果在光检测器内部即可对光生电流具有放大作用，即使检测器在电流放大过程中会产生附加噪声，但只要附加噪声小于负载电阻和后级放大器的噪声，光接收机的信噪比和灵敏度性能都可以得到改善。雪崩光敏二极管（APD）就是这样一种具有内部电流增益的光电转换器件，其不仅可以完成电/光转换功能，同时可以通过内部的雪崩倍增效应实现光生电流的放大。

1. 雪崩倍增效应

APD 的雪崩倍增效应是通过在 PN 结上加高反向偏压（数十伏乃至数百伏），在结区附近形成强电场；耗尽层内产生的光生载流子在强电场作用下得到加速，获得很高的动能，与半导体晶体内的原子相碰撞。碰撞的结果使得束缚在价带中的电子获得能量并激发到导带，产生新的（第二代）电子–空穴对（载流子），这种现象称为碰撞电离。第二代载流子在强电场的加速下可以再次引起碰撞电离而产生第三代载流子，如此反复循环使得载流子数量如雪崩似的急剧增加，从而使光电流在光检测器内部获得了倍增，这就是雪崩倍增效应。

雪崩光敏二极管（APD）就是利用雪崩倍增效应实现内部电流增益的半导体光检测器。

APD 的结构有多种类型，图 4-6 给出了一个典型的 N$^+$-P-I-P$^+$ 结构的 APD，其外侧与电极接触的是高掺杂的 P 型、N 型半导体层（分别以 P$^+$、N$^+$ 表示）；中间是宽度较窄的 P 型半导体层和很宽的 I 层（I 层实际上是轻微掺杂的 P 型半导体）。

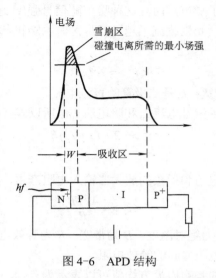

图 4-6　APD 结构

在高反向偏压下，耗尽层从 N$^+$-P 结区一直扩展（或者称拉通）并延伸至 P$^+$ 接触层（包括了中间的 P 区和 I 区）。从图中可以看到，半导体中的电场分布并不均匀，I 区电场相对较弱，而 N$^+$-P 区有强电场，雪崩倍增效应就主要发生在这里。由于 I 区很宽，可以充分吸收光子，从而提高光电转换效率。I 区吸收了光子并产生初始电子-空穴对，然后初始在强电场作用下从 I 区向雪崩区漂移，并进入雪崩区产生雪崩倍增。

2．APD 的特性参数

APD 可以理解为是工作在高反向偏压下条件下的 PIN 光敏二极管，因此其大部分特性参数与 PIN 光敏二极管相似，但由于其存在雪崩倍增效应，因此也有特有的特性参数。

（1）雪崩倍增因子

雪崩倍增因子是描述 APD 内部电流增益系数的特性参数，在忽略暗电流等影响的条件下，雪崩倍增因子 g 定义为 APD 雪崩倍增后输出电流 I_M 和初始光生电流 I_P 的比值，即

$$g = \frac{I_M}{I_P} \tag{4-12}$$

雪崩倍增过程是一个随机过程，即光生电子-空穴对与半导体晶体内的原子碰撞电离后产生的电子-空穴对的数目是随机的，因而倍增因子 g 也是随机变化的，一般用平均倍增因子（电流增益系数）G 表示为

$$G = <g> \tag{4-13}$$

APD 的 G 值一般在 40～100 之间，其变化规律与外加的偏压有关，如图 4-7 所示。

由图 4-7 可见，G 随偏压增大而增加。这是因为偏压上升，耗尽层内的电场增强，使靠近雪崩区的那部分吸收区中的电场超过碰撞电离所需的最低电压，也变成了雪崩区，因此总的雪崩区变宽，倍增作用增大，G 随之增大。因此，实际应用中可以适当调节偏压来改变 G 以适应不同强度的入射光信号，使输出电流保持恒定。

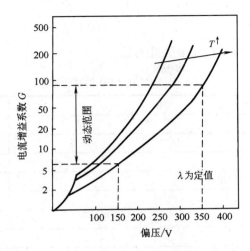

图 4-7 雪崩倍增因子与偏压和温度关系

G 随偏压变化的特性，使雪崩管可提供适当的动态范围。当进入雪崩管的光功率较大时，可适当降低偏压使增益 G 减小。图 4-7 中，最小增益 $G=6.5$ 处，偏压为 160V；最大增益 $G=80$ 处，偏压为 350V。最大增益与最小增益之比为 12∶1，则相当于光功率的动态范围为 11dB。APD 提供适当的动态范围可以减轻放大器的动态范围要求。

此外，在外加偏压保持不变的情况下，G 也会随温度而变化。温度上升，G 下降，使输出电流变化。如果要使雪崩管提供固定的电流增益，则温度变化时，必须相应地改变偏压值。若温度变化 1℃，大约需要改变偏压 1.4V。所以在实际运用雪崩管时，必须采取自动控制措施作温度补偿。

（2）倍增噪声

APD 具有对光生电流的雪崩倍增作用，但同时也会造成噪声的倍增。倍增噪声可以用过剩噪声系数 $F(G)$ 来表征，定义为

$$F(G) = G^x \tag{4-14}$$

式中，x 是过剩噪声指数。

对于 Si-APD，$x=0.5$；对于 Ge-APD，$x=0.6\sim1$。

$F(G)$ 的物理意义反映了 APD 中由于雪崩倍增作用而增加的噪声，因此在选择 APD 时应选择 x 值较小的器件。

表 4-1 给出了几种典型的 APD 性能。

表 4-1 APD 性能

类　　型	量子效率 $\eta\%$	过剩噪声指数 x
Si-APD	60	0.3～0.4
Ge-APD	70	0.6～1
InGaAs-APD	4.5	0.5～0.6

（3）APD 响应度和量子效率

由于在 APD 中光生电流被倍增了 G 倍，所以其响应度比 PIN 管提高了 G 倍。但量子效率只与初始载流子数目有关，与雪崩倍增效应无关，所以不管 PIN 还是 APD，量子效率总是小于 1。

4.1.4 PIN 与 APD 对比

表 4-2 给出了 PIN 和 APD 的主要性能对比。

表 4-2 PIN 和 APD 性能比较

	PIN	APD
制造工艺	简单	复杂
成本	低	高
灵敏度	差	比 PIN 高 3～10dB
动态范围	稍差（典型 15~25dB）	大（典型 25~35dB）
偏置电压	低	高
暗电流	小	较大
温度敏感性	小	大（需温度补偿）
适用范围	中低速中短距离传输，或高速率短距离传输	中高速中长距离传输

4.2 光接收机

4.2.1 光接收机的结构

光接收机的主要功能是将经光纤线路传输后的微弱光信号进行光电变换，然后经过必要的处理后恢复成原始的信号。一个典型的直接检测光接收机主要由光接收电路和输出接口电路组成，其组成框图如图 4-8 所示。

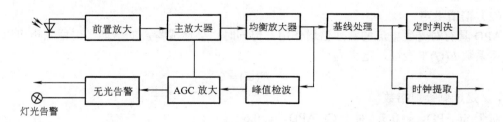

图 4-8 光接收机组成框图

光接收机中首先由光检测器（PIN 或 APD）将光发送机输出并经光纤线路传输后的微弱的光信号转变为电信号。由于接收到的光信号非常微弱，光检测器的输出信号电流很小，因此必须由低噪声、宽频带的前置放大器进行放大。光检测器和前置放大器构成光接收机的前端，其噪声性能将是决定光接收机性能的主要因素。主放大器与均衡器构成光接收机的线性通道，其作用是对信号进行高增益的放大并对经传输和放大后的失真信号进行补偿和整形，提高信噪比和减少误码率，并使输出的脉冲适合判决的要求。基线处理是将信号的基线（低电平）固定在某一电平上，解决信号的基线漂移，以便于判决。定时判决与时钟提取电路作用是从收到的带有噪声和畸变的波形中识别信码"1"和"0"，提取出必要的定时信息后由再生电路判决恢复为与发端一样的数字脉冲序列；从判决电路输出的数字信号送至输出电路进行必要的码型反变换等处理，恢复为原来的码型。

光接收机的性能直接影响光纤通信系统的传输距离、误码率和通信质量。光接收机性能的优劣的主要技术指标是接收灵敏度、误码率或信噪比、带宽和动态范围等。

1. 光接收电路

光接收电路由光检测器、前置放大器、主放大器、自动增益控制和均衡电路等组成，其主要功能是将光信号变换成一定幅度的、波形规则的电信号，供后续电路进行再生判决。

（1）光检测器和前置放大器

光检测器是完成光电转换的核心器件，可以使用 PIN 或 APD。由发送端发出的光信号经过光纤线路传输后，到达接收端已经很微弱。检测器输出的电流仅在纳安（nA）数量级，所以必须采用多级放大，将微弱的电信号放大至判决电路能正确识别的电平。

由于信号微弱又带有噪声，如果采用一般的放大器进行放大，放大器本身会引入较大的噪声，导致信噪比得不到改善甚至还会下降。因此，光接收机的前端放大器必须满足低噪声、高增益的要求，才能保证整个光接收机的信噪比。

前置放大器电路有很多类型，如低阻抗前置放大器、高阻抗前置放大器、互阻抗前置放大器。其中互阻抗前置放大器具有宽频带、低噪声的优点。光接收机中常用的是以场效应晶体管 FET 构成最前端的互阻抗前置放大器，并采用混合集成工艺将 PIN 光检测器与 FET 前置放大器电路集成在一起，构建 PIN-FET 光接收组件。PIN-FET 光接收组件可以有效减少引线电容等杂散电容，提高检测速度和灵敏度，使用效果较好。图 4-9 给出了一个 PIN-FET 的典型电路。

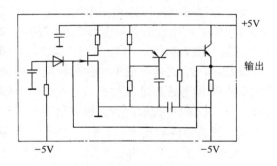

图 4-9　PIN-FET 光接收组件

（2）主放大器和均衡放大器

经前置放大器放大输出的电信号仍然比较微弱，不能满足幅度判决的要求，因此还必须加以放大。由于光接收机的入射光功率可能在一定的范围内波动，因此放大器增益也应具有随入射光功率变化而进行相应的调整的能力，以适应在不同输入信号情况下仍能保持输出电平稳定，即实现自动增益控制。光接收机中实现自动增益控制的放大器称为主放大器。

主放大器的输出信号将送到均衡放大（均放）电路。均放电路的主要作用是对经过光纤线路传输后，发生畸变的有严重码间干扰的信号进行均衡放大，以利于定时判决。由于均衡网络是有 *LC* 元件构成作为放大器的负载电路，因此称均衡放大器。均放电路的作用，就是对失真的波形进行补偿，以减少码间干扰。均放中的滤波器不可能将波形全部恢复原样，而是进行必要的修正，成为判决电路容易识别的波形。一般采用升余弦波形滤波器，其输出的信号尽管还有拖尾，但在判决时刻的信号拖尾都过零点，从而基本消除码间干扰，利于判决电路进行判决再生。

（3）基线处理与定时再生

基线处理与定时再生电路框图如图 4-10 所示。

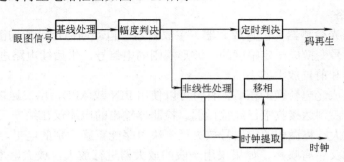

图 4-10　基线处理与定时再生电路框图

尽管在光发送机的输入电路中已经采用了码型变换以降低信号中的连"0"或连"1"，但是光纤线路传输的码流中不可避免地还存在"0"、"1"分布不均匀，以及连续的"0"或连续的"1"出现等情况，使得信号中的直流成分有起伏变化。光接收机中因各级间的耦合均为交流耦合（RC 耦合），会使信号的基线随直流成分的变化而漂移。这种漂移的现象严重时，会使判决产生误码。因此，在定时再生电路中，首先要对基线漂移进行处理，即将信号的基线（低电平）固定在某一电平上。实现基线处理的方法有钳位法、负反馈自动跟随法等。

经过基线处理的信号，要进行幅度判决以恢复出原始信号。幅度判决的方法很多，常用的如使用限幅放大法。限幅放大法采用比较器将经基线处理后的电信号与预先设定的直流门限电压相比较。若幅值高于门限，比较器输出"1"；低于门限时，比较器输出为"0"。

经过幅度判决的信号是 NRZ 信号，其功率谱不包含时钟定时成分，因此不能直接从 NRZ 信号中提取时钟信号，只能将 NRZ 信号进行非线性处理，如用微分整形法和逻辑乘法等变换成 RZ 信号，再进行时钟提取。从 RZ 码中提取时钟，最常用的是锁相法和窄带滤波器。窄带滤波器的电路较为简单，经窄带滤波器提取出来的时钟，幅度较小且幅度变化较大，因此必须先对此时钟进行限幅放大，进行电平变换，再送至定时判决电路。定时判决电路最常用的是 D 型触发器。将经幅度判决后的信号加于 D 型触发器的 D 端，定时提取电路送来的时钟加在触发器的时钟端，这个时钟是经过相位调整后的时钟，使其前沿对准被判决信号的中间，则触发器的输出就是经过定时判决的再生信号。

2．输出电路

输出电路是光端机接收部分在定时再生之后的信号处理部分，通常包括线路码型反变换和输出接口两大部分。

（1）码型反变换电路

码型反变换是码型变换的逆过程，它将光接收电路送过来的光线路码型还原成普通二进制码。码型反变换电路包括反变换逻辑、时钟频率变换、字同步、解扰码等部分。

（2）输出接口

输出接口是光端机的出口电路，经码型反变换的 PCM 信号，经过输出电路，变换成符合 ITU-T 建议中要求的输出信号送给数字复用设备。

输出接口应符合接口的码型、阻抗、波形和最大峰-峰抖动等要求。

3．其他电路

除了光接收电路和输出电路等主要电路外，考虑到运行、管理和维护（OAM）等需要，保证设备稳定、可靠地工作，还必须有指示故障的告警电路、维护人员联络用的公务电路、使通信信道尽可能不中断的倒换电路，以及适应机房供电系统的直流电源变换电路等。

（1）告警电路

为了使维护人员能有效地识别有故障的设备，恢复业务和修理有故障的设备，在设备上应有告警指示，这种告警指示是由设备中告警电路产生的信号发出的。

故障告警指示可以由可见的（如指示灯）和可闻的（如铃声、蜂鸣器、喇叭声等）信号组成。告警信号一般分为两大类，一类为即时维护告警指示，简称即告。当发生这一类指示后，维护人员应立即开始维护工作，将有故障的设备撤出业务以恢复业务正常运行，并有效地检验发生了故障的设备。另一类为延迟告警指示，有时也称为延告。当发生这一类指示时，并不要求维护人员立即动作，但应提醒维护人员系统或系统的某一部分性能已有劣化，低于预设标准，需考虑采取相应措施，以防止性能进一步劣化以至严重影响业务。

典型的即时维护告警信号包括信号丢失（LOS）、接收无光信号（LOL）、同步丢失（LOS）、电源中断等；典型的延时维护告警信号包括器件老化提示、性能下降及辅助功能失效等。

（2）倒换电路

光纤通信系统中为了提高系统的可用性，往往在采用主用系统的同时，安排有备用系统，当主用系统出现故障时，可以采用保护倒换电路进行切换，使得业务不致中断。

保护可以分为 1+1 保护和 1∶1 保护两种。1+1 保护中，每一个工作信号都同时在主用系统和备用系统上同时传输，接收机从接收到的信号中选取一个接收。1∶1 保护方式中，备用系统平时是空闲的，当主用系统出现故障后自动或人工将主用系统上的业务倒换至备用系统。为了提高效率和节约成本，也可以多个主用系统共享一个备用系统，称为多主一备方式或共享保护方式。

图 4-11 给出了一个 1+1 保护和 1∶1 保护方式示例。

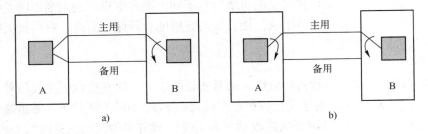

图 4-11　1+1 和 1∶1 保护

（3）公务电路

公务电路又叫业务电路，是专为维护人员联络使用的。公务电路可以通过光信号中的冗余字节来实现。

（4）电源电路

光纤通信系统中的器件一般使用的电源有 ±5V 和 ±12V 等，而通信电源一般为 −24V/−48V/−60V，所以必须由电源电路将机房供电电源变换为机盘中各部分电路所需的工作电源。这种电源电路实际上就是一种直流-直流变换器。由于对输出电压稳定度有要求，因此电源电路不单纯只是直流-直流变换器，而且是稳压电源，常用的方式是脉冲调宽型开关电源。

4.2.2　光接收机的性能指标

光接收机的主要性能指标包括接收机灵敏度、动态范围、过载功率、误码率、信噪比、Q 值等，其中灵敏度和动态范围是光接收机的关键指标。

灵敏度表示在给定的误码率（或信噪比）条件下，光接收机接收微弱信号的能力。

动态范围表示光接收机适应输入信号变化的能力。光接收机的输入信号是不能任意调整的，它将随着许多因素的变化而变化，所以光接收机必须能适应输入信号在一定范围内变化。

1．灵敏度

光接收机灵敏度是表征光接收机调整到最佳状态时，接收微弱光信号的能力。灵敏度可用三种形式表示，即在保证达到所要求的误码率（或信噪比）条件下，光接收机所需的：

① 输入的最小平均光功率 P_R。

② 每个光脉冲的最低平均光子数 n_0。

③ 每个光脉冲的最低平均能量 E_d。

对"1"、"0"码等概率出现的 NRZ 码脉冲，三者之间的关系为

$$P_R = \frac{E_d}{2T} = \frac{n_0 hf}{2T} \tag{4-15}$$

式中，T 为脉冲码元时隙，$T=1/f_b$；Hf 是一个光子能量。

P_R 的单位为 W。由于实际接收到的光信号功率较小，因此也常用 mW 作为单位。若用绝对功率电平（单位为 dBm）来表示灵敏度 S_r，则可写为

$$S_r = 10\lg \frac{P_R}{1\text{mW}} \tag{4-16}$$

对于不同的误码率要求，接收机的灵敏度也不同。而产生误码的主要原因是噪声。光信号通过接收机时，受到各种噪声影响，接收机的灵敏度会降低。因此，对接收机噪声的研究分析是光接收机的主要课题。

2．动态范围

动态范围描述的是光接收机适应输入信号变化的能力，即光接收机接收信号灵敏度和过载功率之间的差值。例如，对于某接收机在保证误码率 $P_e=10^{-9}$ 的条件下，所需接受的最小光功率为 15.8nW，而正常工作时最大接收功率为 1μW，计算可得其动态范围为 18dB。

3．影响光接收机性能的因素

在一定误码率条件下，影响光接收机性能的主要因素有：码间干扰、消光比、暗电流、量子效率、入射光波长、信号速率以及各种噪声等。

（1）码间干扰

在光纤通信系统中，光接收机的输入光脉冲信号宽度与光发送脉冲及光纤的带宽有关。多模光纤由于其带宽较窄，因此脉冲展宽引起的码间干扰主要是光纤带宽引起的。对于单模光纤系统而言，由于光纤色散的存在，光脉冲随着传输距离的延长会产生频谱展宽，继而引起码间干扰。特别是对于高速率光纤通信系统而言，色散和非线性引起的码间干扰是影响光

接收机灵敏度的重要因素。

（2）消光比

采用直接调制的光发送机，为了减小激光器的弛张振荡现象而加入了直流偏置电流，这也使得无信号时仍会有一定的输出功率。这种残留的光将在接收机中产生噪声，影响接收机灵敏度。

当消光比（EXT）$\neq 0$ 时，光源的残留光使检测器产生噪声。EXT 越大，对灵敏度的影响也越大，其值与使用的光检测器有关。

在高斯近似条件下，消光比对以 APD 为光检测器的光接收机灵敏度的影响的恶化量 ΔP（单位为 dB）可以近似表示为

$$\Delta P = 18 \text{EXT} \tag{4-17}$$

对于以 PIN 光敏二极管为光检测器的光接收机，消光比引起的灵敏度恶化量近似表示为

$$\Delta P = 9 \text{EXT} \tag{4-18}$$

（3）暗电流

光检测器中的暗电流对光接收机灵敏度的影响与消光比的影响相似，暗电流与光源无信号时的残留光一样，在接收机中产生噪声，降低接收机的灵敏度。

在 APD 光检测器中，有两种暗电流：一种是无倍增的，一种是有倍增的。后者对灵敏度的影响要比前者更大一些。

分析和计算表明：如系统传输速率较低，Si-APD 的暗电流为 100×10^{-12}A，光接收机的灵敏度较暗电流为 0 的情况降低 0.5dB 左右。

另外，当光纤通信系统中使用的光波长越小，信号速率越高，检测器量子效率越低，系统噪声越大，这会使接收机在一定误码率条件下的最小接收光功率增大，即降低了接收机灵敏度。

4.3 灵敏度及噪声分析

4.3.1 理想接收机灵敏度

所谓理想光纤通信系统，就是假设系统的频带无限宽，系统无噪声。对这样的系统，我们可认为，发送端调制信号是矩形脉冲，光脉冲信号经过光纤传输到接收端，经过光检测器检测得到的电信号还是矩形脉冲。那在这种系统中，接收机的灵敏度将受到什么限制呢？最大可能的值是多少呢？下面讨论这个问题。

假设理想光纤通信系统的光发送机每 T 秒内发出一个脉冲，用发送脉冲能量为"E_d"（时间间隔 T 内的脉冲能量）和"0"的脉冲表示"1"码和"0"码。在光接收机中，因无噪声，所以光检测器每输出一个电子-空穴对，接收机都能将其判决出来。假设光检测器在 T 秒内输出一个或多个电子-空穴对时，接收机判决电路将其判决为"1"码；在 T 秒内不产生电子-空穴对时，将其判为"0"码。当检测器无光信号作用时，不输出电子-空穴对（即忽略消光比和暗电流影响），不发生误码，即由"0"码误判为"1"码的概率为 0。而当发送"1"码时，接收机收到"1"码信号，但仍会有产生 0 个电子-空穴对的可能。因此，在理想光纤通信系统中的误码，只是"1"码误判为"0"码的概率。当接收机收到光脉冲能量 E_d 时，光检测器

不产生电子-空穴对的概率可以表示为

$$P_e = P_{(N=0)} = e^{-\eta E_d / hf} \tag{4-19}$$

当要求光接收机满足特定的误码率（或信噪比）时，即可计算出此时对应的光接收机灵敏度。例如，假设光接收机误码率要求为 $P_e = 10^{-9}$，可计算出此时理想光纤通信系统接收灵敏度为

$$E_d = 21hf / \eta \tag{4-20}$$

由上式可见，对应于 $P_e = 10^{-9}$ 的误码率条件，理想光纤通信系统的灵敏度相当于 21 个光子的能量。换句话说，在理想光纤通信系统中，当要求误码率为 $P_e = 10^{-9}$ 时，光接收机所接收的每个"1"码对应的光脉冲包括最少为平均 21 个光子。

如果用平均光功率表示，可改写成

$$P_R = \frac{E_d}{2T} = 10.5 hf f_b / \eta \tag{4-21}$$

式中，f_b 为光信号速率，$f_b = 1/T$；η 为光检测器量子效率；H 为普朗克常数；f 为光频。

若上式中 f 用波长 λ 表示可写成

$$P_R = 10.5 hc f_b / \lambda \eta \tag{4-22}$$

由上述分析得知：理想接收机的灵敏度仅与光信号速率、光波频率（或波长）、检测器的量子效率 η 有关。

PIN 光接收机是以 PIN 光敏二极管与 FET 互阻抗前置放大器组成的 PIN-FET 为光接收组件的接收机。PIN 光敏二极管无倍增噪声，其接收机中的主要噪声主要由 FET 互阻抗放大器的噪声决定。

经过较为复杂的数学推导，可得出 PIN 光接收机灵敏度，即所需的平均最小光功率为

$$P_R = \frac{Q\sqrt{Z}}{R_0 T} \tag{4-23}$$

式中，R_0 为响应度；Z 为 FET 互阻抗放大器噪声功率；T 为光脉冲宽度；Q 是表征信噪比的一个参数，它与误码率的关系为

$$P_e = \frac{1}{\sqrt{2\pi}} \frac{e - (Q^2 / 2)}{Q}$$

APD 光接收机是以 APD 作为光检测器件的光接收机。由于 APD 的倍增作用，使得接收机的噪声特性变得十分复杂。噪声包括了放大器噪声、APD 倍增噪声、暗电流噪声等。

采用 APD 作为光检测器的接收机，如果采用 FET 互阻抗放大器作前置放大，其灵敏度（接收机接收的最小光功率）可按下式计算：

$$P_R = \frac{Q^2}{2TR_0}(e < g >^x \Sigma_1 + 2\sqrt{e^2 < g >^{2x} \frac{\Sigma_1^2 - I_1^2}{4} + \frac{Z}{Q^2 < g >^2}}) \tag{4-24}$$

式中，$<g>$ 是倍增的统计平均值；x 是过剩噪声指数；Σ_1、I_1 是波形参数（由表 4-3 给出）。

表 4-3 列出了不同情况下的波形参数值。输入波形为高斯脉冲，$\alpha = \sigma / T$，σ 是输入高斯脉冲的根方均脉宽，一般 $\alpha = 0.2 \sim 0.5$。输出波形为升余弦脉冲，滚降因子 β，通常 $\beta = 0.5 \sim 1$，I_2 和 I_3 是与放大器的输入、输出波形有关的波形参数。

表 4-3 波形参数表（输入：高斯脉冲 输出：升余弦脉冲）

β	α	Σ_1	I_1	I_2	I_3
0.5	0.20	1.072672973	1.011351694	0.9873511475	0.08033106068
	0.25	1.132985311	1.028096298	1.064148642	0.09298680584
	0.30	1.228063907	1.059548593	1.175110495	0.1122013915
	0.35	1.376066775	1.114324313	1.337225048	0.1419807651
	0.40	1.607885679	1.206134756	1.580718318	0.1898489799
	0.45	1.980340406	1.358531113	1.962220272	0.2707313672
	0.50	2.606193706	1.615234257	2.594665603	0.4161898313
1.0	0.20	1.041196334	1.021741352	0.8634761392	0.08593555008
	0.25	1.096054227	1.054706673	0.9491098194	0.1080608588
	0.30	1.202969991	1.119989639	1.086277763	0.1474046432
	0.35	1.408742040	1.244673165	1.319620618	0.2232045480
	0.40	1.822753934	1.487656737	1.757178140	0.3866686828
	0.45	2.745536823	1.997225455	2.698941924	0.7940396390
	0.50	5.156277647	3.210245850	5.124208669	2.002934899

需要指出的是，APD 的倍增<g>存在着一个最佳值，它可使接收机要求的接收光功率最小（即接收机灵敏度最大）。因此，对 APD 光检测器而言，不是<g>越大越好。

在实际工程应用中，接收机所需的最小接收光功率（W）可按如下近似公式计算：

当光检测器为 PIN 时

$$P_e = 10^{-9}\text{时，} \quad P_R = 3.25 \times 10^{-8} \left(\frac{f_b}{f_{b0}} \right)^{3/2} \tag{4-25}$$

当光检测器为 APD 时

$$P_e = 10^{-9}\text{时，} \quad P_R = 1.64 \times 10^{-9} \left(\frac{f_b}{f_{b0}} \right)^{7/6} \tag{4-26}$$

式中，f_b 是系统码速（Mbit/s）；f_{b0} 是基准计算码速，f_{b0}=25Mbit/s。

4.3.2 光接收机噪声分析

光接收机的作用是将接收到的微弱的数字光信号通过光敏二极管转换为光电流，并经放大、整形、判决等信号处理，完成信号的准确检测。一个性能优良的光接收机应具有尽可能高的接收灵敏度。但灵敏度的提高受到接收机中存在的各种噪声的影响，噪声的存在将会降低接收机的灵敏度。

1. 光接收机的主要噪声

光接收机中存在各种噪声源，根据噪声产生的不同机理，噪声可分为两类：散粒噪声和热噪声。接收机中的噪声及其引入部位如图 4-12 所示。其中散粒噪声包括光检测器的量子噪声、暗电流噪声、漏电流噪声和 APD 倍增噪声；热噪声主要指负载电阻产生的热噪声，放大器噪声（主要是前置放大器噪声）中，既有热噪声，又有散粒噪声。

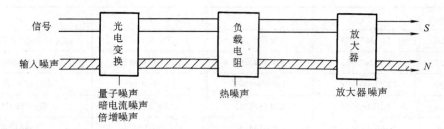

图 4-12　光接收机中的噪声及其分布

由图 4-11 可知，光接收机主要噪声包括：

1）随信号而来的输入噪声。这种噪声是由光发送机和传输过程中产生的，例如发送机消光比的影响，码间干扰的作用等。

2）量子噪声。光检测器接收到光信号，由于光子激发出电子的过程是随机过程，这种随机过程引起噪声。

3）暗电流噪声。光检测器在没有入射光照射时，仍会有一定的电流输出，这种电流称为暗电流，由于暗电流影响，会产生一种散粒噪声。

4）倍增噪声。由雪崩光敏二极管（APD）的倍增过程产生的噪声。

5）漏电流噪声。由光检测器表面物理状态不完善引起漏电流产生的噪声。

6）负载电阻热噪声。由负载电阻的热损耗引起的噪声。

7）放大器噪声。由放大器本身引起的噪声。

2．光检测器的噪声分析

当一定的光功率 $P(t)$ 入射到 PIN 光敏二极管上时，它就产生一定的平均电流 $I(t)$，该电流与输入光功率成正比。光电流等于由入射光子产生的各个电子-空穴对的位移电流的总和。

如图 4-13 所示，一定的光功率 $P(t)$ 入射于光敏管上，产生光生电子-空穴对，这些电子-空穴对产生的时间是不能精确预测的。光生电子-空穴对产生电流脉冲响应，而任何一个脉冲响应与其平均电流脉冲响应之差也是不能预测的，任一响应与平均脉冲响应之差为噪声 $\varepsilon(t)$，噪声 $\varepsilon(t)$ 的统计性与平均脉冲有关，所以称这种噪声为依赖于信号的噪声。

假设平均光功率为 $P(t)$ 的光脉冲固定入射于光敏管表面，则光敏管在时间 $\{t_n\}$ 产生电子-空穴对，并产生位移电流，在负载上建立电压。为了分析简便，假设一个电子-空穴对产生的位移电流与任何其他电子-空穴对产生的相同。于是，由图 4-12 可知，负载上建立的电压可用下式求得：

$$V(t) = e \sum_{n=1}^{N} h_T \{t - t_n\} \tag{4-27}$$

式中，$eh_T(t)$ 是 $t=0$ 时产生的电子-空穴对在光电管和负载上产生的冲激响应，产生的电子-空穴对总数为 N。总数 N 和产生的时间 $\{t_n\}$ 都是随机量，符合泊松分布随机过程。

如果把时间轴划分为若干小段，每段长度为 $\mathrm{d}t$，则在任一小段内 PIN 光敏二极管将产生 1 个或 0 个电子-空穴对。记产生 1 个电子-空穴对的概率是 $\lambda(t)\mathrm{d}t$，即有

$$\lambda(t) = \frac{\eta}{hf} P(t) \tag{4-28}$$

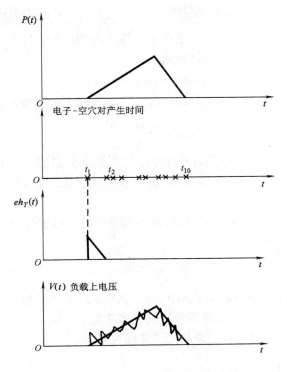

图 4-13　PIN 光敏二极管噪声分析

式（4-28）表示每秒产生的电子-空穴对平均数，则产生 0 个电子-空穴对的概率是可以记为 $1-\lambda(t)\mathrm{d}t$。

假设小段分得足够小，使每一小段内产生多于 1 个电子-空穴对的概率忽略不计。又假设，在这一小段是否产生电子-空穴对和任何其他小段是否产生电子-空穴对互不相关。

根据上述的假设可以得到，在$[t，t+T]$时间小段内产生的电子-空穴对总数是随机变量，具有下列概率分布：

$$P(N=n)=\wedge^n\mathrm{e}^{-\wedge}/n! \tag{4-29}$$

式中

$$\Lambda=\int_t^{t+T}\lambda(t)\mathrm{d}t=\int_t^{t+T}\frac{\eta}{hf}P(t)\mathrm{d}t \tag{4-30}$$

式（4-29）和式（4-30）中，$P(N=n)$是出现 n 个电子的概率，Λ 是出现电子数的统计平均，即 n 的数学期望。可知，在时间 T 内光功率 $P(t)$的积分就是总的能量 E_d。如果光脉冲宽度为 T 秒，则 E 就代表光脉冲能量。这样在 T 秒内产生的平均电子数可以表示为

$$\wedge=\frac{\eta E_d}{hf} \tag{4-31}$$

则 T 秒内产生 n 个电子数的概率分布为

$$P(N=n)=\left(\frac{\eta E_d}{hf}\right)^n\mathrm{e}^{-\frac{\eta E_d}{hf}}/n! \tag{4-32}$$

光纤通信系统中，如发送端发"1"码，接收端收到光脉冲能量 E_d，应该产生电子；如果

发送端发"0"码，接收端收不到光能量，不产生电子。但是当发送端发"1"码，接收端收到光脉冲能量 E_d，检测器也有可能不产生电子，判决为"0"码，引起误差。这就是说，有一定的概率不产生电子，发生误码，误码率为

$$P(N=0) = e^{-\eta E_d / hf} \tag{4-33}$$

如果规定误码率指标为不超过 $P_e = 10^{-9}$，则最小必须接收的光脉冲能量应为

$$E_{\min} = 21 \frac{hf}{\eta} \tag{4-34}$$

如果量子效率 $\eta = 1$，则最小检测的光脉冲能量必须等于 $21hf$，也就是说最小必须接收 21 个光子，才能保证误码率不大于 10^{-9}，这与 4.3.1 节中对于理想光接收机灵敏度的定性分析结果一致。

如果发送端发出的"1"码和"0"码等概率出现（数目相等），且每位码持续时间为 T，那么平均检测光功率必须至少为

$$P_{\min} = \frac{21hf}{2T} \tag{4-35}$$

这就是光接收机灵敏度在误码率 $P_e = 10^{-9}$ 时的极限，称为量子极限。如果需要达到更高的误码率性能（P_e 更小），那么量子极限要求接收更多的光子（如 $P_e = 10^{-10}$，则 $E_{\min} = 23hf/\eta$）。反之若允许较大的误码率，要求接收的最小光子数就可减少。

4.3.3　光接收机误码率

光接收机中产生误码的原因很复杂，一般而言主要由包括散粒噪声、倍增噪声和热噪声等在内的噪声引起。误码的多少及分布不仅和总噪声的大小有关，还与总噪声的分布有关。入射光子在 PIN 内产生的光生载流子或在 APD 内产生的第一代光生载流子通常服从泊松分布，但经过雪崩倍增、放大、均衡等环节后，噪声分布变得很复杂，所以要精确计算误码率及灵敏度就比较困难。

由于噪声的存在，接收机放大器的输出是一个随机过程，判决时的取样值也是随机变量。所以在判决时可能会发生误码。把接收的"1"码误判为"0"码，或把接收的"0"码误判为"1"码。

以幅度判决为例，判决点上的电压如图 4-14 所示。

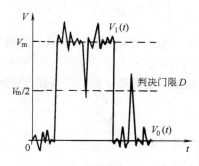

图 4-14　判决点上的噪声电压

图中，$V_1(t)$ 为考虑噪声在内的"1"码的瞬时电压，V_m 为"1"码的平均电压值，$V_0(t)$ 为

考虑噪声在内的"0"码的瞬时电压，"0"码的平均电压为 0，判决点门限值 $D=V_m/2$。

在接收"1"码时，若在取样时刻 $V_1<D$，则可能被误判为"0"码；在接收"0"码时，若在取样时刻 $V_0>D$，则可能被误判为"1"码。

假定噪声电压（电流）的瞬时值服从高斯分布，则其概率密度函数为

$$P(V) = \frac{1}{\sigma\sqrt{2\pi}}\exp\left(-\frac{V^2}{2\sigma^2}\right) \tag{4-36}$$

式中，σ 为噪声电压有效值；σ^2 为噪声平均功率，$\sigma^2=N$。

在已知光检测器和前置放大器的噪声功率，并假设了噪声功率满足高斯概率分布后，就可以计算"0"码和"1"码的误码率。

接收机接收"0"码时，平均噪声功率 $N_0=N_A$，N_A 为前置放大器的平均噪声功率。因为此时无光信号输入，光检测器的平均噪声功率 $N_D=0$（不考虑暗电流）。

由式（4-35）可知，接收"0"码时，噪声电压的概率密度函数为

$$P(V_0) = \frac{1}{\sqrt{2\pi N_0}}\exp\left(-\frac{V_0^2}{2N_0}\right) \tag{4-37}$$

在判决点上电压 V_0 超过 D 的概率，即为把"0"码误判为"1"码的概率 $P_{e,01}$ 可以表示为

$$P_{e,01} = P(V_0 > D) = \frac{1}{\sqrt{2\pi N_0}}\int_D^\infty \exp\left(-\frac{V_0^2}{2N_0}\right)\mathrm{d}V_0 = \frac{1}{\sqrt{2\pi}}\int_{D/\sqrt{N_0}}^\infty \exp\left(-\frac{x^2}{2}\right)\mathrm{d}x \tag{4-38}$$

式中，$x=V_0/\sqrt{N_0}$。

接收机接收"1"码时，平均噪声功率 $N_1=N_A+N_D$，N_D 为检测器的平均噪声功率。这时噪声电压幅度为 V_1-V_m，判决门限值仍为 D，则只要取样值 $(V_m-V_1)>(V_m-D)$ 或 $(V_1-V_m)<(D-V_m)$，就可能把"1"码误判为"0"码。所以把"1"码误判为"0"码的概率 $P_{e,10}$ 为

$$P_{e,10} = P(V_m-V_1 > V_m-D) = \frac{1}{\sqrt{2\pi N_1}}\int_{-\infty}^{-(V_m-D)} \exp\left[-\frac{(V_1-V_m)^2}{2N_1}\right]\mathrm{d}(V_1-V_m) \tag{4-39}$$

$$= \frac{1}{\sqrt{2\pi}}\int_{-\infty}^{-(V_m-D)/\sqrt{N_1}} \exp\left(-\frac{Y^2}{2}\right)\mathrm{d}Y$$

式中，$Y=(V_1-V_m)/\sqrt{N_1}$。

误码率 $P_{e,01}$ 与 $P_{e,10}$ 不一定相等，但对于"0"码与"1"码等概率出现的码流，可通过调节判决门限值 D，使 $P_{e,01}=P_{e,10}$，此时可获得最小的误码率，记为

$$P_e = \frac{1}{2}P_{e,01} + \frac{1}{2}P_{e,10} = P_{e,01} = P_{e,10} \tag{4-40}$$

即有

$$P_e = \frac{1}{\sqrt{2\pi}}\int_Q^\infty \exp\left(-\frac{x^2}{2}\right)\mathrm{d}x \tag{4-41}$$

其中

$$Q = \frac{D}{\sqrt{N_0}} = \frac{V_m-D}{\sqrt{N_1}} \tag{4-42}$$

Q 值表示判决点门限值与噪声电压（电流）有效值的比值，称为超扰比，含有信噪比的概念，不同的 Q 值对应不同的 P_e 值。由此可见，只要知道 Q 值，就可以求出误码率。误码率

和 Q 的关系如图 4-15 所示。

实际中，由于 Q 不易直接测量，一般使用的是误码率-灵敏度曲线，如图 4-16 所示。

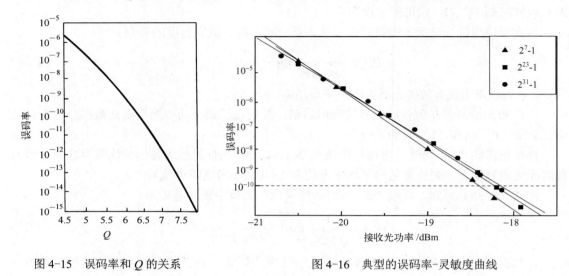

图 4-15 误码率和 Q 的关系   图 4-16 典型的误码率-灵敏度曲线

4.4 光中继机

光发送机输出的光脉冲信号，经过光纤传输后，因光纤的吸收和散射而产生衰减，又因光纤材料和结构上引起的色散影响，导致信号脉冲的失真。这些失真会使传输系统噪声个误码率增加且随距离增加而加剧。因此，为了补偿光信号的衰减，对波形失真的脉冲进行整形，延长光纤通信距离，必须在传输线路中每隔一定距离设置光中继机。

传统的光纤通信系统中，由于无法实现全光通信和有效的光放大，因此光中继机采用了所谓的背靠背的光-电-光转换方式，即包括了光接收、再生判决和光发送部分，如图 4-17 所示。

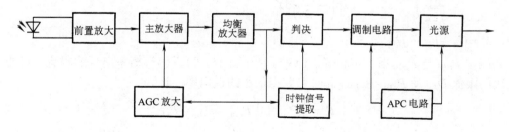

图 4-17 光-电-光方式的光中继机组成

图中，首先由光检测器将衰减和失真的光脉冲信号转换成电信号，通过放大、再生恢复出原来的数字信号，再对光源进行驱动调制，产生光信号送入光纤。

实际的光纤通信系统都是双向的，每个传输方向都必须设置中继。因此，每一个光纤传输系统中的光中继机都有两个方向完整的光接收机、再生判决和光发送电路。此外，还需设置分离和插入辅助业务信号的电路，与主信号一起传输，完成公务、监控和区间通信等功能，如图 4-18 所示。

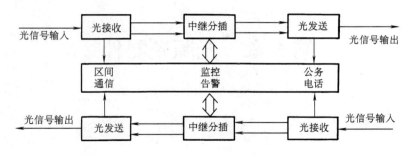

图 4-18　光中继功能框图

由于光-电-光方式的光中继机（也称 3R 中继机）需要双向的收发，因此结构比较复杂，成本较高。20 世纪 90 年代以来，全光处理技术和光放大技术获得了很大地发展，特别是光放大器的出现，使得在光纤线路系统中间可以不需要设置昂贵且复杂的 3R 中继器，而是使用光放大器直接对光信号实现放大（1R 中继机），这极大地提高了系统的可靠性，降低了成本。光放大器的有关内容将在第 6 章中加以介绍。

4.5　习题

1．光纤通信系统对光检测器有什么要求？比较 PIN 和 APD 各自的特点。

2．光敏二极管为什么必须工作在反向偏压状态？光电管产生的光电流中包括哪些分量？这些分量与哪些因素有关？光电管的响应时间与什么有关？

3．光电检测电路为什么会产生非线形失真？非线形失真对接收信号会产生什么影响？

4．何谓暗电流？暗电流是怎么产生的？暗电流的存在对信号的接收会产生什么影响？

5．试述 APD 的工作原理。何谓"雪崩效应"？拉通型雪崩光敏二极管有什么特点？APD 的电流增益系数 G 与什么有关？

6．接收机中的噪声包括哪些？这些噪声是怎么产生的？

7．何谓动态范围？何谓接收机灵敏度？灵敏度怎么表示？在保证误码率为 10^{-9} 的条件下，测得接收机所需输入光功率的范围为：$P_{max}=0.2\mu W$，$P_{min}=13.6nW$，求该接收机的动态范围值和灵敏度值。

8．分析光纤通信系统误码率的大小与接收机接收光能量的大小的关系。

9．何谓噪声等效功率？噪声等效功率与什么因素有关？它的大小意味着什么？

10．光接收机电路中为什么以 FET 构成最前端的互阻抗放大器？

11．列出影响光纤通信系统中接收机灵敏度的各种因素。并说明这些因素是怎样影响接收机灵敏度的。

第 5 章　无源光器件

5.1　光纤连接器

5.1.1　光纤连接器原理

　　光纤连接器是两根光纤之间完成活动连接的器件，主要用于各类有源及无源光器件之间、光器件与光纤线路之间、各类测试仪器与光纤通信系统或光纤线路间的活动连接。这里的活动连接主要是指可以进行多次重复连接，且重复性能好。与之相对的是，光纤线路中的光纤与光纤之间的连接（光纤接续）是一个永久性（固定）连接，一般不具备重复性。

　　光纤连接器是光纤通信系统中应用最广泛的一种无源器件，包括光纤耦合器、衰减器、隔离器、环行器、调制器和光开关等几乎所有的无源光器件，以及光源和检测器等有源器件都需要使用活动连接器进行连接。对光纤连接器的一般要求是插入损耗小、重复性好、互换性好以及稳定可靠等。

　　光纤连接时引起的损耗与多种因素有关，诸如光纤的结构参数（如纤芯直径、数值孔径等）、光纤的相对位置（如横向位移、纵向间隙等）以及端面状态（如形状、平行度等），如图 5-1 所示。

　　光纤活动连接器的种类很多，按结构可以分为调心型和非调心型；按连接方式可以分为对接耦合式和透镜耦合式；按光纤相互接触关系可以分为平面接触式和球面接触式等。其中使用最多的是非调心型对接耦合式光纤活动连接器，其核心是一个插针—套筒式结构，如图 5-2 所示。

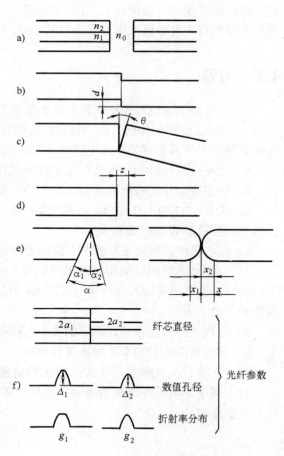

图 5-1　产生光纤连接损耗因素

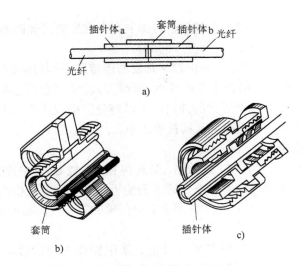

图 5-2　插针—套筒式活动连接器

图中，活动连接器主要由带有微孔（Φ125μm，与光纤包层外径一致）的插针体和用于对准的套筒（内径 Φ125μm）等构成。需要连接的光纤去除涂覆层后插入插针中心的微孔，并用环氧树脂类黏结剂固定。两根光纤对准时，将插针体插入套筒中，就可完成光纤的对接耦合。插针和套筒之间通过精密公差配合，可以保证两根光纤的轴对准，再采用弹簧等机械装置保证插针—套筒之间的位置固定，即可实现光纤的活动连接。

套筒和插针材料通常采用坚硬耐久的金属材料如不锈钢等，但现在多使用性能更加稳定的氧化锆。氧化锆是一种陶瓷材料，其机械性能好、耐磨、热膨胀系数和光纤相近，使连接器的寿命和工作温度范围大大改善。

5.1.2　光纤连接器类型

1．FC 型光纤连接器

FC（Ferrule Connector）连接器最早是由日本 NTT 公司研制的，其外部加强方式是采用金属套，紧固方式为螺丝扣。FC 类型的连接器采用的陶瓷插针的对接端面是平面接触方式，此类连接器结构简单，操作方便，制作容易，但光纤端面对微尘较为敏感，且容易产生菲涅尔反射，提高回波损耗性能较为困难。后来，对该类型连接器做了改进，采用对接端面呈球面的插针（SPC），而外部结构没有改变，使得插入损耗和回波损耗性能有了较大幅度的提高。

2．SC 型光纤连接器

SC 型光纤连接器外壳呈矩形，所采用的插针与耦合套筒的结构尺寸与 FC 型完全相同。其中插针的端面多采用 PC 或 APC 型研磨方式；紧固方式是采用插拔销闩式，不需旋转。此类连接器价格低廉，插拔操作方便，插入损耗波动小，抗压强度较高，安装密度高。

3．ST 型光纤连接器

ST 对于 10Base-F 连接来说，连接器通常是 ST 类型的，ST 连接器的芯外露。

4．双锥型连接器（Bicnoic Connector）

这类光纤连接器中最有代表性的产品由美国贝尔实验室开发研制，它由两个经精密模压成形的端头呈截头圆锥形的圆筒插头和一个内部装有双锥形塑料套筒的耦合组件组成。

5. DIN 光纤连接器

DIN47256 型光纤连接器这是一种由德国开发的连接器。这种连接器采用的插针和耦合套筒的结构尺寸与 FC 型相同，端面处理采用 PC 研磨方式。与 FC 型连接器相比，其结构要复杂一些，内部金属结构中有控制压力的弹簧，可以避免因插接压力过大而损伤端面。另外，这种连接器的机械精度较高，因而插入损耗值较小。

6. MT-RJ 型连接器

MT-RJ 起步于 NTT 开发的 MT 连接器，带有与 RJ-45 型 LAN 电连接器相同的闩锁机构，通过安装于小型套管两侧的导向销对准光纤，为便于与光收发信机相连，连接器端面光纤为双芯（间隔 0.75mm）排列设计，是主要用于数据传输的下一代高密度光纤连接器。

7. LC 型连接器

LC 型连接器是由美国贝尔研究所开发的，采用操作方便的模块化插孔（RJ）闩锁机理制成。其所采用的插针和套筒的尺寸是普通 SC、FC 等所用尺寸的一半，为 1.25mm。这样可以提高光纤配线架中光纤连接器的密度。当前 LC 类型的连接器实际已经占据了主导地位。

8. MU 型连接器

MU（Miniature Unit）型连接器是以目前使用最多的 SC 型连接器为基础，由 NTT 公司研制开发出来的世界上最小的单芯光纤连接器。该连接器采用 1.25mm 直径的套管和自保持机构，其优势在于能实现高密度安装。利用 MU 的 1.25mm 直径的套管，NTT 公司已经开发了 MU 连接器系列。它们有用于光缆连接的插座型连接器（MU-A 系列），具有自保持机构的底板连接器（MU-B 系列）以及用于连接 LD/PD 模块与插头的简化插座（MU-SR 系列）等。随着光纤网络向更大带宽、更大容量方向的迅速发展和 DWDM 技术的广泛应用，对 MU 型连接器的需求也将迅速增长。

为了进一步减小插入损耗和反射损耗，活动连接器的插针也有不同的形式。常用的插针体有 PC（物理接触）、SPC（球面物理接触）、APC（角度物理接触）等。PC 插针体端面之间直接接触，使得光纤端面间微小空气间隙引起的损耗大为减少。SPC 型将插针端面研磨成球面，利用自聚焦特性获得较小的插入损耗。APC 型将插针制成 8°倾角，这样可以大大提高回波损耗。

活动连接器的典型参数见表 5-1。

表 5-1　FC/PC 活动连接器主要技术指标

指标 ＼ 类型	FC/PC 型单模光纤活动连接器
插入损耗/dB	≤0.2
重复性/dB	≤±0.1
互换性/dB	≤±0.01
最大插入损耗/dB	≤0.5
回波损耗/dB	≥40
寿命（插拔次数）	2000
使用温度范围/℃	−20～＋70

5.1.3 光纤连接器性能参数

光纤连接器的性能，首先是光学性能，此外还要考虑光纤连接器的互换性、重复性、抗拉强度、温度和插拔次数等。

（1）光学性能

对于光纤连接器的光性能方面的要求，主要是插入损耗和回波损耗这两个最基本的参数。

插入损耗（Insertion Loss）即连接损耗，是指因连接器的导入而引起的链路有效光功率的损耗。插入损耗越小越好，一般要求应不大于 0.5dB。

回波损耗（Return Loss, Reflection Loss）是指连接器对链路光功率反射的抑制能力，其典型值应不小于 25dB。实际应用的连接器，插针表面经过了专门的抛光处理，可以使回波损耗更大，一般不低于 40dB。

（2）互换性或重复性

光纤连接器是通用的无源器件，对于同一类型的光纤连接器，一般都可以任意组合使用、并可以重复多次使用，由此而导入的附加损耗一般都在小于 0.2dB 的范围内。

（3）抗拉强度

对于做好的光纤连接器，一般要求其抗拉强度应不低于 90N。

（4）温度

一般要求光纤连接器在-40～+70℃的温度下能够正常使用。

（5）插拔次数

现在使用的光纤连接器基本都可以插拔 1000 次以上。

5.2 光纤耦合器

5.2.1 光纤耦合器原理

光纤耦合器的功能是实现光信号的分路/合路，即把一个输入的光信号分配给多个输出或者把多个输入的光信号组合成一个输出。根据合路和分路的光信号，可以把光纤耦合器分为功率耦合器和波长耦合器。功率耦合器是对同一波长光信号，按照平均或设定的比例对光功率进行分路或合路，也称为定向耦合器。波长耦合器则是针对不同波长的光信号进行合路和分路。光纤耦合器的使用将会对光纤线路带来一定的附加插入损耗以及串扰和反射等影响。

常用的功率耦合器包括 3 端口和 4 端口光纤耦合器以及星形耦合器，如图 5-3 所示。

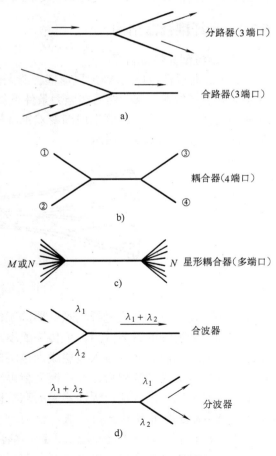

图 5-3 光纤耦合器的分类

1．3 端口和 4 端口光纤耦合器

这是一种有 3 个端口或者 4 个端口，不同端口之间有一定光功率分配比例的光纤耦合器。图 5-5a 所示的是一种 3 端口光纤耦合器。其功能是把一根光纤输入的光信号按一定比例分配给两根光纤（作为分路器）或把两根光纤输入的光信号合在一起输入一根光纤（作为合路器）。图 5-5b 所示的是一种 2×2 的 4 端口光纤耦合器，其功能是完成光功率在不同端口间的分配。当在端口 1 输入光功率时，在端口 3、4 按一定比例输出，而在端口 2 无输出；当在端口 3 输入光功率时，在端口 1、2 按一定比例输出，而在端口 4 无输出。所以它是一种定向耦合器。

2．星形耦合器

图 5-5c 所示的是一种有多个输入端口（M 或 N）和多个输出端口（N）的光纤耦合器。其功能是把 M 根光纤输入的光功率分配给 N 根光纤，M 和 N 不一定相等。这种分配器通常用作多端口光功率分配器，例如光接入网中的光分支器。

3．波分复用器件

前述的光纤耦合器只涉及光功率的分配，与光波长无关，而波分复用器是一个与光波长有关的光纤耦合器。波分复用器件可作为合波器，它的功能是将多个不同波长的光信号组合在一起，输入一根光纤；也可作为分波器，它的功能是把一根光纤输出的多个波长的光信号分配给不同的接收机，波分复用器件如图 5-3d 所示。

5.2.2 光纤耦合器结构

1．熔锥型光纤耦合器

2×2 定向耦合器以及 $N×N$ 星形耦合器大多采用此种结构。首先将两根（或多根）去除涂覆层的光纤扭绞在一起，然后在施力条件下加热，并将软化的光纤拉长形成锥形并稍加扭转，使其熔接在一起。在熔融区形成渐变双锥结构，在熔融区各光纤的包层合并成同一包层，纤芯变细、靠近，如图 5-4 所示。

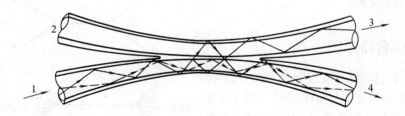

图 5-4　熔锥型光纤耦合器的结构与原理

使用多模光纤和单模光纤的耦合器的工作原理各不相同。对于多模光纤耦合器，当纤芯中的导模传到变细的锥形区后，可传输的模式越来越少，高阶模达到截止状态。高阶模入射角进入纤芯—包层界面，进入包层成为包层模在包层中传输。而低阶模仍在原来的纤芯中传输。当锥形区又逐渐变粗后，高阶模又会再次被束缚到纤芯区域内成为导模。由于此时熔融的锥形区具有同样的包层，因而进来的高阶模功率对于两根光纤是共有的，变回导模的光功率将平均分配到每根输出光纤中去。任何一根输入光纤的光功率都能均匀地分配到每根输出光纤中去，总的功率分光比将取决于锥形耦合区的长度和包层厚度。

对于单模光纤耦合器，以 2×2 单模光纤定向耦合器为例，在锥形耦合区，两根光纤的芯径变小且两个芯区非常靠近，因而归一化频率（V）显著减小，导致模场直径增加。这使两根光纤的消逝场产生强烈的重叠耦合。光功率可以从一根光纤耦合到另一根光纤，随后又可以耦合回来，使两根光纤的消逝场的重叠部分增加。根据耦合区的长度和包层厚度，可以在两根输出光纤中获得预期的光功率比例。

2. 研磨型光纤耦合器

将两根光纤的一边的包层研磨掉大部分，剩下很薄的一层。然后将经研磨的两根光纤并接在一起，中间涂上一层折射率匹配液，于是两根光纤通过透过纤芯—包层界面的消逝场产生耦合，得到所需的耦合功率。

研磨型光纤耦合器的原理与熔锥型光纤耦合器相同，都是利用消逝场的耦合在输出光纤中获得一定的功率分配。但熔锥型光纤耦合器具有更多的优点，简单，易于生产，附加损耗小，串扰也较小，可以适合于任何光纤类型和几何尺寸。主要缺点是分光比与模式及波长有关，以至于产生不同的损耗。

3. 微光元件型耦合器

微光元件型光纤耦合器采用两个 1/4 焦距的渐变折射率圆形透镜（GRIN），中间夹有一层半透明涂层镜面构成，如图 5-5 所示。

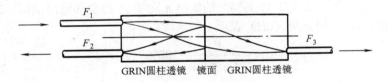

图 5-5　微光元件型耦合器

输入光束（功率 P_{in}）投射到第一个 GRIN 圆柱透镜，其中部分光被半透明镜面反射回来耦合进第二根光纤。而透射光则聚焦在第二个 GRIN 圆柱透镜并耦合进第三根光纤。这种微光元件耦合器结构紧凑，简单，插入损耗低，对模功率分配不敏感，因而也得到很多的应用。如果采用一个干涉滤波器来代替半透明涂层透镜，也可作为波分复用器件。

4. 集成光波导型耦合器

集成光波导型耦合器的制作工艺分为两步。首先利用光刻技术将所要求的分支功能的掩模沉积到玻璃衬底，然后利用离子交换技术将波导扩散进玻璃衬底，在其表面掩模形成圆形嵌入波导。图 5-6a 所示为一最简单的 Y 形（1×2）分支耦合器的基本结构。将多个 1×2 分支耦合器级联，可以构成图 5-6b 所示的树形耦合器。

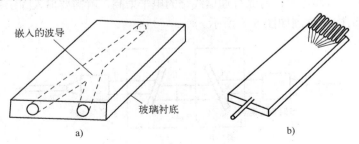

图 5-6　集成光波导型耦合器

5.2.3 光纤耦合器性能参数

表明光纤耦合器性能的主要参数有插入损耗、附加损耗、分光比或耦合比、隔离度等。以 4 端口光纤耦合器为例，其主要性能耦合器参数的关系如图 5-7 所示。

1. 插入损耗 L_i

插入损耗是指一个指定输入端口（1 或 2）的输入光功率 P_i 和一个指定的输出端口（3 或 4）的输出功率 P_o 的比值，用分贝（dB）表示

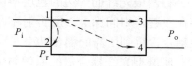

图 5-7 耦合器参数关系

$$L_i = 10 \lg \frac{P_i}{P_o} \tag{5-1}$$

2. 附加损耗 L_e

附加损耗是指全部输入端口（1 和 2）的输入光功率 P_i 总和与全部输出端口（3 和 4）的输出光功率 P_o 总和的比值，用分贝（dB）表示

$$L_e = 10 \lg \frac{P_{i1} + P_{i2}}{P_{o3} + P_{o4}} \tag{5-2}$$

3. 耦合比 CR

耦合比是指某一个输出端口（3 或 4）的输出光功率 P_o 与全部输出端口（3 或 4）的输出光功率 P_o 总和的比值，用分贝（dB）表示

$$CR = \frac{P_{o3}}{P_{o3} + P_{o4}} \times 100\% \tag{5-3}$$

4. 串扰 L_c

串扰是指一个输入端口（1）的输入光功率 P_i 与由耦合器泄漏到其他输入端口（2）的光功率 P_r 的比值，用分贝（dB）表示

$$L_c = 10 \lg \frac{P_i}{P_r} \tag{5-4}$$

5.3 光衰减器

光衰减器是一种用来降低（改变）光功率的器件，可分为可变光衰减器和固定光衰减器两大类。可变光衰减器主要用于调节光线路电平，如在测量光接收机灵敏度时，需要用可变光衰减器进行连续调节来观察接收机的误码率。在校正光功率计时也需要光可变衰减器。固定光衰减器主要用于调整光纤通信线路电平；若光纤通信线路的电平太高，就需要串入固定光衰减器。

光衰减器的结构示意图如图 5-8 所示。

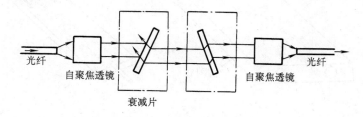

图 5-8 光衰减器结构示意图

光纤输入的光经自聚焦透镜变成平行光束，平行光束经过衰减片再送到自聚焦透镜耦合到输出光纤中。衰减片通常是表面蒸镀了金属吸收膜的玻璃基片，为减小反射光，衰减片与光轴可以倾斜放置。

连续可调光衰减器一般采用旋转式结构。衰减片在不同位置的金属膜厚度不同，可用来获得不同的衰减。两块衰减片组合大约可以获得 60dB 的可调范围。可调衰减器可做成连续可调式和步进可调式。光可变衰减器的主要技术指标包括衰减范围、衰减重复性以及插入损耗等。一种实用的光可变衰减器原理如图 5-9 所示。

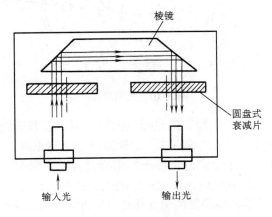

图 5-9　光可变衰减器

固定光衰减器一般做成活动连接器形式，便于与光纤线路连接。在光纤端面按要求镀上一层有一定厚度的金属膜即可实现光的衰减，也可用空气衰减式，即在光的通路上设置一个几微米的气隙，从而获得固定衰减。

光衰减器也可采用有源方式实现，有源光衰减器的原理是在光路上插入可改变透射功率的器件，如电光器件、声光器件等。通过改变电压等参数，可以实现光衰减器的连续调节和精密调节。

5.4　光隔离器与光环行器

5.4.1　光隔离器

光隔离器是一种只允许光波往一个方向传播，阻止光波往其他方向特别是反方向传输的一种无源器件，主要用在激光器或光放大器的后面，以避免反射光返回导致器件性能变坏。

在光纤通信系统中，从半导体激光器后面相连接的光连接器端面和光纤近端或远端反射出来的光，若再次进入半导体激光器，将会使激光振荡产生不稳定现象，或者使激光器发出的光波长发生变化。对于采用直接调制—直接检测的高速率光纤通信系统，反射光会产生附加噪声，使系统性能恶化。所以要在半导体激光器输出端串入一个光隔离器。对相干光纤通信系统，光隔离器更是不可缺少。在接有光纤放大器的光纤通信系统中，光纤放大器的有源器件的两端应接入光隔离器，以避免有源器件由于端面的寄生腔体效应引起振荡。

隔离器的主要参数是插入损耗和隔离度。对正向入射光，插入损耗越小越好，对反向反射光的隔离度则越大越好。目前插入损耗的典型值约为1dB，隔离度的典型值约在40～50dB之间。

光隔离器的结构及工作原理示意图如图5-10所示。

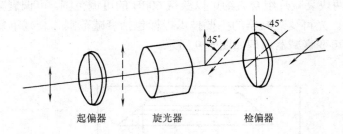

起偏器　　　　　旋光器　　　　　检偏器

图 5-10　光隔离器

光隔离器主要由起偏器、检偏器和旋光器三部分组成。起偏器的特点是当入射光进入起偏器时，其输出光束变成某一形式的偏振光。起偏器有一个透光轴（或偏振轴），当光的偏振方向与透光轴完全一致时，光全部通过。旋光器由旋光材料和套在外面的电流圈（或永久磁铁）组成。它的作用是借助磁光效应，使通过它的光的偏振状态发生一定程度的旋转。

如图 5-10 所示，起偏器和检偏器的透光轴成 45°角。旋光器使通过的光发生 45°角的旋转。例如，当垂直偏振光入射时，由于该光与起偏器透光轴方向一致，所以全部能通过。经旋光器后，其光轴旋转了 45°，恰好与检偏器透光轴一致，光能顺利通过，使入射光获得了低损耗传输。如果有反射光（比如接头的反射）出现，能反向进入隔离器的只是与检偏器光轴一致的那部分光，这部分反射光的偏振态也在 45°角方向上。这一部分光经过旋光器时再继续旋转 45°，变成水平偏振光正好与起偏器透光轴垂直，不能通过，所以光隔离器能够阻止反射光通过。

光隔离器从结构上可分为三类：块型、光纤型和波导型。

块型光隔离器如图 5-11 所示，光从左面入射，经聚焦棒透镜变成平行光。经棱镜后只有直线偏振光继续前进，偏振光经钇铁石榴石（YIG）旋转了 45°，再经另一棱镜到自聚焦透镜，再耦合到光纤中去。

光纤型隔离器结构比较合理，其起偏、旋光与检偏均在光纤元件中进行，其构成原理如图 5-12 所示。

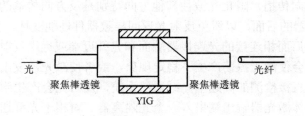

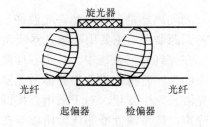

图 5-11　块型光隔离器示意图　　　　　图 5-12　光纤型光隔离器示意图

光隔离器的主要技术指标是对正向入射光的插入损耗，其值应越小越好；对反向反射光的隔离度，其值应越大越好。

5.4.2　光环行器

环行器除了有多端口以外，其工作原理与隔离器相似。如图 5-13 所示，典型的环行器一般有 3 个或 4 个端口。在 3 端口环行器中，端口 1 输入的光信号在端口 2 输出，端口 2 输入的光信号在端口 3 输出，端口 3 输入的光信号在端口 1 输出，4 端口环形器的原理与之类似，光环行器主要用在光分插复用器中。

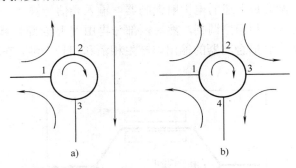

图 5-13　光环行器示意图

5.5　光调制器

目前常用的外调制器有电光调制器、声光调制器、波导调制器等，下面介绍几种常用的外调制器。

1. 电折射调制器

电折射调制器是利用了晶体材料的电光效应，电光效应是指外加电压引起的晶体的非线性效应，当晶体的折射率与外加电场幅度成正比时，称为线性电光效应，即普克尔效应；当晶体的折射率与外加电场的幅度平方成正比变化时，称为克尔效应，电光调制主要采用普克尔效应。

最基本的电折射调制器是电光相位调制器，它是构成其他类型的调制器（如电光幅度、电光强度、电光频率、电光偏振等）的基础。电光相位调制器的基本原理框图如图 5-14 所示。

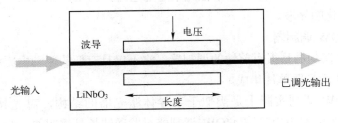

图 5-14　电光相位调制

当一个 $A\sin(\omega t + \Phi_0)$ 的光波入射到电光调制器（$Z=0$），经过长度为 L 的外电场作用区后输出光场$(Z=L)$即已调光波为$A\sin(\omega t+\Phi_0+\Delta\Phi)$，相位变化因子$\Delta\Phi$受外电压的控制从而实现相位调制。

两个电光相位调制器的组合便可以构成一个电光强度调制器，因为两个调相光波在输出相互叠加时发生了干涉，当两个光波的相位是同相时出现光强最大，当两个光波的相位反相时出现光强最小，从而实现了外加电压控制光强的开和关。

2. M-Z 型调制器

M-Z 调制器是由一个 Y 形分路器、两个相位调制器和 Y 形合路器组成，其结构如图 5-15 所示，其中的相位调制器就是上述的电折射调制器。输入光信号被 Y 形分路器分成完全相同的两部分，两个部分之一受到相位调制，然后两部分再由 Y 形合路器耦合起来。按照信号之间的相位差，两路信号在 Y 形合路器的输出端产生相消和相长干涉，在输出端就得到了"通"和"断"的信号。

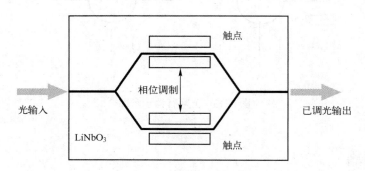

图 5-15　M-Z 型调制器

3. 声光布拉格调制器

声波（主要指超声波）在介质中传播时会引起介质的折射率发生疏密变化，因此受超声波作用的晶体相当于形成了一个布拉格光栅，光栅的条纹间隔等于声波的波长，当光波通过此晶体介质时，将被介质中的光栅衍射，衍射出光的强度、频率、相位、方向等随声波场而变化，这种效应称为声光效应。

声光布拉格调制器由声光介质、电声换能器、吸声（反射）装置等组成。电压调制信号经过电声换能器转化为超声波，然后加到电光晶体上，电声换能器是利用某些晶体如（石英、$LiNbO_3$）等的压电效应，在外加电场的作用下产生机械振动形成声波。超声波使介质的折射率沿传播方向随时交替变化，当一束平行光束通过它时，由于声光效应产生的光栅衍射光束就是一个周期性变化的光波。

4. 电吸收 MQW 调制器

电吸收 MQW 调制器是很有前途的调制器，它不仅具有低的驱动电压和低的啁啾特性，而且还可以与 DFB 激光器单片集成。

多量子阱 MQW 调制实际上是类似于半导体激光器的结构，对光具有吸收作用。如图 5-16 所示，通常情况下电吸收 MQW 调制器对发送波长是透明的，一旦加上反向偏压，吸收波长在向长波长移动的过程中产生光吸收，利用这种效应，在调制区加上 0V 到负压之间的调制信号，就能对 DFB 激光器产生的光输出进行强度调制。

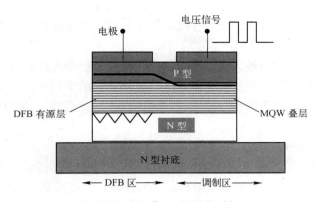

图 5-16　电吸收 MQW 型调制器

5.6　光开关

光开关是光纤通信系统和光纤测试技术中不可缺少的无源器件，光开关的主要功能是实现光信号在不同光路上的快速切换。对光开关的基本要求是插入损耗小、串扰低、开关速度快、扩展信号和寿命长等。不同的应用场合对于光开关的性能要求也不一样，例如用于业务保护和恢复切换使用的光开关速度在毫秒级即可，而用于光交换的则需要达到纳秒级。

光开关从基本原理上可以分为三类：第一类是机械光开关，使用电动机或压电元件等来驱动光纤、棱镜或反射镜等实现光信号的机械（空间位置）切换。第二类是固体波导光开关，主要是利用电光、磁光、热光和声光等器件实现光信号在端口上的切换。第三类是利用如气泡、液晶及全息等技术实现切换。其中，微机电系统（MEMS）光开关结合了机械和固定波导光开关的优点，是当前应用和发展的主要方向之一。

5.6.1　机械光开关

机械光开关是最成熟的光开关类型，其基本思想是移动光纤或光器件改变光路方向从而实现光开关功能。

1．光纤开关

光纤开关的工作原理是通过电动机驱动和平移一组光波导，使其改变与另一组光波导的位置，从而实现光路信号的连通与关断。一个最简单的机械光开关示意图如图 5-17 所示。驱动机构带动活动光纤，使活动光纤根据要求分别与光纤 A 或 B 连接，实现光路的切换。

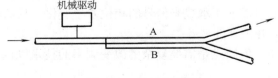

图 5-17　机械光开关

2．自由空间棱镜开关

棱镜开关由固定透镜和移动反射镜组成，最基本的单元结构是在一个固定镜前面配置两个旋转棱镜来实现对光路信号的切换。棱镜开关的主要缺点是需要大量的级间互连光纤。

3．宏机械开关

宏机械开关的基本结构是输入光纤出射的光信号经由一个发送透镜变为平行光射向接收透镜，再由接收透镜将其聚焦在接收光纤芯区。光路切换的实现通过改变输入光纤与透镜的相对位置来实现输入光纤与所需的输出端口间的切换。此类光开关的优点是极化相关损耗和色散较低，但缺点是开关速度较慢。

4．微机电系统光开关

MEMS 的基本原理是入射光信号首先通过输入光纤阵列经微透镜变为平行光束后射向可移动的阵列微镜，再由其反射至输出光纤阵列的对应端口，完成选路功能。MEMS 的核心是一组可围绕微机械活动关节自由旋转的微镜，其结构紧凑、集成度高、性能优良等优点使其成为光开关中最具潜力的方案，如图 5-18 所示。

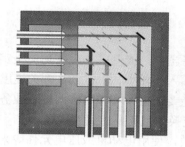

图 5-18　MEMS 光开关

5.6.2　固体波导光开关

1．电光开关

电光开关是利用光电晶体材料（如 $LiNiO_3$、InP、钡钛材料、半导体放大器门开关、ⅢⅤ族复合半导体晶体）等的电光特性来实现光路切换。例如 $LiNiO_3$ 光开关通过控制一对分支波导间的电压形成的相位差即可控制输出端信号的有无。

电光开关的优点是开关速度快和结构紧凑。缺点是插入损耗、极化相关损耗和串扰等指标不够理想。

2．声光开关

在某些介质中，声波会引起介质密度的变化进而导致折射率变化，最初使承载光信号的相位发生变化，声光开关就是利用这种声光效应来实现开关功能。在声光开关中，只需要加入一定大小的横向声波就可以使所承载光信号的相位发生变化，从而使其从一根光纤引导至另一根光纤，从而实现光开关功能。

声光开关的速度较快，但缺点是需要复杂的改变频率的技术以控制开关，因此不太适合大规模应用的场合。

3．热光开关

热光开关是利用材料的热光效应构成，即通过改变器件温度使其间接控制波导中的光信号相位，其缺点是对波长敏感。

其他类型的光开关还有液晶光开关、全息光开关和气泡光开关等。

液晶光开关的工作原理是通过改变外加电压的方式来改变液晶材料的分子趋向，从而改变材料的透光特性来实现光开关。由于液晶材料的电光系数远高于前述的电光开关材料，因此驱动效率较高。

液晶光开关的缺点是开关速度较慢，温度敏感程度高和插入损耗较大等。

当在晶体上施加电压时可以在晶体内部产生全息图形式的电驱动布拉格光栅，光栅中可以反射不同的波长。据此可以制成全息光开关，针对光纤中的每一个波长设置相应的晶体，通过改变晶体上的电压实现对不同波长的开关选择和导通。

气泡开关又称为微流体开关，其原理类似于气泡喷墨打印机。

5.7 习题

1．光纤连接器应用在什么地方？影响光纤连接器损耗的因素有哪些？

有两根模场直径分别为 9.0μm 和 10.0μm 的单模光纤相连接时，会产生多大的连接损耗？

2．光纤连接器有哪些种类，叙述 FC 型光纤活动连接器的原理。

3．光纤耦合器有哪几种？叙述熔锥型光纤耦合器的原理。

4．怎么定义光纤耦合器的插入损耗、附加损耗、耦合比和串扰？

5．光衰减器有几种，各有什么作用？

6．简述光环行器和光隔离器的工作原理，并比较它们的异同。

7．常用光调制器有哪些？叙述它们的原理。

第6章 光 放 大 器

6.1 光放大器基础

6.1.1 光放大器的基本原理

光放大器是一种能在保持光信号特征不变的条件下，增加光信号功率的有源设备。光放大器的基本工作原理是受激辐射或受激散射效应，其工作机制和激光器的发光原理非常相似。实际上，也可以将光放大器理解为是一个没有反馈或反馈较小的激光器。对于某种特定的光学介质，当采用泵浦（电能源或光能源）方法，达到粒子数反转时就产生了光增益，即可实现光放大。一般来说，光增益不仅与入射光频率（波长）有关，也与放大器内部光束强度有关。光增益与频率和强度的关系取决于放大器增益介质的特性。

根据光放大器工作机理的不同，可以分为以下几种。

（1）半导体激光放大器

半导体激光放大器是一种光直接放大器，其基本原理是利用受激辐射对进入增益介质的光信号进行直接放大，其结构相当于一个处于高增益状态下的无谐振腔的半导体激光器。半导体光放大器就其工作方式而言，可以分为三种类型：法布里－珀罗谐振腔式光放大器（FPSOA）、注入锁定式光放大器（ILSOA）和行波式光放大器（TWSOA）。它们的优点是体积小、增益高、频带宽，并可对皮秒级的光脉冲进行放大；缺点是噪音大、对串扰和偏振敏感、与光纤耦合时损耗大、工作稳定性差，因而应用受到一定的局限。

近年来，半导体激光放大器在非线性光学及其应用中的研究获得了较大进展，特别是在波长转换和光开关等方面已显示出很大的应用潜力。利用半导体激光放大器引入的交叉增益调制、交叉相位调制或四波混频效应，可以将某一波长上的信号转换到同时输入的另一个连续波段上，这在波分复用系统中很有用处，不仅可以减少所需激光器的数量，同时可以将这种转换器置于网络节点上实现开关功能。

（2）掺杂稀土元素光放大器

1964 年 Keester 等人提出了光纤放大器的构想，并发现向光纤中掺杂少量稀土元素后就可成为激活介质，进而可构成光纤放大器以放大光信号。现阶段较为实用的光纤放大器主要是掺铒光纤放大器（EDFA）和掺镨光纤放大器（PDFA）。

掺铒光纤放大器能放大光信号的基本原理在于铒离子能吸收泵浦光的能量，实现粒子数反转，当信号光通过已被激活的掺铒光纤时，亚稳态上的粒子以受激辐射的方式跃迁到基态。对应于每一次跃迁，都将产生一个与激发该跃迁的光子完全一样的光子，从而实现了信号光在掺铒光纤的传播过程中不断放大。

EDFA 的优点包括：较高的增益（只需几毫瓦的泵浦功率就足以产生数千倍的增益）、低噪声、宽频带，并且 EDFA 的增益与信号极化态无关以及高饱和输出功率（数十～几百毫瓦）

等。由于它具有传统电放大器不可比拟的优点，特别适合应用于长距离、大容量陆地和海底光缆通信系统，同时 EDFA 在光弧子通信系统，有线电视（CATV）广播网中也发挥着重要的作用，有着广泛的应用前景。

EDFA 主要的缺点是其只能作为 1.55μm 波长区放大器，而不能作为 1.3μm 波长区放大器。对于早期敷设的大量 G.652 光纤而言，其在 1.3μm 处色散为零，因此在 1.3μm 波段附近系统的传输距离主要受光纤损耗的限制，而 EDFA 无法对此波长区域的光信号进行放大，此时可以引入 PDFA。

（3）光纤布里渊放大器

受激布里渊散射是光纤内的一种非线性现象，起源于光纤的三阶电极化率，其光增益是由泵浦光的受激布里渊散射产生的。受激布里渊效应导致一部分泵浦光功率转移给信号光，使信号光得到放大。

光纤布里渊放大器（FBA）是一种高增益、低功率和窄带宽光放大器。高增益和低功率放大性能使其可用作接收机中的前置放大器，提高接收机灵敏度。但是由于在室温下高的声学声子数，使得 FBA 的噪声指数过大（>15dB），因而 FBA 的应用受到一定的限制。

FBA 的窄带宽放大特性，使其能放大信号的比特率一般比较低，通常<100Mbit/s，所以，在一般光波通信系统中 FBA 的应用价值不大。但 FBA 的窄带放大特性可作为一种选频放大器，在相干和多信道光波通信系统中有一定用处。例如，在相干通信系统中，可用 FBA 有选择性地放大光载波而不放大调制边带，利用放大后的光载波作为本振光，实现零差检测。

（4）光纤拉曼放大器

光纤拉曼放大器（FRA）是唯一能在 1260～1675nm 的光谱上进行放大的器件，具有广阔的光谱范围。拉曼放大器适合于任何类型的光纤，且成本较低。FRA 可采用同向、反向或双向泵浦，增益带宽可达 6THz。分布式受激拉曼散射放大器能显著增加放大器之间的距离，因而可以在速率高达 40Gbit/s 的高速光网络中发挥重要作用。目前，拉曼放大器主要用做分布式放大器，辅助 EDFA 进行信号放大。但光纤拉曼放大器也可以单独使用，放大 EDFA 不能放大的波段。

6.1.2 光放大器的主要参数

1. 泵浦和增益系数

光放大器的能源是由外界泵浦提供的。根据掺杂物能级结构的不同，泵浦可以分为三能级系统和四能级系统。图 6-1 给出了两种泵浦原理的示意图。在两种系统中，掺杂物都是通过吸收泵浦光子而被激发到较高能态，再快速弛豫到能量较低的激发态，使储存的能量通过受激辐射被释放出来放大光信号。

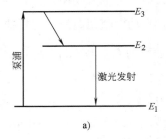 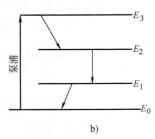

图 6-1 两种泵浦原理示意图

光学泵浦提供了所必需的能级间的粒子数反转，因而也就提供了光学增益，增益系数 g 定义为

$$g=\sigma\,(N_1-N_2) \tag{6-1}$$

式中，σ 为阶跃截面；N_1 和 N_2 为两能级的粒子数密度。

对于三能级和四能级泵浦系统，增益系数 g 都可以用适当的速率方程来计算。

考虑一个均匀加宽的增益介质，其增益系数可以表示为

$$g\left(\omega\right)=\frac{g_0}{1+\left(\omega-\omega_a\right)^2 T_2^2+P/P_s} \tag{6-2}$$

式中，g_0 为由放大器的泵浦功率决定的光增益的峰值；ω 为入射信号光频率；ω_a 为原子跃迁频率；P 为正在放大的连续信号光功率。

而饱和功率 P_s 与掺杂物参数，如荧光时间 T_1 和跃迁截面 σ 有关。式中的参量 T_2 为偶极子弛豫时间，就光纤放大器而言其值非常小（约 0.1ps）。式（6-2）可以用于讨论放大器的一些重要特性参数，如增益谱宽、放大因子和饱和输出功率等。

2．增益谱宽与放大器带宽

在式（6-2）中，当取 $P/P_s\ll1$，即在小信号或非饱和状态时，增益系数可以表示为

$$g\left(\omega\right)=\frac{g_0}{1+\left(\omega-\omega_0\right)^2 T_2^2} \tag{6-3}$$

可以看出，当 $\omega=\omega_0$ 时增益最大；当 $\omega\neq\omega_0$ 时增益随 ω 的改变而按照洛伦兹分布变化。需要指出的是，实际放大器的增益谱可能不完全是洛伦兹分布，有时甚至会偏离很大。

定义增益谱宽为增益系数 $g(\omega)$ 降至最大值一半处的全宽（FWHM）。对于满足洛伦兹分布的放大器增益谱，增益谱宽可以表示为

$$\Delta\omega_g=\frac{2}{T_2} \tag{6-4}$$

或

$$\Delta\nu_g=\frac{\Delta\omega_g}{2\pi}=\frac{1}{\pi T_2} \tag{6-5}$$

这表明，在小信号条件下，增益谱宽主要决定于增益介质的偶极子弛豫时间 T_2。对于半导体激光器，$T_2\approx0.1\text{ps}$，$\Delta\nu_g\approx3\text{THz}$。

由介质的增益谱宽可求得放大器的带宽。定义放大器的增益或放大倍数为

$$G=\frac{P_{\text{out}}}{P_{\text{in}}} \tag{6-6}$$

式中，P_{out} 为被放大信号的输出功率；P_{in} 为被放大信号的输入功率。

在长度为 L 的放大器中，光信号逐步被放大。光功率随距离的变化规律为 $\dfrac{\mathrm{d}P}{\mathrm{d}z}=gP$，在 z 点的功率可以表示为 $P\left(z\right)=P_{\text{in}}\exp\left(gz\right)$，则输出功率为 $P_{\text{out}}=P\left(L\right)=P_{\text{in}}\exp\left[g\left(\omega\right)L\right]$。因此，光放大器的增益为

$$G\left(\omega\right)=\exp\left[g\left(\omega\right)L\right] \tag{6-7}$$

上式表明 G 与 g 之间存在指数依存关系，当频率 ω 偏离 ω_0 时，$G(\omega)$ 下降得比 $g(\omega)$ 快得多。

定义放大器的带宽 $\Delta\nu_A$ 为 $G(\omega)$ 降至最大放大倍数一半（3dB）处的全宽度（FWHM），它与介质增益谱宽 $\Delta\nu_g$ 的关系为

$$\Delta\nu_A = \Delta\nu_g \left(\frac{\ln 2}{g_0 L - \ln 2} \right) \tag{6-8}$$

可见，放大器的带宽比介质增益谱宽要窄得多。

3．增益饱和与饱和输出功率

增益饱和是放大器能力的一种限制因素，起因于式（6-2）中增益系数与功率的依存关系。当 $P/P_s \ll 1$ 时，式（6-2）简化为式（6-3），称为小信号增益。当 P 增大至可以与 P_s 比拟时，$g(\omega)$ 降低，$G(\omega)$ 也降低。为简化讨论，设输入光信号频率 $\omega = \omega_0$，将式（6-2）代入 $\frac{\mathrm{d}P}{\mathrm{d}z} = gP$ 可知，光功率随距离按下述关系变化：

$$\frac{\mathrm{d}P}{\mathrm{d}z} = \frac{g_0 P}{1 + \dfrac{P}{P_s}} \tag{6-9}$$

利用初始条件：$P_0 = P_{in}$，$P(L) = P_{out} = GP_{in}$，对上式积分，可得放大器增益为

$$G = G_0 \exp\left(-\frac{G-1}{G} \cdot \frac{P_{out}}{P_s} \right) \tag{6-10}$$

式中，G_0 为小信号峰值增益。

图 6-2 给出了 G/G_0 随 P_{out}/P_s 变化的曲线，表明随着输出功率的增大，增益出现了饱和。

通常将放大器增益降至最大小信号增益一半（3dB）时的输出功率定义为饱和输出功率，按此定义，将 $G = G_0/2$ 代入式（6-8），可得饱和输出功率为

$$P_{out}^s = \frac{G_0 \ln 2}{G_0 - 2} \cdot P_s \tag{6-11}$$

一般，G_0 在 100～1000（20～30dB）范围内，因而 $P_{out}^s \approx 0.69 P_s$。表明放大器的饱和输出功率比增益介质的饱和功率低约 30%。

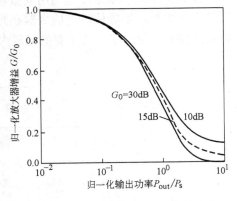

图 6-2　放大器增益随输出功率的变化

4．放大器噪声

所有光放大器在放大过程中都会把自发辐射（或散射）叠加到信号光上，导致被放大信号的信噪比（SNR）降低，其降低程度通常用噪声指数 F_n 来表示，其定义为

$$F_n = \frac{(SNR)_{in}}{(SNR)_{out}} \tag{6-12}$$

式中的 SNR 是由光接收机测得的，因此所得 F_n 值也和接收机参数有关。假如采用仅由散粒噪声限制的理想接收机测定 SNR，则 $(SNR)_{in}$ 可以表示为

$$(SNR)_{in} = \frac{I_P^2}{\sigma^2} = \frac{(RP_{in})^2}{2q(RP_{in})\Delta\nu} = \frac{P_{in}}{2h\nu\Delta\nu} \tag{6-13}$$

光接收机中引入光放大器后，新增加的噪声主要来自自发辐射噪声与信号本身的差拍噪

声，因为自发辐射光在光检测器中与放大信号相干混频，产生了光电流的差拍分量，使光电流的方差出现了新的成分，可以写成

$$\sigma^2 = 2q\left(RGP_{in}\right)\Delta\nu + 4\left(RGP_{in}\right)\left(RS_{sp}\right)\Delta\nu \tag{6-14}$$

等式右边第一项是由接收机的散粒噪声产生；第二项由信号与自发辐射噪声差拍产生。为简化讨论，上式中并未考虑其他噪声对接收机的影响。在忽略第一项的情况下，可得放大器输出端的信噪比为

$$\left(\mathrm{SNR}\right)_{out} = \frac{\left(I_p\right)^2}{\sigma^2} = \frac{\left(RGP_{in}\right)^2}{\sigma^2} \approx \frac{GP_{in}}{4S_{sp}\Delta f} \tag{6-15}$$

将式（6-13）和式（6-15）代入式（6-12），可得噪声指数为

$$F_n = 2n_{sp}\frac{(G-1)}{G} \approx 2n_{sp} \tag{6-16}$$

上式表明，即使对于 $n_{sp}=1$ 的完全粒子数反转的理想放大器，被放大信号的 SNR 也降低了 2 倍（3dB），对大多数实际的放大器 F_n 均超过 3dB，并可能达到 6～8dB。光放大器用于光纤通信系统时，要求 F_n 尽可能低。

6.1.3　光放大器的分类

光放大器的基本原理是利用受激辐射或受激散射来实现光信号的放大。光放大器主要可以分为两大类：半导体激光放大器和光纤放大器，根据其放大机理的不同，又可以分为不同类别，图 6-3 给出了目前主要的光放大器类型。

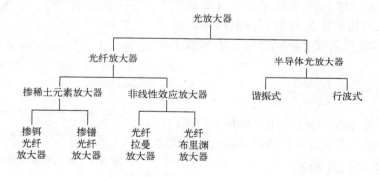

图 6-3　光放大器类型

半导体光放大器是由半导体材料制成的，也可以理解为是去除反射腔的行波光放大器。半导体光放大器的优点是选取适宜的材料后可以满足不同波长的放大需求，但缺点是与光纤线路的连接损耗较大，同时其增益性能受偏振影响较大，串扰和噪声性能也较差，因此一般较少用于在线放大器等场合。

光纤放大器分为非线性光纤放大器和掺杂稀土元素放大器两类。非线性光纤放大器是利用强激励注入光纤并在光纤中产生显著的非线性效应，对输入光信号实现放大；掺杂稀土元素放大器主要是利用铒和镨等元素对光纤进行掺杂，通过外部泵浦光激励实现粒子数反转形成输入信号光的放大。

6.2 掺铒光纤放大器

6.2.1 EDFA 的特点

掺铒光纤放大器（EDFA）是率先商用化的光放大器之一，由于其一系列突出的优点，已经成为高速大容量光纤通信系统中不可缺少的部分。EDFA 的主要特点包括：

1）工作波长处于 1.53～1.56μm 范围，与光纤最小损耗波长窗口一致。

2）对掺铒光纤进行激励所需的泵浦光功率较低，仅需数十毫瓦。

3）增益高、噪声低、输出功率高。EDFA 的典型小信号增益可达 40dB，噪声系数可低至 3～4dB，输出功率可达 14～20dBm。

4）连接损耗低。EDFA 是光纤型放大器，其与光纤线路间的连接较为容易，连接损耗可低至 0.1dB。

6.2.2 EDFA 的结构及工作原理

1. EDFA 的主要结构

EDFA 主要由掺铒光纤（EDF）、泵浦光源、光耦合器、光隔离器和光滤波器等组成，如图 6-4 所示。

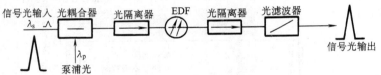

图 6-4　EDFA 的基本组成

掺铒光纤（EDF）是一段长度为 10～100m 的掺铒石英光纤，铒离子的掺杂浓度一般为 25mg/kg 左右。

泵浦光源一般采用半导体激光器，输出功率为 10～100mW，工作波长为 0.98μm 或 1.48μm。

光耦合器的作用是将信号光和泵浦光混合在一起。

光隔离器的作用是保证信号单向传输，防止和减小反射光对光放大器稳定工作的影响，对其性能的主要要求是插入损耗低、与偏振无关、隔离度优于 40dB。

光滤波器的主要作用是滤除光放大器的噪声，降低噪声对 EDFA 及光纤通信系统的影响，提高信噪比。

2. EDFA 的工作原理

EDFA 的工作原理与半导体激光器类似：当较弱的信号光和较强的泵浦光一起输入掺铒光纤时，泵浦光激活 EDF 中的铒粒子并形成粒子数反转分布；在信号光子的感应下，产生受激辐射并实现信号光的放大作用。由于 EDFA 的核心放大元件是掺铒光纤，其具有细长的结构特点，因此可以实现有源区的能量密度较高，从而降低了对泵浦功率的要求。

铒离子的能级分布如图 6-5 所示，其中 E_1 能级最低，称为基态；E_2 能级为亚稳态，E_3 能级最高，称为激发态（激态）。

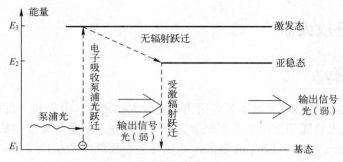

图 6-5　铒离子能级分布

在没有外部激励的热平衡情况下,铒离子处于基态能级 E_1 的概率最大。当泵浦光的能量注入掺铒光纤时,处于基态的离子吸收能量后跃迁至高能级(E_3),而处于 E_3 能级的粒子具有自发地降低能量,跃迁回较低能级的运动趋势。保持泵浦光的持续激励,激发到 E_3 能级的大量离子自发的跃迁回 E_2 能级并在该能级上停留较长时间,E_2 能级上的粒子数不断增加,从而在 E_2 和 E_1 能级间形成了粒子数反转分布,满足了受激辐射光放大的必要条件。

当输入光信号的光子能量恰好等于 E_2 和 E_1 的能级差时,大量处于亚稳态的粒子以受激辐射形式跃迁回 E_1 能级,同时辐射出与输入光信号光子能量一致的大量光子,这样也就实现了输入信号光的直接放大。

图 6-6 给出了铒离子的吸收谱,可以看出其谱宽基本覆盖了光纤通信中最主要的光纤低损耗工作波长窗口。

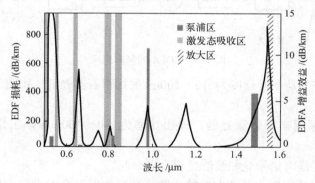

图 6-6　铒离子吸收谱

3. EDFA 的泵浦方式

EDFA 的内部按泵浦方式分,有三种基本的结构:同向泵浦、反向泵浦和双向泵浦。

（1）同向泵浦

这是一种信号光与泵浦光以同一方向从掺铒光纤的输入端注入的结构,也称为前向泵浦,如图 6-7 所示。

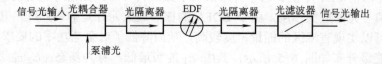

图 6-7　同向泵浦式 EDFA

（2）反向泵浦

这是一种信号光与泵浦光从两个不同方向注入进掺铒光纤的结构，也称后向泵浦，如图 6-8 所示。

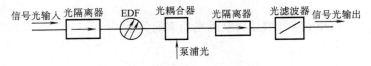

图 6-8　反向泵浦式 EDFA

（3）双向泵浦

这是一种同向泵浦和反向泵浦同时泵浦的结构，如图 6-9 所示。

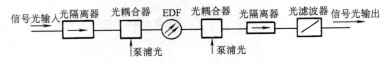

图 6-9　双向泵浦式 EDFA

图 6-10 给出了三种泵浦方式的信号输出功率与泵浦功率的关系。由于这三种方式的微分转换效率（即图中曲线斜率）不同，因此在同样的泵浦条件下，同向泵浦式 EDFA 的输出功率最低。

图 6-11 给出了噪声指数 NF 与输出功率之间的关系。由于输出功率加大将导致粒子反转数下降。因此，在未饱和区，同向泵浦式 EDFA 的噪声指数最小，但在饱和区，情况就不同。

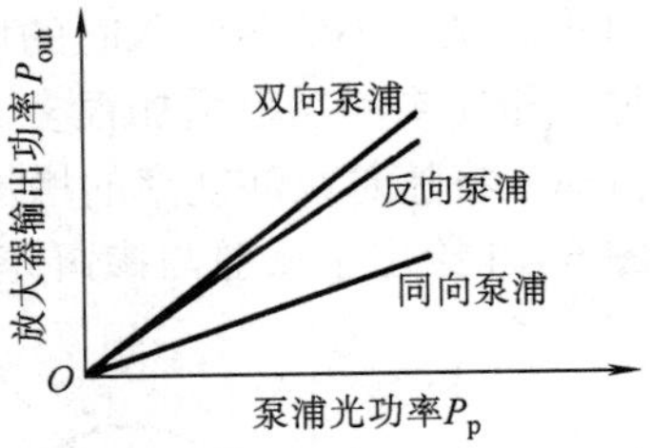

图 6-12 给出了噪声指数与光纤长度的关系。可见，不管掺铒光纤的长度如何，同向泵浦 EDFA 噪声系数均较小。

图 6-10　信号输出功率与泵浦功率的关系

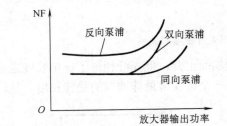

图 6-11　噪声指数与输出功率的关系

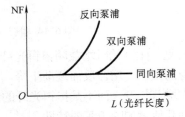

图 6-12　噪声指数与光纤长度的关系

6.2.3　EDFA 的性能参数

EDFA 主要的性能参数包括功率增益、输出功率和噪声等。

1. 功率增益

功率增益（dB）表示了 EDFA 的放大能力，其定义为输出功率与输入功率之比，即

$$功率增益=10\log\frac{输出光功率}{输入光功率} \qquad (6-17)$$

EDFA的增益大小与输入信号功率、泵浦功率、掺铒光纤长度等多种因素有关，通常为15～40dB。

图6-13给出了EDFA信号增益与泵浦光功率的关系。

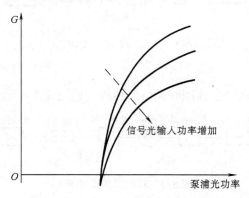

图6-13　增益（G）与泵浦光功率的关系

由图可见，小信号输入时的增益系数大于大信号输入时的增益系数。当放大器增益出现饱和时，即使泵浦功率增加很多，增益也会基本保持不变。此时放大器的增益效率（图中曲线的斜率）将随着泵浦功率的增加而下降。

图6-14给出了增益与掺铒光纤长度的关系。

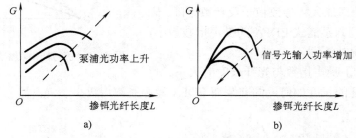

图6-14　增益（G）与掺铒光纤长度的关系

由图可见，刚开始时增益随掺铒光纤长度的增加而上升，但光纤超过了一定长度之后，由于光纤本身的损耗，增益反而逐渐下降，因此存在一个可获得最佳增益的最佳长度。这一长度只能是最大增益长度，而不是掺铒光纤的最佳长度，因为还牵涉到其他诸如噪声等的特性。

2. 输出功率

对于EDFA而言，当输入功率增加时，受激辐射加快，以至于减少了粒子反转数，使受激辐射光减弱，输出功率趋于平稳。EDFA的输入/输出关系如图6-15所示。

衡量EDFA的输出功率特性通常使用3dB饱和输出功率，其定义为饱和增益下降3dB时所对应的输出功率值。

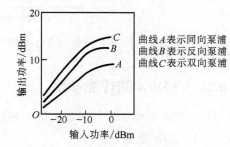

曲线A表示同向泵浦
曲线B表示反向泵浦
曲线C表示双向泵浦

图6-15　EDFA的输入/输出关系

3．噪声

EDFA 的输出光中，除了有信号光外，还有自发辐射光，它们一起被放大，形成了影响信号光的噪声源，EDFA 的噪声主要有以下 4 种：①信号光的散粒噪声；②被放大的自发辐射光的散粒噪声；③自发辐射光谱与信号光之间的差拍噪声；④自发辐射光谱间的差拍噪声。

以上 4 种噪声中，后两种影响最大，尤其是第三种噪声是决定 EDFA 性能的主要因素。

理论分析表明，EDFA 的噪声指数 F_n 的极限值是 3dB。这表明即使是在理想情况下，每经过一个 EDFA，信噪比也会下降一半。因此，即使 EDFA 的增益完全补偿光纤线路的损耗，实际使用中也不能无限制地级联 EDFA，这样会导致接收到信号的信噪比难以承受。

6.2.4 EDFA 的应用

在长距离、大容量、高速率光纤通信系统中，EDFA 有多种应用形式，其基本作用是：

1）延长中继距离，采用 EDFA 后的系统无电中继传输可以长达数百公里或更长距离。

2）克服各类器件的插入损耗，便于采用波分复用等实现光纤通信系统的扩容升级。

3）与光孤子技术等结合，可实现超大容量、超长距离（ULH）光纤通信。

4）与 CATV 及光接入网等技术结合，便于推进光纤到户和高清视频等业务。

EDFA 的具体的应用形式有三种，如图 6-16 所示。

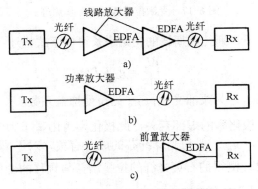

图 6-16 EDFA 的应用形式

（1）线路放大（LA）

线路放大是指将 EDFA 设置于光纤链路中原有中继器的位置，对信号进行在线放大，如图 6-16a 所示。LA 是 EDFA 最常见的应用形式，广泛用于长途和本地通信系统中，替代昂贵复杂的光中继器。

（2）功率放大（BA）

功率放大是指将 EDFA 设置于光发送机后，如图 6.16b 所示。BA 可以提高注入光纤的有效光功率，从而延长中继距离。需要指出的是，BA 的引入会导致入纤功率的大幅提高，可能会在光纤中激发出较强的非线性效应，因此在实际使用中需要对其输出功率进行仔细控制。

（3）前置放大（PA）

前置放大是指将 EDFA 设置于光接收机之前，如图 6-16c 所示。PA 可以将经光纤线路传输的微弱光信号进行放大，从而提高光接收机的接收灵敏度。PA 一般工作在小信号状态，因此需要有较高的噪声性能和增益系数，而不需要很高的输出功率以避免造成光接收机过载。

6.3 光纤拉曼放大器

6.3.1 FRA 的工作原理

FRA 对光信号的放大主要是利用了受激拉曼散射（SRS）效应。在非线性介质中，SRS 效应造成入射光的一部分功率转移到频率较低的另一个光束上，频率下移量由介质的振动模式决定。量子力学中将 SRS 效应过程描述为入射光波的一个光子被一个分子散射成为另一个低频光子，同时分子完成振动态之间的跃迁，入射光作为泵浦光产生称为斯托克斯波的频移光，如图 6-17 所示。

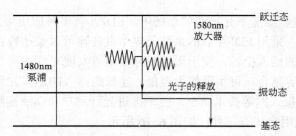

图 6-17　受激拉曼散射的工作原理

在稳态或连续波情况下，斯托克斯波的初始增长可由下式描述：

$$\frac{dI_s}{dz} = g_R I_p I_s \tag{6-18}$$

式中，I_s 为斯托克斯光强；I_p 为泵浦光强；g_R 为拉曼增益系数。

拉曼增益系数与拉曼极化率的虚部有关，此极化率可由量子力学方法算出。另外，拉曼增益谱也可通过实验测得，g_R 一般与光纤纤芯的成分有关，对不同的掺杂物，g_R 有很大变化。当泵浦波长为 1μm 时，测得的石英光纤的拉曼增益与频移的变化关系如图 6-18 所示。

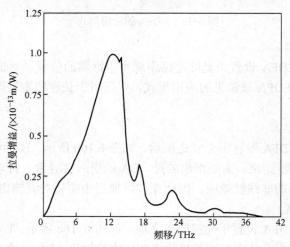

图 6-18　泵浦波长为 1μm 时测得的拉曼增益谱

由图可见，拉曼增益谱宽约为 40THz，其中在 13THz 附近有一个较宽的主峰，峰值增益约为 1×10^{-13}m/W。对于不同的泵浦波长，g_R 与 λ_p 成反比，其峰值增益与泵浦波长 λ_p 的关系满足

$$g_{\max} = 1.34\times10^{-6}\cdot g_0\cdot(1+80\Delta)/\lambda_p \qquad (6\text{-}19)$$

式中，g_0 为石英光纤在泵浦波长为 1.34μm 时的拉曼增益常数；Δ 为光纤的相对折射率差，其值约为 0.22～1%。

6.3.2 FRA 的结构

光纤拉曼放大器的基本结构如图 6-19 所示。在输入端和输出端各有一个隔离器，目的是使信号光单向传输。泵浦激光器用于提供能量，主要有三种方案：一是大功率半导体激光器（LD）及其组合，二是拉曼光纤激光器（RFL）；三是半导体泵浦固体激光器（DPSSL）。比较三者而言，LD 的特点是工作稳定、与光纤耦合效率高、体积小、易集成，而后两者由于存在稳定性及与普通常用光纤耦合困难等问题，所以通常选择 LD 作为 FRA 的泵浦源。耦合器的作用是把输入光信号和泵浦光耦合进光纤中，通过受激拉曼散射的作用把泵浦光的能量转移到输入信号光中，实现信号光的能量放大。实际使用的光纤拉曼放大器为了获得较大的输出光功率，同时又具有较低的噪声指数等其他参数，往往采用两个或多个泵浦源的结构，中间加上隔离器进行相互隔离。为了获得较宽、较平坦的增益曲线，还可加入增益平坦滤波器。

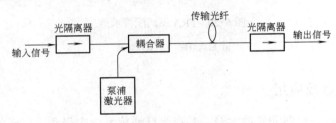

图 6-19　FRA 结构示意

一般来说，光纤拉曼放大器可以分为两种类型：分立式 FRA 和分布式 FRA。

分立式 FRA 采用拉曼增益系数较高的特种光纤（如高掺锗光纤等），这种光纤长度一般为几公里，泵浦功率要求很高，一般为数瓦。分立式 FRA 可产生 40dB 以上的高增益，可以和 EDFA 一样用来对信号光进行集总式放大，因此主要用于实现 EDFA 无法放大的波段。典型的如利用色散补偿光纤（DCF）本身拉曼增益系数较高的特点，在其基础上加以改进，可以实现分立式拉曼放大器。即在保持色散补偿特性的同时进一步提高其拉曼增益系数。

分布式 FRA 主要作为光纤传输系统中传输光纤损耗的分布式补偿放大，实现光纤通信系统光信号的透明传输，增益和损耗相等，输出功率和输入功率相等，主要用于 1.3μm 和 1.55μm 光纤通信系统中作为多路信号和高速超短光脉冲信号传输损耗的补偿放大，也可作为光接收机的前置放大器。

按照信号光和泵浦光传播方向来分，拉曼放大器也可以分为前向泵浦、后向泵浦和双向泵浦等多种泵浦方式。图 6-19 中所示的是前向泵浦拉曼放大器的基本结构，图 6-20 给出了后向泵浦和双向泵浦拉曼放大器的结构图。在前向泵浦中，泵浦光和信号光从同一端注入传输光纤，由于拉曼放大过程是一个瞬态的过程，传输末端的功率波动会让前向泵浦在使用时

使信号产生抖动，泵浦噪声较大。而使用后向泵浦时会将拉曼泵浦内的功率波动平衡下去，并降低传输末端的光功率，有效地降低单元噪声以及由此引起的光纤非线性效应，因此在实际应用中一般采用后向泵浦的方式。

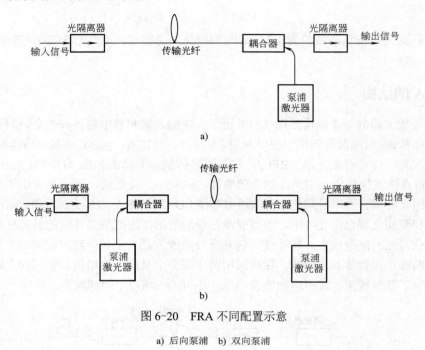

图 6-20　FRA 不同配置示意

a) 后向泵浦　b) 双向泵浦

6.3.3　FRA 的特点及应用

由于 EDFA 是最先成熟的光放大器，其在光纤通信系统中得到了广泛的应用。随着光纤通信系统的速率的不断提高和使用波长的拓展，EDFA 由于其本身的局限性，已经不能完全满足光通信系统发展的要求，需要引入 FRA 与 EDFA 一起完成信号的放大作用。FRA 和 EDFA 的特性比较见表 6-1。

表 6-1　FRA 与 EDFA 的特性比较

	EDFA	拉曼放大器
放大带宽/nm	20	48
增益/dB	20	30
饱和功率	取决于发射功率和介质材料	取决于泵浦光的功率
放大频带	取决于媒介	取决于泵浦波长
设　计	复杂	简单
泵浦源	980nm 或 1480nm	比信号峰值低 100nm 的任何波长

由于拉曼放大器特殊的增益机理，使其具有许多优良的特性：

1）带宽较宽。拉曼放大器的增益谱宽可达 40THz，其可用平坦增益范围有 30nm，因此拉曼放大器可作为宽带放大器，同时对多个不同波长进行放大。

2）设计简单。SRS 效应可在任意光纤中发生，即使在普通单模光纤中，也可获得一定增益，因此利用拉曼放大器可在原有光纤基础上直接扩容，可以减少投资，还可以制成分布式拉曼放大器，直接以传输线路作为增益介质。

3）低噪声。光纤拉曼放大器具有优良的噪声特性，其自发辐射噪声优于 EDFA，附加噪声也很小。

4）可以通过灵活排列泵浦光的频率来对信号进行放大。从理论上讲，只要有合适波长的高功率泵浦源，拉曼放大器就可放大任意波长的信号，可充分利用光纤的巨大带宽。

当然，光纤拉曼放大器也具有一些自身的缺点。其主要缺点就是对合适波长的高功率泵浦源要求较高。

6.3.4 FRA 的噪声特性

光纤拉曼放大器中主要有三种噪声，一是放大器自发辐射（ASE）噪声，二是串话噪声，三是瑞利散射噪声。另外，拉曼放大器还受非线性和受激布里渊散射等造成的噪声影响。

1. 自发辐射噪声

自发辐射噪声是由于自发拉曼散射经泵浦光的拉曼放大而产生的覆盖整个拉曼增益谱的背景噪声，主要包括放大信号注入噪声、ASE 注入噪声、信号-ASE 自拍频噪声和 ASE 拍频噪声。拉曼增益较小时，信噪比随着拉曼增益的增加而增大，当拉曼增益足够大时（30dB 以上），信噪比趋于一个定值。当增益较大时，噪声主要由拍频噪声，特别是信号自拍频噪声决定。因此对于一个性能优化的拉曼放大器，ASE 噪声主要表现为自发拍频噪声。另外，接收端的光滤波器带宽越窄，ASE 噪声功率越小，因此，要降低信号自发拍频噪声最好的方法是采用窄带光滤波器。一般分立式拉曼放大器的 ASE 噪声特性可以低至 4.5dB。

2. 串话噪声

拉曼放大器中的串话噪声可以分为两种：一种是由于泵浦光源的波动而造成的泵浦—信号串话，另一种是由于泵浦同时对多信道放大而导致的泵浦引入—信号间串话。第一种串话是由于泵浦波动造成增益波动从而导致信号的噪声，因此必须通过反馈等技术来稳定泵浦，另外采用后向泵浦也可以稳定增益。第二种串话主要是由于泵浦光对放大单一信道与放大多个信道的增益不同而造成，具体表现为当两个相邻的信道同时传号时，信号的增益小于一个信道传号而另一个信道空号时的增益，从总体上来看就表现为两信道间传号与空号的相互影响，且信道数越多，串话影响越大。研究表明，信号功率越大或泵浦功率越大，串话就越严重；泵浦光到信号光的转化效率越高，串话越严重。并且当采用后向泵浦时，由于泵浦功率的平均作用，串话性能优于前向泵浦的情况。

3. 瑞利散射噪声

瑞利散射噪声是由于瑞利后向散射引起的，它在光纤中的反射会在输出端形成噪声，导致信噪比的恶化。根据反射次数的不同，又可以分为单瑞利散射和双瑞利散射。单瑞利散射经过一次后向散射再反射到输出端，表现为信号自发拍频噪声；双瑞利散射则经过两次后向散射返回到输出端，主要表现为多径串扰。由于在拉曼放大器中发生的瑞利散射要经过双倍放大，因此也是一个重要的噪声因素。理论和实验都表明，瑞利散射噪声与放大器增益和传输距离有关。放大器增益越高，传输距离越长，则瑞利散射噪声越大。对于多级放大器级联使用的光纤通信系统，放大器级联个数越多，则瑞利散射的影响越小。因此为了抑制瑞利散射噪声的影响，可以采用多级放大的方式，避免泵浦功率过高或传输距离过长。另外还可以采用双向泵浦的方法降低瑞利散射。

6.3.5　混合拉曼/掺铒光纤放大器

拉曼放大器和掺铒光纤放大器各有其独特的特点，将 FRA 和 EDFA 结合起来构成混合拉曼/掺铒光纤放大器（HFA），也是提高光放大器性能的一种重要方法。使用混合拉曼掺铒放大器，可以获得更加平坦的增益谱，从而提高系统的带宽，改善光信噪比（OSNR）。

设计 HFA 的基本思想就是将掺铒光纤放大器和拉曼放大器进行级联，组成混合放大器，此时获得的总增益为两个放大器增益的叠加。对于在特定波长段（如 1.55μm）增益较为平坦的 EDFA，可采用拉曼放大器的增益补偿 EDFA 放大波段相对不平坦的波长区域。例如，选用具有双波长泵浦的拉曼放大器，调整泵浦波长使其峰值增益位于 EDFA 放大波段的两边。对于增益较倾斜的 EDFA，选择泵浦波长使拉曼放大器的增益和 EDFA 的增益相互补偿，形成在整个放大波长区域范围内增益均较为平坦的放大器。

6.4　新型光纤放大器

6.4.1　光纤放大器的需求

光纤放大器的出现极大地提升了光纤通信系统应用的灵活性，也有力地推动了大容量、长距离、多信道的光纤通信系统的迅速普及。例如，为了确保多信道光纤通信系统的传输质量，要求使用的光纤放大器具有足够的带宽、平坦的增益、低噪声系数和高输出功率。对于光开关、波长转换、可重配置光分插复用器（ROADM）等应用场合的光放大器提出了更高的要求。

（1）增益带宽

目前光纤通信中主要使用的是第三个低损耗波长窗口（1.55μm），EDFA 的可用增益频谱范围为 1530~1565nm，其增益带宽可以基本满足该波长窗口的多信道光纤通信系统需求。但随着对光纤通信系统容量需求的不断增加，所使用的波长已经从 1.55μm 拓展到 1.65μm，未来还可能拓展到更宽的波长范围，这也对光纤放大器的增益带宽提出了更高的要求，寻找可以在如此宽的波长范围内实现有效增益的光纤放大器是未来重要的研究方向之一。

（2）增益平坦

光纤放大器的增益平坦度（GF）定义为在可用的增益带宽范围内，最大增益波长点的增益与最小增益波长点的增益之差（ΔGF）。特别是对于多信道光纤通信而言，要求所使用的光纤放大器有很好的增益平坦性能，否则当多个光纤放大器级联使用时，会出现不同信道的增益不一致导致信号电平起伏变化的现象。

（3）增益均衡

增益均衡是利用均衡器的损耗特性与光纤放大器的增益波长特性相反的增益均衡器来抵消增益不均匀性。需要指出的是，增益均衡不仅要满足光纤放大器的增益曲线和均衡器的损耗特性的精密吻合，同时还应该具有动态的增益波动监控及调整机制，当出现增益带宽范围内某个波长的增益波动时，能够进行对应的调整使增益保持平坦。典型的增益控制技术有利用光电反馈环的增益控制、利用激光器辐射的全光控制和双芯有源光纤控制等。

（4）噪声系数和饱和输出功率

级联光纤放大器的光纤通信系统中，信号的传输质量主要取决于信号经传输后的信噪比，因此光纤放大器的噪声指数是一个非常重要的性能指标。此外，为降低级联光纤放大器的光纤通信系统的造价，在光纤线路损耗确定的情况下，希望每一个光纤放大器能达到尽可能大的跨距。这需要光纤放大器有足够可以利用的饱和输出功率和低噪声系数。光纤放大器的噪声指数越小，饱和输出功率越大，可能实现的跨距就越长。一般而言，光纤放大器的噪声指数、最大可利用的输出功率、光纤非线性损伤阈值、线路损耗系数等参数，都是分析光纤放大器跨段长度时必须综合考虑的因素。

6.4.2　掺镨氟基光纤放大器

掺镨氟基光纤放大器（PDDFA）是一种主要工作在 1310nm 波长窗口的光纤放大器，其增益谱覆盖了 1275～1360nm 区间。PDDFA 的优点是有很高的饱和输出功率、极化独立的增益特性以及低畸变噪声指数等。对于已经敷设的采用 G.652 光纤的光纤通信系统而言，其在 1310nm 处传输损耗较大，PDDFA 可以作为功率放大器或前置放大器在这样的系统中使用，使其在 1310nm 波长窗口也可以适应高速率大容量传输的要求。

PDDFA 的主要缺点是氟基光纤与硅基光纤之间的接续较为困难，典型接续损耗大约为 0.3dB。此外，PDDFA 的增益—温度特性也不太理想，其增益会随温度升高而下降。

6.4.3　掺铒波导放大器

掺铒波导放大器（EDWA）的工作原理与 EDFA 类似，但其是一种基于集成光波导的掺铒放大器，由嵌入在非晶体的掺铒玻璃衬底的波导组成，可以采用离子交换技术或阴极溅射技术制造。当连续的泵浦光入射进掺铒的平面波导后，波导中的稀土离子形成粒子数反转，激发稀土离子从基态到激发态再回落到亚稳态。此时如有适宜波长的入射光子进入粒子数反转的掺铒平面波导，则两者之间的量子力学谐振效应会导致亚稳态离子返回基态并释放出与入射光子波长一致的光子，形成光放大。

EDWA 的最大优点是小尺寸和低成本，在同一个衬底上同时集成了有源平面波导和相关无源器件。同时，EDWA 采用的掺铒波导中铒离子的浓度较大，因此只需要较小的长度既可以实现高增益。EWDA 的主要缺点是制造工艺复杂，特别是在较短的掺杂波导上获得高增益所需的低背景损耗和高稀土掺杂浓度对工艺要求非常高。

6.4.4　遥泵放大技术

遥泵放大技术是适用于单个长跨距传输的专门技术，主要解决单长跨距传输中信号光的 OSNR 受限问题。在对信号光进行光放大时，光放大器输入端的信号光功率越小，光放大器输出信号光的 OSNR 也越低，这是光放大器产生 ASE 噪声的缘故（假设光放大器具有恒定不变的增益和噪声指数值）。因此应尽量避免对低功率信号光进行放大。在单长跨距传输系统中，光纤输出端口处的光功率总是很小的，经光功率放大后，极易造成接收端 OSNR 受限，因此单长跨距系统一般都采用更高的入纤光功率。由于高入纤光功率极易引发多种光纤非线性效应并造成系统损伤，因此光功率上限一般在控制 30dBm 以下。

为进一步解决 OSNR 受限的问题，可以在传输光纤中的适当位置熔入一段掺铒光纤，并从单长跨距传输系统的端站（发送端或接收端）发送一个高功率泵浦光，经过光纤传输和合波器后注入掺铒光纤进行激励子。信号光在掺铒光纤内部获得放大，并显著提高传输光纤的输出光功率。由于泵浦激光器的位置和增益介质（掺铒光纤）不在同一个位置，因此称为遥泵放大。根据泵浦光和信号光是否在一根光纤中传输，遥泵又可以分为"旁路"（泵浦光和信号光经由不同光纤传输）和"随路"（两者通过同一光纤传输）两种形态。随路方式中泵浦光还可以对光纤中的信号光进行拉曼放大，从而进一步增加传输距离。

6.5 习题

1．光放大器有主要有几种？各自的实现机理是怎样的？
2．EDFA 从结构上可以分为几种形式？
3．EDFA 在应用上有哪几种形式，对性能参数的要求有何异同？
4．为什么由于前置放大的 EDFA 对增益系数和噪声系数有较高要求？
5．应用在单信道和 DWDM 系统中的 EDFA，其性能要求有何异同？
6．FRA 与 EDFA 相比优缺点分别有哪些？
7．对于超长距离的 DWDM 系统而言，采用何种放大技术较为适宜？
8．使用 EDFA 和 FRA 中有何注意事项？

第7章 数字传输体制

7.1 概述

目前使用的光纤通信系统多为数字通信系统，而通信网络中大量的用户初始信息是模拟量，如语音、文本、图像等。因此需要首先对其进行模/数变换，形成数字信号以后才能在光纤通信系统中进行传输以及在通信网中完成交换和复用等处理。

模拟信号数字化最常用的方法就是脉冲编码调制（PCM），图7-1给出了一个典型的采用PCM的基带数字光纤通信系统结构示例。

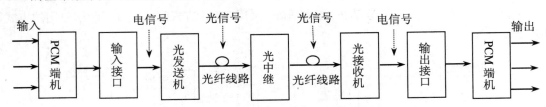

图7-1 数字基带光纤通信系统组成示例

图中，PCM包括抽样、量化、编码三个步骤。由于语音信号的最高速率为4kHz，按照奈奎斯特抽样定律，抽样频率为8kHz，即抽样周期为125μs。若采用8位编码，则一路语音信号经过PCM处理后的数字信号速率为64kbit/s。显然，对于具有极大带宽的光纤通信系统而言，仅由语音信号这样的低速率业务占据整个信道带宽是非常不经济的。因此需要引入数字通信中的复用技术，将若干路信号按照一定规则组合成高速率信号后，再占据光纤信道进行传输。

数字通信中最常用的复用技术是时分复用（TDM）技术，而对于光纤数字通信系统而言主要包括准同步数字体系（PDH）和同步数字体系（SDH）两个传输体制。

PDH体制的基础就是PCM，即将若干个语音话路按照TDM的方法组合为一个基群，并在此基础上，进一步地按照TDM方式组合成更高等级的数字信号等级。ITU-T标准G.702中建议PDH的基群速率有两种，即PCM30/32路系统和PCM24路系统。我国和欧洲各国采用的是PCM30/32路系统，其每一帧的帧长是125μs，共有32个时隙（TS0～TS31），其中30个时隙（TS1～TS15和TS17～TS31）用于承载30个语音话路，时隙TS0被用作帧同步信号的传输，而时隙TS16用作信令及复帧同步信号的传输。每个时隙包含8个比特，所以每帧有8bit×32=256个比特，码速率为256bit×(1/125μs)=2.048Mbit/s。日本和北美使用的PCM24路系统，基群速率为1.544Mbit/s。

由于PDH体制中包括了不同的地区性标准，这对于国际间互联互通而言非常不便。同时，PDH复用采用的是码速调整机制，即在不同的等级间进行复用和解复用时，首先需要进行瞬时速率调整，插入和去除冗余比特后才能进行复用/解复用。对于PDH系统中的任一节点，即使只需要分出或加入个别支路，也需要配置全套的复用和解复用设备，非常不灵活。为了克服 PDH 体制的固有缺陷，ITU-T 提出了同步数字体系（SDH）。

SDH 具有全球统一的标准数据结构，其以标准的复用单元为基础的灵活映射方式，可以适应于不同的应用环境。与 PDH 技术相比，SDH 主要优点包括全球统一的光接口、灵活的分插复用结构以及完善的网络管理功能等。因此，SDH 一经提出就得到了广泛的认可，目前仍然是国际上最主要的数字传输体制。

进入 21 世纪后，随着波分复用（WDM）、光交叉连接（OXC）和光分插复用器（OADM）等技术的成熟，又提出了光传送网（OTN），其可以理解为是 SDH 传输体制在光域中的拓展。

7.2 准同步数字体系

7.2.1 PDH 的复用原理

准同步数字体系（PDH）是以 PCM 为基础，采用 TDM 方式的逐级复用和解复用的方式，如图 7-2 所示。

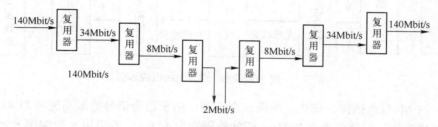

图 7-2 PDH 复用方式

表 7-1 给出了 PDH 各次群标准速率及等效语音话路数。

表 7-1 PDH 各次群标准速率及等效话路

	我国及欧洲	北 美	日 本
一次群	30 路 2.048Mbit/s	24 路 1.544Mbit/s	24 路 1.544Mbit/s
二次群	30×4 路=120 路 2.048Mbit/s×4+0.256Mbit/s =8.448Mbit/s	24×4 路=96 路 1.544Mbit/s×4+0.136Mbit/s =6.312Mbit/s	24×4 路=96 路 1.544Mbit/s×4+0.136Mbit/s =6.312Mbit/s
三次群	120×4 路=480 路 8.448Mbit/s×4+0.576Mbit/s =34.368Mbit/s	96×7=672 路 6.312Mbit/s×7+0.552Mbit/s =44.736Mbit/s	96×5=480 路 6.312Mbit/s×5+0.504Mbit/s =32.064Mbit/s
四次群	480×4 路=1920 路 34.368Mbit/s×4+1.792Mbit/s =139.264Mbit/s	672×2 路=1344 路 44.736Mbit/s×2+0.528Mbit/s =90Mbit/s	480×3 路=1440 路 32.064Mbit/s×3+1.536Mbit/s =97.728Mbit/s

下面以我国和欧洲采用的 PCM30/32 帧为例，简述 PDH 复用的原理。

PDH 体系中最基础的称为一次群（基群），其标称速率为 2048kbit/s。其中包含了 32 个 64kbit/s 时隙的信号结构。为了进一步提高传输容量，可以把若干个 2048kbit/s 的信息流复用成更高速率的信息流。PDH 体系中，一般将 4 个低等级的信息流（称为支路）通过字节间插复用的方式复用成 1 个高等级的信息流（称为群路或线路）。

需要指出的是，PDH 体系中虽然规定了复用过程中各个支路的标称速率等级，但是由于不同的支路信号可能来自不同的设备，其最初的参考时钟信号不能保证完全一致，因此即使是同一个速率等级的 PDH 信号，其瞬时速率可能还会存在偏差，即进行复用时各等级的速率信号相对其标称速率可能有一定的偏差，这一偏差范围称为容差。我国和欧洲采用的 PDH 体系中，对应的容差分别为：2048kbit/s±50ppm、8448kbit/s±30ppm、34368kbit/s±20ppm 和 139264kbit/s±15ppm。这种具有相同的标称速率，但是又允许有一定偏差的信号也称为准同步信号。在对准同步信号进行复用时，需要采用插入调整比特的方法来解决各个支路同步的问题，即采用异步复用（复接）。

PDH 一次群每帧为 125μs，32 个时隙，采用直接间插复用，16 个帧组成一个复帧。其中每帧 TS1～TS31 用于传送信息（称为净荷），TS0 传送同步字节以及循环冗余校验 CRC 编码；二次群和三次群每帧分为 4 组，采用逐比特间插复用，帧长分别为 100.379μs 和 44.693μs，其中只有第一组的前 12 个比特用于运行管理和维护（前 10 个比特为同步字，第 11 比特为对告）；四次群帧长为 21.025μs，分为 6 组，只有第一组的前 16 比特用于运行管理和维护（前 12 个比特为同步字，第 13 比特为对告，第 14～16 比特为净荷）。

7.2.2　PDH 复用主要技术

PDH 复用中的基本单位是帧，每一帧中包含了用于承载净荷的信息位和用于运行管理和维护等的非信息位。其中，信息位（I）包含了支路中的所有比特（如支路中各时隙的信息及同步、信令和告警等），附加的非信息位也称控制位，主要包括了同步位 F、调整指示位 J 和调整位 Y、Z 等。

下面以 4 个 PDH 一次群（2048kbit/s）复用为 1 个 PDH 二次群（8448kbit/s）为例，简述 PDH 复用中采用的码速调整机制原理。其基本思想是在每个 2048bit/s 支路分别插入 64kbit/s 的控制位，再复用成 8448kbit/s 的二次群信号。采用插入控制位的方法主要是考虑可能存在的一次群信号的瞬时速率偏差，可以理解为把每一个 2048kbit/s 的支路信号写入存储器，并以 2112kbit/s 的速率从存储器中读出，插入的控制位用以保证读写时差一致。

考虑可能存在的读写时差情况，分别是：

1）若写入的 2048kbit/s 信号没有任何误差，则无需进行调整。

2）若写入的 2048kbit/s 信号瞬时速率偏高，需要提高读出信号的速率。此时可以通过将写入的瞬时速率偏高的字节写入控制位中的调整位，即存储器读出时控制位中实际也包含了原始信息流，对应的调整指示位标示为负调整。

3）若写入的 2048kbit/s 信号瞬时速率偏低，需要降低读出信号的速率。此时可以通过多读调整位的方法来进行调整，对应的调整指示位标示为正调整。

表 7-2 给出了 PDH 码速调整的各种情况，对应的帧结构示意如图 7-3 所示。

表 7-2　PDH 码速调整

写入与读出时钟速率比较	调整控制位 J1　J2		调整位 Y 时隙载荷信息	调整位 Z 时隙载荷信息	调整类型
太快	1	0	有	有	负
太慢	0	1	无	无	正
相等	0	0	无	有	不

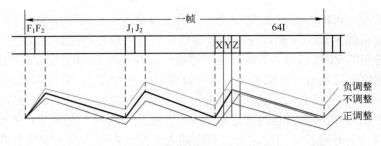

图 7-3　PDH 码速调整示例

7.2.3　PDH 技术特点

由于采用了码速调整机制，PDH 中存在着固有的相位抖动现象，其机理简述如下。

在发送端进行码速调整时，如果输入的支路信号是无抖动的理想信号（即信号不存在瞬时的误差），在理想情况下经过码速调整、复用、线路传输，以及接收端码速恢复，应该可以恢复出初始的理想支路信号。但在实际过程中，由于发送端采用了脉冲插入机制，因此引入了相位抖动，也即信号的相位或频率调制效应，而接收端的码速恢复过程无法将这些抖动完全去除。因此，在 PDH 系统中，即使发送端输入信号是无抖动的，在接收端恢复的支路信号也是有抖动的，称为输入无抖动时的支路输出抖动。码速调整引起的抖动主要包括以下部分：

1）由插入标志位的插入和抽出引起的以帧为周期的抖动。

2）由帧定位信号的插入和抽出引起的以帧为周期的抖动。

3）由支路信号瞬时速率调整（插入调整位）引起的抖动。

4）候时抖动。

除了码速调整引入的抖动以外，PDH 技术另一个主要缺点是复杂的复用和解复用过程。同时，由于各支路信号在进行复用时需要进行码速调整以及解复用时需要进行码速恢复，因此无法在高等级 PDH 群路信号中直接对支路信号进入分插处理，这也使得 PDH 在网络中上下业务非常困难，限制了其的应用。

7.3　同步数字体系

7.3.1　SDH 帧结构

同步数字体系（SDH）中将不同的速率等级定义为同步传送模块（STM-N，N=1、4、16、64、256），即按照 4 倍的规律进行时分复用（TDM）。高等级的 STM-N 信号是将基本模块 STM-1 以字节交错间插的方式进行同步复用的结果，其速率是 STM-1 的 N 倍，中间没有码速调整和插入。SDH 体系中光发送机采用扰码机制，系统的光接口速率是对应速率的电信号经扰码后的结果，速率不变，这对不同厂家的设备在网络中互联互通提供了方便，实现了很好的横向兼容性。表 7-3 给出了 ITU-T 规范的 SDH 标准速率值。

作为基础的传输体系，SDH 要能对不同类型的支路信号进行同步的复用、交叉连接和交换，因而帧结构必须能适应所有这些功能。此外，为了解决 PDH 所欠缺的在线误码监测和性能监视等，希望不同的支路信号在 SDH 帧中的分布符合特定规律，以便在接收端进行便捷的提取。由于 SDH 是作为全球统一的传输体制而提出，要求其帧结构能对北美 1544kbit/s 和欧洲的 2048kbit/s 两个 PDH 系列的所有信号等级都能进行方便的复用。

为此，ITU-T 采纳了一种以字节结构为基础的矩形块状帧结构，其结构安排如图 7-4 所示。SDH 帧结构中，每一帧都由 270×N 列和 9 行字节组成（N 对应于 STM-N 的等级），每字节 8 比特。以 STM-1 为例，每一帧包括了 270 列和 9 行，一共有 270×9B=2430B，相当于每一帧中包括 19440bit。而 SDH 采用的是 TDM 机制，对于任何 STM-N，每一帧的周期均为 125μs，即每秒传输 8000 帧。容易得出，STM-1 的标准传输速率为 270×9×8×8000bit/s=155.52Mbit/s。

表 7-3　SDH 标准速率等级

SDH 速率等级		
等级	标称速率/(Mbit/s)	工程中简化记法
STM-1	155.520	155M
STM-4	622.080	622M
STM-16	2488.320	2.5G
STM-64	9953.280	10G
STM-256	39813.120	40G

图 7-4　STM-N 帧结构

SDH 帧结构中字节的传输按照从左到右、由上而下的顺序进行，由图中左上角第 1 个字节开始，直至整个帧结构中所有字节都传完，再转入下一帧，如此重复。

由图 7-5 可知，SDH 帧结构大体上可分为 3 个主要区域，即段开销、管理单元指针和信息净负荷。

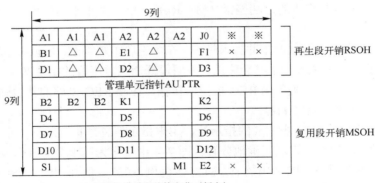

△与传输媒质有关的字节（暂定）
×国内使用保留字节
※不扰码字节
未标记字节保留未来使用

图 7-5　STM-1 段开销

1. 段开销（SOH）

段开销是指 STM 帧结构中为了保证信息净负荷正常灵活传送所必需的附加字节，主要是供网络运行、管理和维护（OAM）使用。图中横向为第 1 至第 9×N 列、纵向第 1 至第 3 行和第 5 至第 9 行的共 8×9×N 个字节分配为段开销。其中，第 1 至第 3 行的段开销称为再生段开销（RSOH），第 5 至第 9 行的段开销称为复用段开销（MSOH）。

以 STM-1 为例，每一帧中的第 1 至第 3 行，第 5 至 9 行的前 9 列，共 8×9B=72B（576bit）是用于段开销的。根据前述分析可知，STM-1 中用于段开销的数据为 8×9×8×8000bit/s = 4.608Mbit/s。具有丰富的段开销用于网络的 OAM 是 SDH 传送网的重要特点。图 7-5 给出了 STM-1 中段开销的安排示例。

图中，A1 和 A2 为帧定位字节，其功能是识别帧的起始位置，从而实现帧同步，A1=11110110，A2=00101000。

J0 为再生段踪迹字节，该字节用来重复发送段接入点识别符，以便光接收机据此确认其与指定的光发送机是否处于连续的连接状态。

D1～D12 为数据通信通路（DCC），提供了 SDH 网络管理系统所需网管信息的专用传送链路。

E1 和 E2 为公务联络字节，E1 提供了 RSOH 的公务联络的 64kbit/s 的语音通路，而 E2 提供了 MSOH 公务管理的 64kbit/s 的语音通路。

K1 和 K2（b1～b4）为自动保护倒换（APS）控制字节，当 SDH 传输链路中出现故障时，可以通过 K1 和 K2 字节发送和交换自动保护倒换指令实现故障链路（复用段）的切换。K2（b5～b8）为复用段的远端缺陷（MS-RDI）指示字节。当 K2 字节 8 比特的后三位发送的信号解扰码后为"110"时，表示检测到上游段缺陷或收到复用段告警指示信号。

S1（b5～b8）为同步状态字节。S1 字节的后 4 位的不同编码表示不同的同步状态，例如当前获取的时钟同步信号的等级和状态等。

B1 为再生段比特间插奇偶校验，实现不中断业务的再生段误码监测。

B2 为复用段比特间插奇偶校验，实现不中断业务的复用段的误码监测。

M1 可以用来指示复用段的远端差错（MA-REI），但是对于不同的 STM 等级，M1 的意义不同。

再生段开销在再生段始端产生并加入帧中，在再生段末端终结，所以在 SDH 网络中的每个网元（包括 REG），再生段开销都会终结。复用段开销在复用段的始端产生，在复用段的末端终结，所以复用段开销在再生器 REG 上透明传输，在除 REG 以外的其他网元处终结。

2. 管理单元指针（AU PTR）

AU PTR 是 SDH 帧结构中重要的指示符，用来指示信息净负荷的第 1 个字节在 STM-N 帧内的准确位置，以便在接收端正确地分解。图 7-4 中横向为第 1 至第 9×N 列、纵向第 4 行共 9×N 个字节是保留给 AU PTR 用的。以 STM-1 为例，第 4 行前 9 列的 9 个字节为 AU PTR，其中共有 10 个比特用来表示填充进帧结构的信息净负荷首字节相对于 AU PTR 的位置。采用指针方式是 SDH 的重要创新，使之可以在准同步环境中完成复用同步和 STM-N 信号的帧定位，消除了 PDH 体系中采用码速调整机制引入的抖动以及采用滑动缓存器可能引起的延时和性能损伤。

3. 信息净负荷（payload）

信息净负荷区是 SDH 帧结构中存放各种信息容量的地方，即有效的信息传送空间。图 7-4 中横向为第 10 至第 270×N 列、纵向第 1 至第 9 行的共 9×261×N 个字节都属于净负荷区域。以 STM-1 为例，相对于有效的信息传输速率为 261×9×8×8000bit/s=150.336Mbit/s。信息净负荷中还包括用于通道性能监视、管理和控制的通道开销字节（POH）。通常，POH 作为净负荷的一部分与其一起在网络中传送。

7.3.2 SDH 复用和映射过程

SDH 的其中一个优点便是可以兼容传统 PDH 的各次群信号和通信网络中各种类型的业务信号，其中的复用过程便是遵照 ITU-T 的 G.707 建议所给出的结构，如图 7-6 所示。

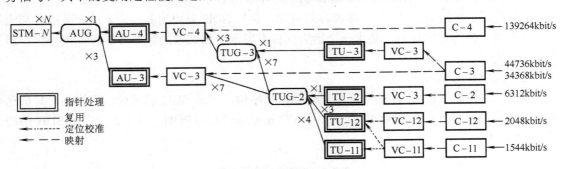

图 7-6　SDH 复用映射过程

SDH 复用映射过程中最主要的是按照一定的规则对标准的信息结构进行处理，包括映射、定位和复用等。SDH 中的信息结构由一系列的基本单元组成，包括容器（C），虚容器（VC）、管理单元（AU）和支路单元（TU）等。不同速率的支路业务信号首先适配入相应的容器（C），完成瞬时速率适配等功能后形成标准的信息结构。容器输出加上通道开销（POH）后就构成了虚容器（VC），这个过程称为映射。VC 在 SDH 系统中传输和复用时是保证承载信息完整的最基础的单元，可以作为一个独立的实体在高速率 SDH 信号中分出或插入，以便进行同步复接和交叉连接等处理。VC 输出的信号根据其速率等级高低可以直接进入管理单元（AU）或先形成支路单元（TU），再经由支路单元组（TUG）及复用后再进入 AU 并形成 SDH 帧结构。如果存在瞬时速率偏差，SDH 通过 AU 指针或 TU 指针进行调整，此过程称为定位。最后在 N（$N \geqslant 1$）个 AUG 的基础上，再附加段开销 SOH，便形成了 STM-N 的帧结构，从 TU 到高阶 VC 或从 AU 到 STM-N 的过程称为复用。

1. 复用映射基本单元

SDH 中的基本复用单元包括容器（C-n）、虚容器（VC-n）、支路单元（TU-n）、支路单元组（TUG-n）、管理单元（AU-n）和管理单元组（AUG-n），后缀 n 对应于 PDH 系列中的等级序号。

（1）容器（C）

容器是一种用来装载各种速率的业务信号的信息结构。针对 PDH 速率系列 ITU-T 建议 G.707 规定了 C-11、C-12、C-2、C-3 和 C-4 五种标准容器。其标准输入比特率如表 7-4 所示。

表 7-4　容器的主要参数

容　　器	C-4	C-3	C-2	C-12	C-11
周期或复帧周期/μs	125	125	500	500	500
帧频或复帧频率/Hz	8000	8000	2000	2000	2000

容　器	C-4	C-3	C-2	C-12	C-11
结构	260×9	84×9	4×(12×9-1)-1	4×(9×9-1)-1	4×(3×9-1)-1
容量/B	2340	756	427	139	103
速率/(Mbit/s)	149.760	48.384	6.832	2.224	1.648

需要指出的是，这里存在 C-11 和 C-12 两种针对 PDH 一次群的容器，主要是 ITU-T 考虑需要对美国和欧洲的两个 PDH 都兼容的原因。参与 SDH 复用的各种速率的业务信号都应该通过码速调整等适配技术，装进一个恰当的标准容器，已装载的标准容器可以作为虚容器的信息净负荷。

（2）虚容器（VC）

虚容器是用来支持 SDH 的通道层连接的信息结构，也是 SDH 通道的信息终端。其信息由容器的输出和通道开销（POH）组成，即 VC-n=C-n+VC-n POH。表 7-5 给出了 SDH 中的 VC 参数。

表 7-5　虚容器的主要参数

虚容器	VC-4	VC-3	VC-2	VC-12	VC-11
周期或复帧周期/μs	125	125	500	500	500
帧频或复帧频率/Hz	8000	8000	2000	2000	2000
结构	261×9	85×9	4×(12×9-1)	4×(9×9-1)	4×(3×9-1)
容量/B	2349	765	428	140	104
速率/(Mbit/s)	150.336	48.960	6.848	2.240	1.664

（3）支路单元（TU）和支路单元组（TUG）

支路单元是提供低阶通道层和高阶通道层之间适配的信息结构。TU-n 由一个相应的低阶 VC-n 和一个相应的支路单元指针 TU-n PTR 组成，即 TU-n=VC-n+TU-n PTR。一个或多个 TU 的集合称为支路单元组 TUG。

（4）管理单元（AU）和管理单元组（AUG）

管理单元是提供高阶通道层和复用层之间适配的信息结构。有 AU-3 和 AU-4 两种管理单元。其信息 AU-n 由一个相应的高阶 VC-n 和相应的管理单元指针 AU-n PTR 组成，即 AU-n=VC-n+AU-n PTR（n=3 或 4）。一个或多个 AU 的集合称为管理单元组 AUG。

支路单元和管理单元的参数如 7-6 所示。

表 7-6　各类支路单元和管理单元的主要参数

支路单元和管理单元	AU-4	AU-3	TU-3	TU-2	TU-12	TU-11
周期或复帧周期/μs	125	125	125	500	500	500
帧频或复帧频率/Hz	8000	8000	8000	2000	2000	2000
结　构	261×9+9	87×9+3	85×9+3	4×(12×9)	4×(4×9)	4×(3×9)
容量/B	2358	786	768	432	144	108
速率/(Mbit/s)	150.912	50.304	49.152	6.912	2.304	1.728

2．PDH 信号复用映射方法

由于 SDH 的提出是为了取代 PDH，因此 SDH 复用映射结构中最基本的就是如何承载 PDH 体系中各个等级的数字信号。我国规定了以 2048kbit/s 为基础的 PDH 系列信号作为 SDH 的有效负荷的复用映射方法，并选用 AU-4 复用路线，其基本复用映射结构如图 7-7 所示。

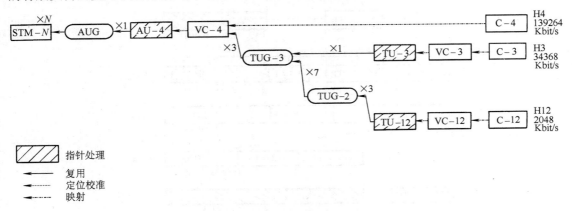

图 7-7　我国采用的 SDH 复用映射体系

采用图 7-8 中的复用映射体系主要是考虑到我国原有基于 PDH 的通信网络中，2048kbit/s（E1）和 139264kbit/s（E4）支路接口数量较多；另外，在原有 PDH 网络的本地网环境中 34368kbit/s（E3）级别支路接口也较为普遍，但由于一个 STM-1 中只能容纳三个 34368kbit/s，传输效率较低，因此图中 34368kbit/s 对应的复用线路一般不建议使用。另一方面，与图 7-6 相比，从图 7-6 中也可以看出，每一个国家采用的具体映射路线对于每一个支路信号而言应该具有唯一性。

将 PDH 信号复用成 SDH 信号需要经过映射、定位和复用三个步骤。

（1）映射

映射是一种在 SDH 网络边界处，使支路信号适配进虚容器的过程。即将不同速率的 PDH 信号分别经过码速调整装入相应的标准容器，再加进低阶或高阶通道开销（POH）形成虚容器负荷的过程。

下面分别介绍几种 PDH 支路信号的映射过程。

1）利用 AU-4 直接从 C-1 复接的方法

映射复用过程图 7-8 所示。标称速率为 2.048Mbit/s 的 PDH 一次群信号首先适配入 C-12，进行适配处理后的 C-12 输出速率为 2.224Mbit/s，再加上 VC-12 POH 便构成了 VC-12（2.24Mbit/s）。由于其速率等级较低，不宜直接进入 AU-4，因此需要先适配为支路单元 TU-12，TU-12 PTR 用来指明 VC-12 相对于 TU-12 的相位，经速率调整后和相位对准后的 TU-12 速率为 2.304Mbit/s。3 个 TU-12 经均匀的字节间插后组成支路单元组 TUG-2（3×2.304Mbit/s）。7 个 TUG-2 经同样的字节间插组成 TUG-3（加上塞入字节后速率为 49.536Mbit/s）。然后由 3 个 TUG-3 经字节间插并加上高阶 POH 和塞入字节后，构成 VC-4 净负荷，速率为 150.336Mbit/s。再加上 0.576Mbit/s 的 AU-4 PTR 就组成 AU-4，速率为 150.912Mbit/s。单个 AU-4 直接置入 AUG，N 个 AUG 通过字节间插并加入段开销便得到了 STM-N 信号。当 N=1 时，一个 AUG 加上容量为 4.608Mbit/s 的段开销即为 STM-1 的标称速率 155.520Mbit/s。

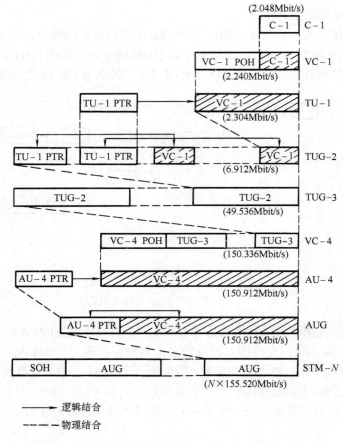

图 7-8　利用 AU-4 直接从 C-1 复接的方法

2）利用 AU-4 直接从 C-4 复接的方法

复用方法如图 7-9 所示。标称速率为 139.264Mbit/s 的 PDH 四次群信号首先进入 C-4，经适配处理后的 C-4 输出速率为 149.760Mbit/s，再加上 VC-4 POH 便构成了 VC-4（150.336Mbit/s）。其与 AU-4 的标称净负荷容量一样，但速率可能不一致，需要进行调整，AU PTR 的作用就是指明 VC-4 相对于 AU-4 的相位。加入 AU PTR 后的 AU-4 速率为 150.912Mbit/s。得到的单个 AU-4 直接置入 AUG，N 个 AUG 通过字节间插并附加段开销便得到了 STM-N 信号。当 $N=1$ 时，一个 AUG 加上容量为 4.608Mbit/s 的段开销，即 STM-1 的标称速率 155.520Mbit/s。

其他 PDH 不同等级信号的映射方法与上述过程类似。

（2）定位

定位是一种将帧偏移信息收进支路单元或管理单元的过程。即以附加于 VC 上的支路单元指针（或管理单元指针）指示和确定低阶 VC 帧的起点在高阶净负荷中（或高阶帧的起点在 AU 净负荷中）的位置。SDH 中当发送端出现瞬时速率偏移引起相对帧相位偏差和 VC 帧起点浮动时，指针值会随之调整，从而始终保证指针值准确指示 VC 帧的起点的过程，以便于接收端正确接收。

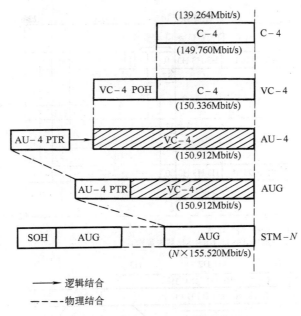

图 7-9　利用 AU-4 直接从 C-4 复用的方法

SDH 引入指针是相对于 PDH 的码速调整的重大改进，其作用包括：

① 当 SDH 网络处于同步状态时，指针用来进行同步信号间的相位校准。

② 当网络失去同步时（即处于准同步状态），指针用来进行频率和相位校准。

③ 当网络处于异步工作状态时，指针用来作频率跟踪校准。

④ 指针还可以用来容纳网络中的频率抖动和漂移。

指针分为 AU-4 指针、TU-3 指针和 TU-12 指针。下面以 AU-4 指针为例简介 SDH 指针调制工作原理。

AU-4 指针包含在图 7-10 所示的 H1、H2、H3 字节中，具体而言，由包含在 H1、H2 字节中的后 10 个比特（第 7～16 比特）携带具体指针值。考虑到 STM-1 中的净负荷为 261×9=2349 个字节，而 AU-4 指针值仅能表示 2^{10}=1024 个十进制数值。因此，SDH 规定了 AU-4 指针调制最小为 3 个字节一个单位，这样指针值只需要表示十进制数 783 即可，对应的为 000～782。该数值表明了指针和 VC-4 第一个字节间的相对位置，并以三个字节为单位进行增减调整。

如果在 AU-4 帧速率和 VC-4 帧速率之间有偏差，那么指针值将按需要增大或减小。同时相应地改变正、负调整字节。连续的指针操作至少间隔 3 个帧（即每第 4 个帧进行操作），这 3 帧期间指针值保持不变。

如果 VC-4 的瞬时帧速率比 AU-4 低，则可通过插入正调整字节来进行指针调整使得 VC-4 必须在时间上向后移动，以保证 VC-4 的最后 1 个字节恰好填充满 AU-4 的最后 1 个字节。此时十进制的 AU-4 指针值加 1，VC-4 的前 3 个字节在时间上向后推迟了一个调整单位，称为正调整。

进行正调整指针操作时，AU-4 指针中的第 7，9，11，13，15 比特（I 比特）反转，这种反转使接收机能进行 5 个比特的多数表决判定，以避免误判。3 个正调整字节立即出现在含有反转 I 比特的 AU-4 帧中最后一个 H3 字节之后。

若先前的指针值已经是最大值，则最大指针值加 1 后调整为零。

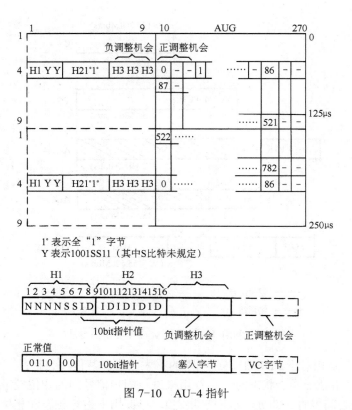

1° 表示全 "1" 字节
Y 表示1001SS11 （其中S比特未规定）

图 7-10　AU-4 指针

如果 VC-4 的瞬时速率比 AU-4 高，那么可以利用指针区的 3 个 H 字节来存放 VC-4 多余信息字节以保证 VC-4 的最后 1 个字节恰好填满 AU-4 的最后 1 个字节，称为负调整。VC-4 必须在时间上提前传输 3 个字节，对应的 AU-4 的十进制指针值减 1。

进行负调整时，AU-4 指针中的第 8，10，12，14，16 比特（D 比特）反转，这种反转使接收机能进行 5 个比特的多数表决判定，以避免误判。3 个负调整字节出现在含有反转 D 比特的 AU-4 帧中 H3 字节中。

若先前的指针值已经是最小值，则最小指针值减 1 后调整为零。

为了在指针调整时便于接收机判断是否有指针调整事件发生，AU-4 指针中定义了新数据标示（NDF），NDF 由指针字的第 1~4 个比特携带。正常工作时 NDF 被设置为 "0110"（不起作用，即不执行调整），N 比特为 "0110" 码。调整时用 N 比特反转 "1001" 来指示。

特别地，当 SDH 帧结构中要求传送大于 VC-4 容量的净负荷时，AU-4 能结合（级联）在一起形成较大的传输单元 AU-4-X_c（X_c 表示级联的 AU-4 个数）作为一个整体在 SDH 网络中进行复用、交叉连接和传输，级联后的容量是 VC-4 容量的 X 倍。对于这种情况，AU-4-X_c 的第一个 AU-4 应具有正常的指针值范围，所有后续的 AU-4 的指针设定为级联指示 CI。其第 1~4 比特值为 "1001"，第 5~6 比特未作规定，第 7~16 比特为全 "1"。级联指示限定指针处理器应实行与 AU-4-X_c 的第一个 AU-4 相同的操作。

级联时指针解释规则：如果指针含有级联指示，那么，对 AU-4 实现的操作与 AU-4-X_c 内第一个 AU-4 指针实现的操作时一致的。另外，除了连续三次收到前后一致的新指针值外，级联指示的任何变化都不考虑，而认为是误码。

（3）复用

复用是一种将若干个低阶通道层（如 VC-11、VC-12 等）的信号适配进高阶通道（VC-3 或 VC-4）或者把多个高阶通道信号适配进复用层的过程，即以字节交错间插方式把 TU 组织进高阶 VC 或者把 AU 组织进 STM-N 的过程。需要指出的是当 N 个 STM-1 以字节交错间插方式复用成 STM-N 帧时，段开销的复用并非典型的交错间插，即仅以第一个 STM-1 的完整段开销和其余（N-1）个 STM-1 段开销中的 A1，A2，J0 和 B2 字节参与交错间插复用成 STM-N 的段开销，而各 STM-1 的指针加上净负荷则全部正常地参与字节交错间插复用，形成 STM-N 的指针和净负荷。

由于经由 TU 和 AU 指针处理后的各 VC 支路已经相位同步，此复用过程为同步复用。由我国的复用路线可知：

$$TUG-2=3\times TU-12$$
$$TUG-3=7\times TUG-2 \ 或=1\times TU-3$$
$$STM-1=VC-4=3\times TUG-3$$
$$STM-N=N\times STM-1$$

由上述可知，一个 STM-1 可以直接提供 63 个 2Mbit/s 或 3 个 34Mbit/s（经 PDH 复用解复用后，相对于等效容量为 48 个 2Mbit/s）或一个 140Mbit/s（经 PDH 复用解复用后相对于等效容量为 64 个 2Mbit/s）。从复用效率而言，C-4 路径效率最高，但其保留了 PDH 体系中从一次群到四次群全部的码速调整和异步映射，不利于灵活上下业务；而基于 C-3 的复用路径的效率较低，对于 SDH 传输业务而言是不经济的。因此，C-4 和 C-3 路径都不是理想的 SDH 复用路径，C-12 复用路径兼具了效率和灵活性，是实际中主要的选择。

3．其他业务信号复用映射方法

（1）ATM 信元

异步转移模式（ATM）是一种基于信元（cell）和虚电路结构的传输模式，可以提供基于分组交换的可靠的端到端网络通信。ATM 信元由 53 个字节组成，其中前 5 个字节为信头，载有信元的地址和控制信息，后面的 48 个字节为信息字段，承载信息。

ATM 信元映射如 SDH 帧结构时，需要将每个信元的字节结构与对应的虚容器（VC-n 或 VC-n-X_c，$X\geqslant 1$）的字节结构进行定位对准来实现的。由于 VC-n 容量不一定是 ATM 信元长度（53 字节）的整数倍，所以允许 ATM 信元跨越 VC-n 或 VC-n-X_c 边界，进入另一个 VC-n 或 VC-n-X_c。这里的 X_c 是为了适应传送大于一个 C-4 容量净负荷时将多个 VC 级联使用，X 指示了级联的个数。

ATM 信元信息字段（占 48 字节）在映射进 VC-n 或 VC-n-X_c 之前应进行扰码。扰码使用 $X^{43}+1$ 的自同步扰码器。而且只对信元信息字段进行扰码，对信头不扰码。在信头期间扰码器停止工作，且保持状态不变。

（2）IP 数据的映射

通信网络中的各种基于 IP 的业务增长迅猛，已经取代了传统的语音业务成为通信网络中最主要的业务类型，因此作为基础的传输体制的 SDH 技术也必须进行必要的改进以有效地支持 IP 数据的承载。

SDH 中承载 IP 数据的基本思路是将 IP 数据报（包括 IPv4、IPX 等）通过点到点协议（PPP）等直接映射入 SDH 帧，省去了中间层次（如 ATM）。一个典型的实现方法是先将 IP 数据报按照 PPP 进行分组，然后再利用高级数据链路控制规程（HDLC）组成 PPP 帧后再以字节同步方式映射进 SDH 帧结构，此种方式有时也称为基于 SDH 的分组传送技术（POS）。

需要指出的是，POS 方式仅能适应点对点的 IP 数据传输，如交换机和路由器互联等，不能实现统计复用等功能。因此，在新一代的 SDH 之中提出了虚级联（VCAT）、链路容量调整机制（LCAS）和通用成帧规程（GFP）技术，这方面的内容将在 7.3.7 节中介绍。

7.3.3 SDH 网元设备

SDH 常见的网元设备类型有终端复用器（TM）、分插复用器（ADM）、再生中继器（REG）和数字交叉连接（DXC）等。

1. 终端复用器（TM）

TM 的主要功能是将 PDH 支路信号复用进 SDH 信号中，或将较低等级的 SDH 信号复用进高等级 STM-N 信号中，以及完成上述过程的逆过程。

TM 基本部分包括 SDH 接口、PDH 电接口、交叉连接矩阵、时钟处理单元、开销处理单元和系统控制与通信单元构成。TM 的特点是只有一个线路（群路）光接口，如图 7-11 所示。

实际网络应用中，TM 常用作网络末梢端节点，如图 7-12 所示。

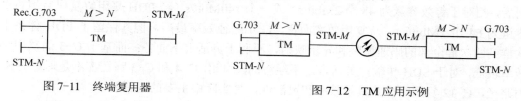

图 7-11　终端复用器　　　　　　　　　　图 7-12　TM 应用示例

2. 分插复用器（ADM）

分插复用器将同步复用和数字交叉连接功能综合于一体，利用内部的交叉连接矩阵，不仅实现了低速率的支路信号可灵活地插入/分出到高速的 STM-N 中的任何位置，而且可以在群路接口之间灵活地对通道进行交叉连接，如图 7-13 所示。

ADM 是 SDH 网络中应用最多的设备，其最大的特点是在无需分接或终结整个 STM-N 帧中所有信号的条件下，可以灵活地分出和插入帧结构中任意的支路信号。与 TM 不同的是，ADM 有两个方向的群路光接口，可以用作线形网的中间节点，或者环形网上的节点。

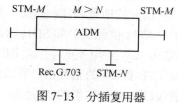

图 7-13　分插复用器

3. 再生中继器（REG）

REG 的功能就是接收经过长途传输后衰减了的、有畸变的 STM-N 信号，对它进行放大、均衡、再生后发送出去。

REG 只对再生段开销 RSOH 进行处理，对复用段开销 MSOH 和通道开销 POH 而言都是透明处理的。与 TM 和 ADM 相比，再生器没有分插业务的功能。虽然再生器在功能上只需要用到 SDH 功能描述中的 SDH 物理接口、再生段终端等功能，但考虑到网络的扩容和进化，设备厂商往往在 REG 上采用与 ADM 相似的结构，也加入了交叉连接矩阵，如图 7-14 所示。

实际上，如果 ADM 没有进行分插业务，也不终结段开销，而将所有的信号在群路接口之间直通，那么 ADM 就变成了 REG，这也是组网中常常用 ADM 直接替代 TM 和 REG 节点设备的原因。

（REG功能示意图）

图 7-14　再生中继器

4. 数字交叉连接（DXC）

DXC 是一种具有一个或多个 PDH 或 SDH 信号接口，可以在任何接口之间对信号及其子速率信号进行可控连接和再连接的设备。DXC 的核心部件是高性能的交叉连接矩阵，其基本结构与 ADM 相似，只是 SDXC 的交叉连接矩阵容量比较大，接口比较多，具有一定的智能恢复功能，常用于网状网节点。

7.3.4　SDH 网同步

1. SDH 网同步基本原理

网同步是 SDH 中最重要的技术之一，只有保证 SDH 全网同步，才可以借助于指针实现各个支路信号灵活的上/下。SDH 网同步是指 SDH 网络中各节点的时钟频率和相位都限制在预先确定的容差范围内，以免出现数字传输系统中信息比特的溢出和取空，从而导致传输损伤。

SDH 网同步的基本思想是通过不同的技术手段，使得网络中所有节点都遵循同一个参考频率源（即同步时钟信号），理想情况下所有节点的频率和相位都应该与参考时钟保持一致或限定在特定的范围内。实际中实现所有节点时钟信号的相位一致是非常困难的，因此 SDH 网同步的主要问题是保证节点的频率一致。为与通信网络中常用的传输和交换设备接口互连方便，一般采用的同步时钟信号是 2048kHz 或 2048kbit/s。

（1）网同步方式

伪同步和主从同步是解决 SDH 网同步的两种办法。伪同步是指网内各节点都具有独立的基准时钟，时钟的精度较高，虽然各节点间时钟不完全相同，存在一定的绝对误差，但由于节点间时钟的误差值极小，从全网而言几乎接近同步。主从同步是指网内设一主局（基准时钟），其配有高精度的时钟作为参考时钟（频率）源，网内其他节点均受控于该主局，并且采用逐级下控方式，直至最末端的节点。两种方式的基本原理如图 7-15 所示。

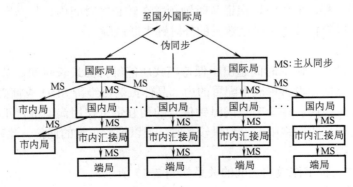

图 7-15　伪同步和主从同步

显然，在同一个网同步区域（如一个国家或一个运营商内部）内应采用主从同步方式，而不同国家间可以采用伪同步方式。

为了提高同步网的可靠性，也可以采用图 7-16 中给出的另一种主从控制方式，称之为等级主从控制方式。图中，A 局为主时钟，B 为副时钟，两者均为精度极高（相同精度）的参考时钟源。正常工作时 A 为主控时钟，网络中其他节点（包括 B）均受控于 A。当 A 发生故障时，改由 B 起控制作用，网络中其他节点改由 B 控制；当 A 恢复后，仍由 A 起主控作用。等级主从控制的优点是进一步增加了时钟同步网的可靠性，这对于地理覆盖范围较大的国家具有重要的意义。

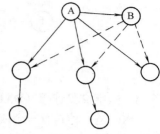

图 7-16　等级主从控制示意图

除了上述两种基本的网同步方式外，还有互同步和外基准输入等同步方法。特别是进入 21 世纪以来，随着原子钟小型化和卫星通信技术的发展，包括美国的全球定位系统（GPS）、俄罗斯的全球卫星导航系统（GLONASS）和我国的北斗等卫星导航与授时系统已经可以提供大范围的高精度授时信号广播。此时可以在网络中的重要节点配置基于卫星接收机的综合定时系统（BITS），形成地区基准时钟（LPR），该地区内的其他节点则采用主从同步方式同步于 LPR。

我国目前采用的是混合同步模式，即国际间采用伪同步方式，而网内采用主从同步模式，一方面在北京设置了国家基准参考时钟（PRC），同时也在各省、市、自治区以及大中城市设置了基于卫星接收机的 LPR，形成了覆盖全国范围的可靠的同步定时网络。

（2）从时钟的工作模式

在采用主从同步方式的同步网内，节点时钟通常有三种工作模式。

1）正常工作模式

正常工作模式指在外部输入时钟信号正常工作情况下的节点时钟工作模式。此时，节点时钟同步于输入的外部时钟信号，影响时钟精度的主要因素有外部输入时钟信号的相位噪声和从时钟控制环（从时钟振荡器的锁相环）的相位噪声。SDH 网络中规定，节点时钟必须同步于同级或更高等级的外部时钟信号。

2）保持模式

当外部输入的时钟信号中断后，节点失去了参考频率基准，节点转入保持模式。此时，从时钟利用定时基准信号丢失前所存储的最后的频率信息作为其定时基准使用。虽然振荡器的固有频率会慢慢漂移，但仍可以保证从时钟频率在较长的时间内只与基准频率存在较小的偏差，这种方式可以应付数十小时至数天的外时钟中断故障。

3）自由运行模式

假设外部时钟信号中断的时间超出了保持模式所能维持的最长时间，节点即进入自由运行模式。此时各节点依赖设备单板中配置的内部晶体振荡器维持 SDH 成帧必需的频率信息，当网络中节点数量较少时，由于节点间时钟信号的相互牵引作用尚能维持正常的通信。但是当自由运行的时间较长或网络中节点数量较多时，难以维持正常的通信，此时 SDH 网络可以认为基本失去工作能力。

SDH 网元时钟三种工作模式之间的关系如图 7-17 所示。

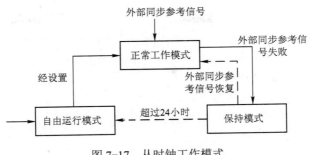

图 7-17 从时钟工作模式

（3）SDH 的引入对网同步的要求

SDH 采用的指针调整机制和灵活的上下业务对网同步提出了更高的要求。当网络工作在正常模式时，所有节点都同步于一个基准时钟，节点间只存在相位差而不存在频率差，所以只会出现偶然的指针调整事件，SDH 信号传输中仅受到少量抖动影响。一旦网络丢失了定时基准进入保持模式或自由运行模式时，各节点与网络基准时钟之间、或各节点间会出现较大的频率差，从而导致指针连续调整，频繁的指针调整事件造成大幅度的抖动，严重影响 SDH 网络的性能。

2. SDH 时钟类型及定时要求

目前我国同步网内的基准时钟有两种，一种是含铯或铷原子钟的全国基准时钟（PRC），它产生的定时基准信号通过定时基准传输链路送到各省中心。另一种是在综合定时系统（BITS）中配置的全球定位系统或北斗卫星接收机组成的区域基准时钟（LPR），它也可接受 PRC 的同步。各级同步节点设置于处于同步基准分配网络中不同等级地位的通信楼内，同步网的时钟等级和设置见表 7-7。

表 7-7　同步网的分级和时钟设置

同步网分级	时钟等级	设 置 位 置
第一级	1 级基准时钟（PRC 和 LPR）	设置在省际与省内传送网交汇节点处，以及各省、自治区中心和直辖市的一级交换中心所在局
第二级	2 级节点时钟（SSU-T）	设置在省内与本地传送网交汇节点处，以及二级交换中心所在局和一些重要的关口局
第三级	3 级节点时钟（SSU-L）	设置在本地传送网的节点处或端局

SDH 网络不仅需要定时信号（用定时），还可以用以传递定时信号（传定时），定时信号的传递是通过 STM-N 码流中包含的时钟信息，以及对帧结构中的同步状态信息（SSM）进行控制来实现的。

来自 PRC（或 LPR）的定时信号，接入定时路径始端的 SDH 网关设备的外时钟接口，该网关 SDH 设备直接同步于一级基准层，并将定时基准承载于 STM-N 向各个方向传送。处于定时路径上的各 SDH 设备从 STM-N 信号中提取定时基准，将自身时钟同步于定时基准，并将定时基准通过 STM-N 信号传递给下游节点。经过一定距离的传输之后，某个 SDH 设备通过其外时钟输出口将定时基准接入并跟踪定时基准，滤除传输损伤后，重新产生高质量的定时信号，再交给定时路径继续传输，送至下游的节点，直至最末梢的各网络单元。

3．SDH 网同步

在规划和设计同步网时必须考虑到地域和网络业务情况，一般应遵循以下原则：

● 在同步网内不应出现环路。

● 尽量减少定时传递链路的长度。

● 应从分散路由获得主、备用基准。

● 受控时钟应从其他同级或高一级设备获得基准。

● 选择可用性高的传输系统传送基准。

这些原则可通过以下途径实现：

1）同步定时基准传输链

SDH 同步网定时基准传输链如图 7-18 所示，节点时钟之间经过 N 个 SDH 网元互连，最长的基准传输链所包含的 G.812 从时钟数不应超过 K 个。由于同步链路数的增加，同步分配过程的噪声和温度变化引起的漂移会使定时基准信号的质量逐渐恶化，因此节点间允许的 SDH 网元数是有限的，通常可大致认为最坏值为 $K=10$，$N=20$，最多 G.812 时钟的数目不得超过 60 个。

2）同步状态字节

SDH 自愈环、路由备用和 DXC 的自动配置功能带来了网络使用的灵活性和高生存性，但同时也给网同步的定时的选择带来了复杂性。在 SDH 网中，网络定时的路由随时可能会发生变化，因而其定时性能也随时可能变化，这就要求网络单元必须有较高的智能从而能判断定时源是否可用，以及是否需要搜寻其他更合适的定时源等。这样可以保证低级的时钟只能接收更高等级或同一等级的定时，以避免形成定时信号的环路，造成同步不稳定。在 STM-N 帧结构中安排的 S1 字节是一种有效的措施，S1 字节的第 5～8 比特给出了 STM-N 的同步状态，表 7-8 给出了 S1 字节的第 5～8 比特的同步状态信息编码。

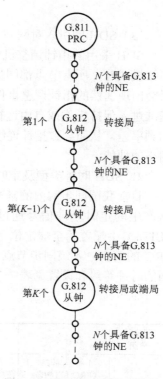

图 7-18　同步定时基准传输链

表 7-8　同步状态信息编码

S1（b5～b8）	SDH 同步质量等级描述	S1（b5～b8）	SDH 同步质量等级描述
0000	同步质量不知道（现存同步网）	1000	G.812 本地时钟信号
0001	保留	1001	保留
0010	G.811 时钟信号	1010	保留
0011	保留	1011	同步设备定时源（SETS）信号
0100	G.812 转接局时钟信号	1100	保留
0101	保留	1101	保留
0110	保留	1110	保留
0111	保留	1111	不应用作同步

3）同步分配网的可靠性

为了提高同步网的可靠性，通常要求所有节点时钟和 NE 时钟都至少可以从两条同步路径获取定时，当原有路由出现故障时，从时钟可以重新配置从备用路由获取定时。此外，不同的同步路径最好由不同的路由提供。

4．SDH 设备的同步方式

SDH 网中包括 DXC、ADM 等不同种类的设备，这些不同的设备在 SDH 网中的地位和应用有很大差别，因而其同步配置和时钟要求也不一样。一般来说，SDH 同步网提供了三种不同的网络单元定时方法。

（1）外同步定时源

SDH 网络单元中的 SETPI 模块提供了输出定时和输入定时的接口，接口具有 G.703（2.048Mbit/s）的物理特性。外部提供的定时源一般有三种：

● PDH 同步网中的 2048kHz 同步定时源。

● 同局中其他 SDH 网络单元输出的定时。

● 同局中综合定时供给系统（BITS）输出的时钟。

目前大多数 BITS 都配置了全球定位系统（GPS）或北斗卫星接收机以获取高精度定时时钟，结合本地原子钟可以获得较高的时钟精度。

（2）从接收信号中提取定时

从接收信号中提取定时信号是广泛应用的局间定时方式，BITS 需要从上级节点传输过来的信号中提取定时基准。根据场合的不同，可以细分为三种方式：

● 通过定时：网络单元由同方向终结的输入 STM-N 信号中提取定时信号，并由此再对网络单元的发送时钟的定时进行同步。

● 环路定时：网络单元的每个发送 STM-N 信号都由相应的输入 STM-N 信号中所提取得定时来同步。

● 线路定时：像 ADM 这类网元，所有发送 STM-N 信号的定时信号都从某一特定的输入 STM-N 信号中提取。

（3）内部定时源

网元都具备内部定时源，以便在外同步定时源丢失时可以使用内部自身的定时源。根据网元的不同，其内部定时源的要求也不同。

图 7-19 给出了 SDH 中常用的同步方式。

7.3.5　SDH 传送网

1．SDH 传送网结构

分层和分割方法是研究网络结构最重要的方法之一，采用分层和分割方法后不仅可以针对每一个层网络进行单独设计，同时在对每一层进行修改时也无需涉及其他层次。

SDH 传送网可从垂直方向分解为三个独立的层网络，即电路层、通道层和传输媒质层，每一层网络在水平方向又可以按照该层内部结构分割为若干分离的部分，组成适于网络管理的基本结构，如图 7-20 所示。

图中电路层网络是面向业务的，严格意义上不属于传送层网络，但是考虑到端到端业务传送实现的完整性，仍将其列入传送网的分层模型中。

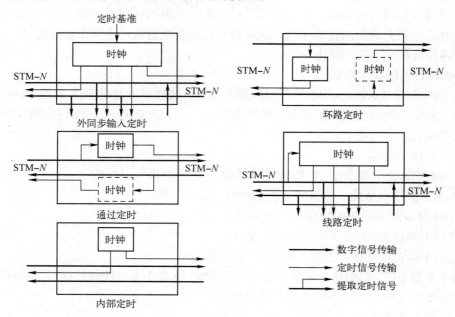

图 7-19　SDH 同步方式

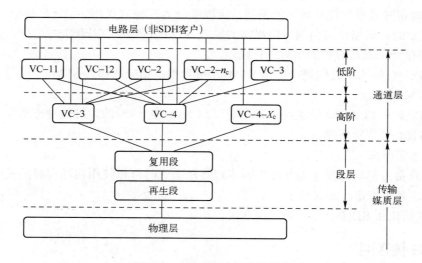

图 7-20　SDH 传送网分层结构

（1）电路层网络

电路层网络直接为用户提供通信服务，诸如电路交换业务、分组交换业务和租用线业务等。按照提供业务的不同，可以区分不同的电路层网络。电路层网络与相邻的通道层网络是相互独立的。

电路层网络的主要设备是交换机和用于租用线业务的交叉连接设备，电路层网络的端到端电路连接一般由交换机等建立。

（2）通道层网络

通道层网络支持一个或多个电路层网络，为电路层网络节点（如交换机）提供透明的通道（即多条电路）。VC-12 可以看作电路层网络节点间通道的基本传送单位，VC-3/VC-4 可以作为局间通道的基本传送单位。通道的建立由分插复用器（ADM）或交叉连接设备（DXC）负责，可以提供较长的保持时间。

根据业务需求（电路带宽）不同，通道层网络可以进一步划分为高阶通道层（VC-3/VC-4）和低阶通道层（VC-12）。SDH 传送网的一个重要特点是能够对通道层网络的连接进行管理和控制，因此网络应用十分灵活和方便。

通道层网络与其相邻的传输媒质层网络是相互独立的。但它可以将各种电路层业务信号映射进复用段层所要求的格式内。

（3）传输媒质层网络

传输媒质层网络与传输媒质（光缆或微波）有关。它支持一个或多个通道层网络，为通道层网络节点（例如 DXC）提供合适的通道容量，STM-N 是传输媒质层网络的标准等级容量。传输媒质层网络的主要设备为线路传输系统。

传输媒质层网络进一步划分为段层网络和物理媒质层网络（简称物理层）。其中段层网络涉及为提供通道层两个节点间信息传递的所有功能。而物理层涉及具体的支持段层网络的传输媒质，如光缆和微波。在 SDH 网中，段层网络还可以细分为复用段层网络和再生段层网络。其中复用段层网络为通道层提供同步和复用功能并完成复用段开销的处理和传递，再生段涉及再生器之间或中再生器与复用段终端设备之间的信息传递，诸如定帧、扰码、中继段误码监视以及中继段开销的处理和传递。

物理层网络主要完成光电脉冲形式的比特传送任务，与开销无关。

图 7-21 给出了通道和段的关系示例。

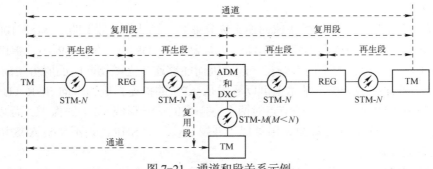

图 7-21　通道和段关系示例

2. SDH 网络拓扑结构

网络拓扑即网络节点和传输线路的几何排列，反映了物理连接或物理拓扑。

点到点拓扑是最简单的通信形式，早期的 SDH 系统都基于这种拓扑。除了这种最简单的情况以外，网络的基本物理拓扑有 5 种，如图 7-22 所示。

SDH 传送网物理拓扑的选择应综合考虑网络的生存性、配置的难易度、网络结构是否适应新业务的引进等多种因素，需要根据情况来决定。作为一般性原则，用户网适用于星形拓扑和环形拓扑，中继网适用于环形和线形拓扑，长途网适用于树形和网孔形的结合，物理节点配置比较简单的情况也适用于环形。

（1）环形网

利用分插复用设备（ADM）或数字交叉连接设备（DXC）首尾相接时可以构成 SDH 环形网。环形网可以按照业务的方向和保护的类型进行细分，常见的有单向环和双向环，以及通道保护环和复用段保护环等。

（2）网孔形网

在业务量高度集中的长途网中，一个节点有多条大容量光纤链路进出，其中有携带业务的，也有空闲的，网络节点间构成互连的网孔形拓扑。这种高度互连的网孔形拓扑适于用 DXC 作传输节点，此时 DXC 主要提供网络的保护/恢复和监视功能。

（3）混合应用

采用环形网和 DXC 保护在某些场合可以互相结合，取长补短。对于核心网和较大规模的城域而言，最终形成的都是连接度较高的网孔形网。此时可用 DXC 将多个环行网连接形成。

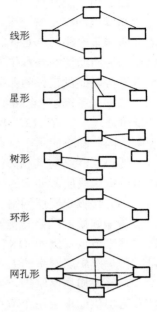

图 7-22　SDH 网络拓扑

3. SDH 保护和自愈机制

基于 SDH 的光纤网络具有很大的通信容量。这样的传送网络一旦发生光缆被切断等故障，将会带来严重的损失。因此 SDH 光纤传送网络必须具有较强的抵抗故障或灾害的能力，即 SDH 网络的生存性。SDH 生存性的实现主要有两种方法，即保护（Protection）和恢复（Restoration）。保护的基本思想是利用预先规划的备用系统容量对主用系统进行切换保护，恢复则是在业务失效后利用快速路由等机制重新建立连接。

SDH 中规定了 3 种自愈体系：自动保护倒换（APS）、自愈环（SHR）以及基于数字交叉连接的自愈网（SHN）。

APS 通过主备用系统之间的快速切换来恢复业务。防止光缆被切断，需要 100％的冗余备份，并且备用系统必须选取不同的路由，即异径保护（DRP）。在 DRP 中，提供保护的备份系统物理上不与被保护的主用系统在一起，因而能够避免光缆切断时的服务中断。

SHR 有多种详细的分类，基本上可以看成是 APS 的扩充。例如单向 SHR（U-SHR）使用两条互为反方向的光缆，环上的节点对两个方向来的信号形成 1：1 的保护。而共享保护环 SHR 类似于 1：n APS 系统。如果采用类似"并发选收"的 SHR，则不需要 APS 协议参与，切换所需的时间非常短。

SHN 是基于数字交叉连接（DXC）的自愈机制。SHN 与预先保留容量的 APS 及 SHR 相比具有优越性。它能够灵活地处理网络故障或业务量的变化，进行资源自组织。SHN 在每个节点上配置 DXC，利用光波链路（span）形成节点间的连接。当一个链路失效，导致两个节点间服务通道中断时，通过对其他链路上的备用通道进行交叉连接形成恢复通道。

由于不同业务对于故障恢复失效要求的时间不一样，过高的指标实现较难，而指标定得过低则不能保证业务的完全恢复。理论分析和实验表明，低于 50ms 的恢复切换时间对于大多数业务而言几乎不受影响，因此一般将 50ms 定义为保护倒换时间的阈值。

（1）自动保护倒换（APS）

在 SDH 标准中。定义了两类 APS 体系结构：1+1 和 1：n。1+1 保护中，每一个工作信号都同时在主用系统和备用系统上同时传输，接收机从接收到的信号中选取一个接收。1:1方式是 1:n 的特例，该保护方式中备用系统平时是空闲的，当主用系统出现故障后自动或人工将主用系统上的业务倒换至备用系统。为了提高效率和节约成本，也可以多个主用系统共享一个备用系统，称为 1:n 方式。

两种方式的 APS 如图 7-23 所示。

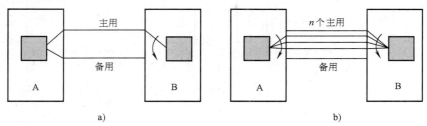

图 7-23　1+1 和 1:n 保护

（2）SDH 自愈环

由于具有共享带宽和提高存活性的特点，环形网络体系结构得到了广泛的应用。自愈环（SHR）就是一种环形网络体系结构。SDH 自愈环体系结构可分为两类：双向 SHR（B-SHR）和单向 SHR（U-SHR）。环的类型取决于由每对节点间的双工信道的方向。双工信道的两个方向相反（一个为顺时针，另一个为逆时针）的 SHR，被称为 B-SHR，而双工信道的两个方向相同（同为顺时针，或同为逆时针）的 SHR 被称为 U-SHR。

U-SHR 只用两条光纤，一条工作，另一条备用。每个节点设置一个分插复用器（ADM）。在 U-SHR 中，一个双工信道的两个方向经由两节点间的不同路由。利用 APS 环回和通道选择获得自愈能力。利用 APS 环回获得自愈能力的 U-SHR 称为复用段（或线路）切换 U-SHR；利用通道选择获得自愈能力的 U-SHR 称为通道切换 U-SHR。

常用的 SDH 自愈环简述如下：

1）二纤单向复用段保护环

二纤单向复用段保护环的工作原理如图 7-24a 所示，它的每一个节点在支路信号分插功能前的线路上都有一个保护切换开关。正常情况下，信号仅在工作光纤（S）中传输，保护光纤（P）是空闲的。例如，从 A 到 C 的信号（AC 方向）的路由为在 S 上 A→B→C，从 C 到 A 的信号（CA 方向）的路由为在 S 上 C→D→A。

如图 7-24b 所示，当节点 B 和节点 C 之间的光缆被切断时，节点 B 和节点 C 执行环回功能。此时，从 A 到 C 的信号（AC 方向）的路由为在 S 上 A→B，再在 P 上 B→A→D→C，从 C 到 A 的信号的路由仍为在 S 上 C→D→A。

二纤单向复用段保护环中，接收机和发射机的电子故障、光纤切断，以及节点失效均由线路切换保护。

2）二纤单向通道保护环

二纤单向通道保护环的体系结构以并发选收为基础，即在每个节点有一个 ADM 与一对相反方向传送业务光纤相连。业务信号按顺时针和逆时针两个方向被输入环中，在接收节点可以接收到具有不同时延的两个完全相同的信号，分别指定为主信号和辅信号。在正常操作中，尽管这两个信号都被监测，但只使用主信号。如果环被切断，可以执行适当地保护切换来选择辅信号，使业务得到恢复。

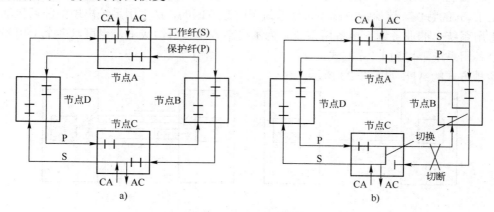

图 7-24 二纤单向复用段保护环工作原理

如图 7-25 所示，在正常状态下环的业务路由是单向的。从节点 A 到节点 C 的业务通过工作光纤（S）顺时针传递，节点 C 到节点 A 的业务也通过 S 顺时针传递。注意发送侧的信号也同时被送到保护光纤（P）上，所以在 P 上有一个逆时针传送的保护通道。每个通道分别根据信号质量标准进行切换。假如光缆在节点 B 和节点 C 之间被切断，则通过被切断线路的通道在它的接收节点处被切换至保护光纤上，如节点 A 到节点 C 的业务量将被切换到 P 上；而从节点 C 到节点 A 的业务由于未受到 B 与 C 间光纤中断的影响，仍然可以在 S 上传送。

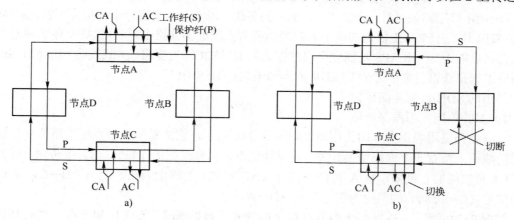

图 7-25 二纤单向通道保护环工作原理

3）四纤双向复用段保护环

如图 7-26 所示，四纤双向复用段保护环的保护能力是利用 APS 在光缆切断或节点故障的情况下执行环回功能实现的。四纤双向复用段保护环的业务量在相同路由的两条光纤上双向传送，两条保护光纤作为备用。在光缆被切断的情况下，业务量在下一个节点被阻截，而通过保护光纤被反向送往目的地。

如图所示，正常工作时节点 A 到节点 C 的业务在工作光纤（S1）沿顺时针方向由 A、B 到 C，而节点 C 到节点 A 的业务在工作光纤（S2）上沿逆时针方向由 C、B 到 A。当出现节点 B、C 之间光纤全部被切断时，根据复用段保护的切换原则，在受影响的复用段两侧进行切换。此时，由节点 A 到节点 C 的业务首先沿顺时针方向在工作光纤（S1）上传送至节点 B，在节点 B 切换至保护光纤（P1），然后沿逆时针方向经由节点 A、D 达到 C，再切换回工作光纤（S1）；而节点 C 至节点 A 的业务首先由工作光纤（S2）切换至保护光纤（P2），沿 S2 逆时针方向由 C、D、A 到 B，在节点 B 处切换回工作光纤（S2），然后沿逆时针再传送至节点 A。可见，四纤双向复用段保护环对光缆切断的自愈反应等效于"实时"异径，即在形成异径保护线路的过程中，断电的相邻节点在保护环路中起终端的作用，中间节点起中继器的作用。因此，只有在光缆切断和节点失效时，四纤双向复用段保护环才发挥环的作用而不是插分的作用。

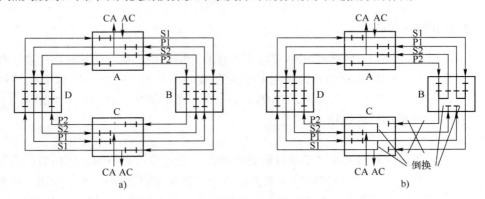

图 7-26 四纤双向复用段保护环工作原理

4）二纤双向复用段保护环

采用 4 根"逻辑纤"，二纤配置也能获得四纤双向环的一些有利特性。在四纤双向环中，每个链路方向都有两个方向的业务量，每个方向上工作容量和保护容量相同。如图 7-27 所示，二纤双向复用段保护环采用两条光纤，每条用于一个方向的业务量，并将每条的容量等分用于工作和保护。在这种模式下，将业务量平均分开后，分别送入外环和内环，但每个环只提供一半时隙来承载业务，另一半时隙用于保护。当光纤被切断或者设备失效时，业务量自动切换到相反方向的空的时隙中去。

二纤双向复用段保护环中，接收机和发射机的电子故障、光纤切断，以及节点失效等都由线路切换功能保护。二纤双向环的可靠性类似于 $1：n$ 的 APS，这里的 n 等于节点数。需要指出的是，采用单向 SHR，环上的业务总容量取决于节点的容量，而双向环的环上总容量理论上最高可达节点容量的 K 倍（K 为环上的节点数）。

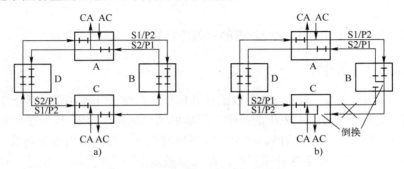

图 7-27 二纤双向复用段保护环工作原理

（3）子网连接保护

子网连接保护（SNCP）可适用于各种网络拓扑，倒换速度快，其工作倒换机理类似于通道倒换，如图7-28所示。

SNCP采用"并发选收"的保护倒换规则，业务在工作和保护子网连接上同时传送。当工作子网连接失效或性能劣化到某一规定的水平时，子网连接的接收端依据优选准则选择保护子网连接上的信号。倒换时一般采取单向倒换方式，因而不需要APS协议。

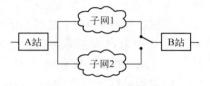

图7-28　子网连接保护

7.3.6　SDH网络管理

SDH的一个显著特点是在帧结构中安排了丰富的开销比特，从而使其网络的监控和管理能力大大增强。基于SDH丰富的开销基础上形成的SDH管理网（SMN）是SDH传送网的一个重要的支撑网络，也是电信管理网（TMN）的一个子集，其体系结构继承和遵从了 TMN 的结构。SDH管理网的功能包括：

（1）性能管理

性能管理主要是收集网元和网络状况的各种数据，进行监视和控制。包括数据采集、门限管理、性能监视历史、实行性能监视（业务量状态监视和性能监视）、性能控制（业务量控制和管理，如网管数据库的建立和更新等）和性能分析、性能管理（包括利用与SDH结构有关的性能基元采集误码性能、缺陷和各监视项目数据）等功能。

（2）故障管理

故障管理是对不正常的网络运行状况或环境条件进行检测、隔离和校正的一系列功能。包括告警监视、告警历史、测试等功能。

（3）配置管理

配置管理主要实施对SDH网络中的各类网元控制、识别和数据交换，主要涉及保护倒换的指配、保护倒换的状态和控制、安装功能、踪迹识别符处理的指配和报告、净负荷结构的指配和报告、交叉矩阵连接的指配、EXC/DEG门限的指配、CRC4方式的指配、端口方式和终端点方式的指配，以及缺陷和失效相关的指配等。

（4）安全管理

安全管理涉及注册、口令和安全等级等。关键是要防止未经授权的对SDH网元的访问和操作。

（5）计费管理

计费管理主要是收集和提供计费管理的基础信息等。

7.3.7　城域光纤通信网络

如前所述，SDH是为了取代PDH以消除其标准化程度低和不利于业务上下等缺点而产生的。但 SDH 复用映射过程中采用的是固定标准的信息结构（容器），对于数据包长度可变的IP数据业务而言显然是不适合的。这个问题在城域光纤通信网络中最为明显，因为城域光纤通信网络是一种主要面向企事业用户的，最大可覆盖城市及其郊区范围的，可同时提供话音、数据、图像、视频等多媒体综合业务，以IP等数据业务为重点并支持多种通信协议的本地公用网络。

1. 城域光纤通信网络的结构

城域光纤通信网络可以分为核心层、汇聚层和接入层，如图 7-29 所示。

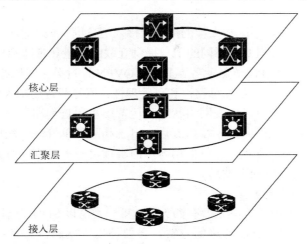

图 7-29　城域光纤通信网络分层结构

（1）核心层

核心层主要功能是给各业务汇聚节点提供高带宽的 TDM、IP 和 ATM 业务平面高速承载和交换通道，完成和已有网络（ATM、PSTN、FR/DDN 和 IP 网）的互联互通。一般采用灵活的光交叉连接 OXC 或光分插复用器 OADM 作为节点类型。

（2）汇聚层

汇聚层主要完成的任务是对各业务接入节点的业务汇聚、管理和分发处理。汇聚层起着承上启下的作用，对上连至核心层，对下将各种宽带多媒体通信业务分配到各个接入层的业务节点。所有业务在进入骨干节点之前，都由汇聚节点完成诸如对用户进行鉴权、认证、计费管理等智能业务处理机制，实现 L2TP、GRE、IPSEC 等各类隧道的终结和交换、流分类等。

（3）接入层

接入层主要利用多种接入技术，迅速覆盖用户。对上连至汇聚层和核心层，对下进行带宽和业务分配，实现用户的接入，接入层节点的基本特征是简单灵活。接入层设备可按用户对象和业务的不同而进行灵活的配合组网，根据现有的铜缆、光纤、同轴电缆等资源，选用不同的接入方式。

由于实际的城域业务环境可能存在较大差距，例如网径大小和业务数量等，因此实际的城域光纤通信网络不一定都具有明显的上述的三个层次，更多的会是其中若干层次的融合和实现。

2. 城域光纤通信网络的主要业务

城域光纤通信网络的主要业务包括两类：一类是基本的传送业务，包括虚拟暗光纤及波长出租；另一类是增值业务，包括光虚拟专网（OVPN）、按业务配置波长、用户指定带宽业务等。此类业务主要面向 ISP、ICP 等对带宽需求较高的用户。城域光纤通信网络业务可分为以下几类：

1）互联业务：PSTN、以太网、ATM等网络互联，主要面向运营商网络或带宽出租。

2）专线业务：直接面向企业级客户进行带宽出租，具有高可靠性和高可用性，是运营商稳定的收入来源。

3）接入业务：包括智能小区和大楼的接入，接入运营商一般不再自建传输网络，而是将重点关注于接入服务，而且需要为不同的用户提供互联的质量和带宽需求不尽相同的服务。

4）增值业务：包括OVPN等新业务。其中，OVPN通过公用光网络构建私有专用网络，可提供与企业VPN相同的安全性、可靠性和可管理性，但专线费用却大大降低，企业不必自建广域网维护系统；客户还可以实现网络状态和运营质量的查询和管理，具体包括端到端业务透视图、端到端故障和性能监视、端口流量、日志和故障单管理；城域光纤通信网络还可向用户提供不同级别的保护方式，并可根据客户需求指定服务级别（时延、抖动、保护与恢复时间），运营商按服务级别收取费用。

3. 城域光网络的解决方案

城域光纤通信网络的解决方案主要有四大类，第一类是以SDH为基础的多业务平台；第二类是基于第二层交换和第三层选路的方案，主要指以太网解决方案；第三类是城域网用WDM方案，即以WDM为基础的多业务平台；第四类是以ATM为基础的多业务平台方案。此外，还可以适当采用光纤直连技术。

（1）以SDH为基础的多业务传输平台（MSTP）

以SDH为基础的多业务平台的出发点是充分利用原有的SDH技术。SDH技术的性能监视、保护倒换以及网管能力已经得到认可。虽然SDH设计之初是针对TDM业务的，但是对其加以改造后即可演变成为多业务传送平台，可以灵活高效地承载ATM、IP等各类数据业务。以SDH为核心的MSTP基本思路是将多种不同业务通过VC级联等方式映射进不同的SDH时隙，而SDH设备与层2、层3乃至层4分组设备在物理上集成为一个实体。

在保证兼容基于传统SDH网业务的同时，能够提供多种物理接口，大大减少了现有SDH设备重新升级的成本。通过采用简化的网络结构，并且接口与协议相分离，实现对多种数据业务的灵活高效的传输。因此，这种方案在保持了SDH的优点并可集传统SDH网ADM/DXC/DWDM功能于一体，能够有效地进行带宽管理，从而降低运营成本。适合作为网络边缘的融合节点支持混合型业务特别是以语音业务为主的混合型业务，它不仅适合缺乏网络基础设施的新运营者，即便对于已敷设了大量SDH网络的传统的电信运营公司，以SDH为基础的多业务平台可以更有效地支持分组数据业务，有助于实现从电路交换网向分组网的平稳过渡。因此，在短期内这种解决方案仍将是城域网的主流技术。

（2）以太网解决方案

从技术上看，以太网技术具有简便、快捷、透明、可扩展的优点。从管理上看，由于同样的系统可以应用在网络的各个层面上，因此网络管理可以大大简化。尤其值得一提的是，由于很多用户已经熟悉了以太网，因此培训工作可以简化，新业务可以拓展得更快。特别地，对于一些原来没有基础设施的新兴运营者，可以租用暗光纤从头建设自己的网络，完全旁路现有的SDH和ATM基础设施。

以太网的主要缺点是缺乏严格的QoS机制，尤其没有稳定可靠的机制能保证端到端性能，无法提供实时业务所需要的QoS和多用户共享节点以及网络所必需的计费统计能力。同时，以太网原来是为局域网企事业用户内部应用设计的，缺乏严格的安全机制保证。此外，以太网主要用于小型局域网络环境，网管能力很弱，且目前只有网元级的管理系统。无法满足运营商对端到端的业务可控、可管理的要求。无法提供故障定位和性能监视，保护功能也难以实现。

（3）WDM方案

随着技术的进展和业务的发展，WDM技术正从长途传输领域向城域网领域扩展。对于城域光纤通信环境使用的WDM技术而言，目前倾向于采用稀疏波分复用CWDM技术，即波长间隔放宽至20nm，同时尽可能采用一些价格较为低廉的器件，如采用无制冷器的LD、使用G.652光纤替代EDFA等，以降低系统成本。城域WDM网络的主要特点是可以极大地提高业务容量，容许网络运营者提供透明的以波长为基础的业务。这样用户可以灵活地传送任何协议和格式的信号而不受限于SDH或其他格式。具备波长可扩展性，新的波长应能随时加上而不会影响原有工作波长。这样，系统可以通过简单地增加波长而迅速提供新的业务，极大地增强了运营者的市场竞争能力。

城域网WDM系统的主要不足之处在于，不能有效灵活地将低速率信号汇聚进较昂贵的波长通路，不能动态地配置波长，实现光层灵活连接，并且目前其成本仍然较高。由于目前的大带宽接入业务需求并不突出，这种技术在接入层的应用前景并不明确，而将主要应用在城域网骨干层。

（4）以ATM为基础的多业务平台

以ATM为基础的多业务平台最适用于多业务电信环境以及服务质量要求较高的IP业务，主要应用于网络边缘多业务的汇集和一般IP骨干网。由于其扩展性受限，高业务量下的性能表现不理想，ATM VP环也不支持网状网结构，因而以ATM为基础的多业务平台不太适合超大型IP骨干网应用。考虑到ATM技术的一些局限性，无论从目前还是长远来看，以ATM为基础的城域多业务平台都不是一种主要的解决方案。

（5）光纤直连技术

光纤直连是指以太网交换机、路由器、ATM交换机直接出光口，光口以点对点方式直连，业务接入设备直接互连，此方案简单易行，但存在明显的缺点。由于没有传输层，光纤质量、性能监测、保护等无法实现。其次，光纤浪费严重，每两个业务接入点需要一对光纤，一个业务接点若与其他业务接点有业务互通，光纤呈阶乘增长。此外，业务端口压力大，每一个节点相连，交换机或路由器就需增加一个端口。最后也是最重要的一点，当环网周长较长（如15km以上）时，采用光纤直连的综合成本接近甚至比WDM方式还高，随着业务的增加，其成本将远远超过WDM。因此，这种方式只适用于节点数小、节点距离近的局域网络。

表7-9给出了目前主要的城域技术的比较。

表7-9 城域光纤通信网络组成技术比较

	Ethernet	传统SDH	ATM	WDM	MSTP
多业务承载能力	对数据业务好 TDM较差	对数据业务支持较差	较好	完全透明	好
网络可靠性	一般	好	较好	较好	好

	Ethernet	传统 SDH	ATM	WDM	MSTP
容量	较大	较大	较大	巨大	较大
技术成熟度	成熟	成熟	成熟	成熟	成熟
成本	较低	较高	较高	高	适中
扩展性	好	中等	较差	差	较好

从表中不难看出，以 SDH 为基础的 MSTP 在各方面都具有较为明显的优势，是现阶段城域光纤通信网络主要的技术方案。从长远来看，大城市和超大城市的城域核心层可能会采用 CWDM 以便于和核心光网络无缝互联，而对于大多数城域环境，MSTP 是最佳的解决方案之一。

7.3.8 基于 SDH 的多业务传送平台

在城域网建设中，能够满足多业务（主要是数据业务和电路交换业务）传送要求的、基于 SDH 技术的多业务传送技术称为基于 SDH 的多业务传送平台实现技术，简称狭义 MSTP 技术。基本功能模型如图 7-30 所示。

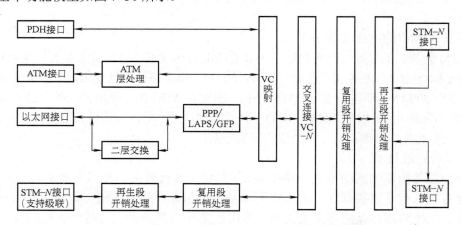

图 7-30   基于 SDH 的多业务传送节点基本功能模型

SDH 技术在国内外都得到了广泛的应用，已经成为传送网的核心技术。在 SDH 的基础上提供对多种业务的支持，可以继承 SDH 的诸多优点，实现网络的平滑过渡，有着突出的技术优势和市场优势。因此，基于 SDH 的多业务传送平台 MSTP 已经成为建设以城域网为代表的多业务传送网的主要技术之一，它具有将分组数据业务高效地映射到 SDH 虚容器的能力，并可以采用 SDH 物理层保护使承载的数据业务和 TDM 业务一样具有高可靠性，其良好的多业务拓展能力、业务服务质量保证已经充分得到认可。

一般意义上而言，MSTP 设备是指基于 SDH 的多业务传送节点，同时实现 TDM、ATM、以太网业务的接入处理和传送，即将传统的 SDH 复用器、数字交叉链接器（DXC）、WDM 终端、二层交换机和 IP 边缘路由器等多个独立设备的功能进行集成，并可以为这些综合功能进行统一控制和管理的一种网络设备。MSTP 从本质上讲是多种现有技术的优化组合，从它的协议栈分析能够很好地说明 MSTP 技术对不同业务类型的支持方式，图 7-31 给出了狭义

MSTP 的协议栈模型。

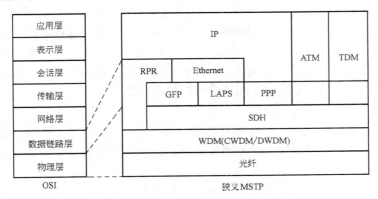

图 7-31　狭义 MSTP 协议栈模型

1. MSTP 技术的发展历程

MSTP 技术的发展主要体现在对 TCP/IP 业务的支持上，一般认为 MSTP 技术发展可以划分为三个阶段。

第一代 MSTP 的特点是提供以太网点到点透传。它是将以太网信号直接映射到 SDH 的虚容器（VC）中进行点到点传送。第一代 MSTP 还不能提供不同以太网业务的 QoS 区分、流量控制、多个以太网业务流的统计复用和带宽共享以及以太网业务层的保护等功能。

第二代 MSTP 的特点是支持以太网二层交换。它是在一个或多个用户以太网接口与一个或多个独立的基于 SDH 虚容器的点对点链路之间实现基于以太网链路层的数据帧交换。相对于第一代 MSTP，第二代 MSTP 作了许多改进，它可提供基于 802.3x 的流量控制、多用户隔离和 VLAN 划分、基于 STP 的以太网业务层保护以及基于 802.1p 的优先级转发等多项以太网方面的支持。第二代 MSTP 的不足之处包括不能提供良好的 QoS 支持，业务带宽粒度仍然受限于 VC，基于最小生成树算法 STP 的业务层保护时间太慢，VLAN 功能也不适合大型城域公网应用，还不能实现环上不同位置节点的公平接入，基于 802.3x 的流量控制只是针对点到点链路等。

第三代 MSTP 的特点是支持以太网 QoS。在第三代 MSTP 中，引入了中间的智能适配层、通用成帧规程（GFP）高速封装协议、虚级联和链路容量调整机制（LCAS）等多项全新技术。因此，第三代 MSTP 可支持较完善的 QoS、多点到多点的连接、用户隔离和带宽共享等功能，能够实现业务等级协定（SLA）增强、阻塞控制以及公平接入等。此外，第三代 MSTP 还具有相当强的可扩展性。可以说，第三代 MSTP 为以太网业务发展提供了全面的支持。

2. MSTP 关键技术

（1）虚级联

VC 的级联概念是在 ITU-T G.7070 中定义的，分为相邻级联和虚级联两种。SDH 中用来承载以太网业务的各个 VC 在 SDH 的帧结构中是连续的，共用相同的通道开销（POH），此种情况称为相邻级联，有时也直接简称为级联。若 SDH 中用来承载以太网业务的各个 VC 在 SDH 的帧结构中是独立的，其位置可以灵活处理，此种情况称为虚级联。

从原理上讲，可以将级联和虚级联都看成是把多个小的容器组合为一个比较大的容器来

143

传送数据业务的技术。通过级联和虚级联技术，可以实现对以太网带宽和 SDH 虚通道之间的速率适配。尤其是虚级联技术，可以将从 VC-4 到 VC-12 等不同速率的小容器进行组合利用，能够做到非常小颗粒的带宽调节，相应的级联后的最大带宽也能在很小的范围内调节。虚级联技术的特点就是实现了使用 SDH 经济有效地提供合适大小的信道给数据业务，避免了带宽的浪费，这也是虚级联技术最大的优势。虚级联的实现较相邻级联灵活，而且只需要源节点和终端节点支持即可，不需要链路中间所有节点都支持此功能。

（2）链路容量调整机制（LCAS）

链路容量调整机制是在 ITU-T G.7042 中定义的一种可以在不中断数据流的情况下动态调整虚级联个数的功能，它所提供的是平滑地改变传送网中虚级联信号带宽以自动适应业务带宽需求的方法。

LCAS 是一个双向的协议，它通过实时地在收发节点之间交换表示状态的控制包来动态调整业务带宽。控制包所能表示的状态有固定、增加、正常、EOS（表示这个 VC 是虚级联信道的最后一个 VC）、空闲和不使用六种。

LCAS 可以将有效负负荷自动映射到可用的 VC 上，从而实现带宽的连续调整，不仅提高了带宽指配速度、对业务无损伤，而且当系统出现故障时，可以动态调整系统带宽，无需人工介入，在保证服务质量的前提下显著提高网络利用率。一般情况下，系统可以实现在通过网管增加或者删除虚级联组中成员时，保证"不丢包"；即使是由于"断纤"或者"告警"等原因产生虚级联组成员删除时，也能够保证只有少量丢包。

LCAS 具体实现是利用 K4 和 H4 字节，虚级联所使用的 K4 字节中控制字段的含义见表 7-10。

表 7-10　LCAS 使用字节内容

CTRL	命　令	含　义
0000	FIXED	表示这一端用固定带宽（non-LCAS mode）
0001	ADD	表示这个成员要加入到这个 VCG 中
0010	NORM	正常传输
0011	EOS	序列终止标示和正常传输
0101	IDLE	表示这个成员不在 VCG 中或其要从 VCG 中删除
1111	DNU	不可用

（3）通用成帧规程（GFP）

GFP 是在 ITU-T G.7041 中定义的一种链路层标准。它既可以在字节同步的链路中传送可变长数据包，又可以传送固定长度的数据块，是一种简单而又灵活的数据适配方法。

GFP 采用了与 ATM 技术相似的帧定界方式，可以透明地封装各种数据信号，利于多厂商设备互联互通；GFP 引进了多服务等级的概念，实现了用户数据的统计复用和 QoS 功能。

GFP 采用不同的业务数据封装方法对不同的业务数据进行封装，包括 GFP-F 和 GFP-T 两种方式。GFP-F 封装方式适用于分组数据，把整个分组数据（PPP、IP、RPR、以太网等）封装到 GFP 负荷信息区中，对封装数据不做任何改动，并根据需要来决定是否添加负荷区检测域。GFP-T 封装方式则适用于采用 8B/10B 编码的块数据，从接收的数据块中提取出单个的字符，然后把它映射到固定长度的 GFP 帧中。

从应用的角度讲 GFP 帧可以分为客户帧和控制帧,而客户帧又可以分为客户数据帧和客户管理帧。客户数据帧被用来传送客户数据,而客户管理帧用来传送与 GFP 连接或客户数据管理有关的信息。控制帧有两种:IDLE 帧和 OA&M 帧,其中 IDLE 帧用于空闲插入。

从结构的角度看,GFP 帧可以分为公共部分和与业务数据相关的部分。其中公共部分是所有 GFP 帧都包含的,负责 PDU 定界、数据链路同步、扰码、PDU 复用、业务独立性的性能监控等功能;GFP 帧中与业务数据相关的部分负责业务数据的装载、与业务相关的性能监控与维护等功能,如图 7-32 所示。

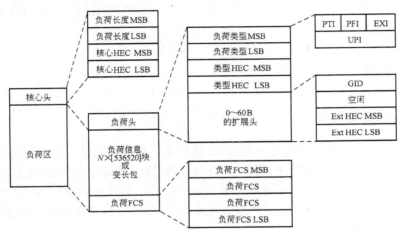

图 7-32 GFP 帧结构

具体而言,GFP 的帧格式包括核心头和 GFP 负荷区。

GFP 核心头支持特定 GFP(不是特定客户端)数据链路管理功能。GFP 核心头长 4 字节,由两部分组成:负荷长度指示部分(PLI)2 字节,指示 GFP 负荷区字节大小。它作为现有 GFP 核心头最后字节的偏移量,指示了比特流中下一个即将到来的 GFP 帧的起始位。PLI 值范围为 0~3,为 GFP 内部处理而存储并被作为 GFP 控制帧。其他的帧则被作为 GFP 客户端帧。

GFP 负荷区覆盖了 GFP 帧中紧随 GFP 核心头区后面的所有字节。这个可变长区包括 0~65535 个字节。它用来支持 GFP 特定的客户端方面,如客户端 PDU 和链路层编码,或 GFP 客户端管理信息。从结构上来讲,负荷区又包括两个通用部分,即负荷头和负荷信息域,加上一个可选择部分负荷 FCS 域,用来保护负荷信息域的完整性。

GFP 也支持灵活的(负荷)头扩展机制,使 GFP 在不同传送机制的过程中更易适用。这个负荷扩展头是 0-60 字节的扩展域(包括 HEC 域的扩展头 eHEC)。它支持特定技术的数据链路头,如虚拟链路标识符、源/目地址、端口数、服务类型、eHEC 等。扩展头类型由负荷头域中的类型域中 EXI 比特内容指示。3 个扩展头变量:空、线形和环状,现在被定义来支持在逻辑环或逻辑域点到点(线性)结构上的特定客户端户数据。

负荷帧检验序列(FCS)是一种可选的 4 个八位字节长的帧校验序列。它包括一个 CRC-32 校验序列用来保护 GFP 负荷信息域的内容。通过使用 CRC-32 生成多项式产生负荷 FCS。

GFP 提供了一种灵活的帧封装机制用来支持固定或变长帧结构。与 HDLC 类帧格式相反的是，GFP 不依赖字节填充机制来描述协议数据单元（PDU），而是使用一系列基于 HEC 的字描述技术。为了容纳变长的 PDU，GFP 帧头提供了明确的负荷长度指示符。因此，GFP PDU 尺寸能被固定到一个连续业务流值（提供了一个类 TDM 的信道），或在帧到帧过程中被改变（允许已封装 PDU 可简单扩展）。明确的帧尺寸指示符也限定了帧边界搜索过程的持续时间，这一点是数据链路同步化的关键所在。这种客户端适应特点支持满负荷后各种长度的用户 PDU，因此避免了段/重组功能，或给帧加上填充字节来填满未用的负荷空间。GFP 还能将 GFP 和用户数据适配过程间的差错控制隔离。差错控制隔离允许将退还的已破坏负荷传递给计划中要传的接收者，这在传送音频和视频流的时候是非常有用的，因为很有可能这时已破坏的信息完全是空信息。

7.4 光传送网

7.4.1 OTN 的基本原理

1998 年，ITU-T 提出了光传送网（OTN）的概念。从功能上看，OTN 就是在光域内实现业务信号的传送、复用、路由选择和监控，并保证其性能指标和生存性的传送网。OTN 的出发点是子网内全光透明，而在子网边界采用 O/E/O 技术。OTN 能够支持各种上层技术，是适应各种通信网络演进的理想基础传送网络。换而言之，可以把 OTN 理解为是 SDH 技术在光域中的拓展。

按照 ITU-T G.872 建议，OTN 包括三层：光通道（OCH）层、光复用段（OMS）层和光传输段（OTS）层。每个层网络又可以进一步分割成子网和子网连接，以反映该层网络的内部结构。OTN 分层模型如图 7-33 所示。

图 7-33　OTN 分层模型

（1）光传输段层（OTS）

光传输段层为光信号在不同类型的光媒质上提供传输功能，同时实现对光放大器或中继器的检测和控制功能等。光传输段开销处理用来确保光传输段适配信息的完整性，整个光传送网由最下面的物理媒质层所支持。

（2）光复用段层（OMS）

光复用段层负责保证相邻两个波长复用传输设备间多波长复用光信号的完整传输，为多波长信号提供网络功能。具体功能包括：为灵活的多波长网络选路重新安排光复用段功能；为保证多波长光复用段适配信息的完整性处理光复用段开销；为网络的运行和维护提供光复用段的检测和管理功能。波长复用器和交叉连接器工作在光复用段层。

（3）光通道层（OCH）

光通道层负责为各种不同格式或类型的客户信息选择路由、分配波长和安排光通道连接，处理光通道开销，提供光通道层的检测、管理功能。并在故障发生时，通过重新选路或直接把工作业务切换到预定的保护路由来实现保护倒换和网络恢复。端到端的光通道连接由光通道层负责完成。

（4）客户层

客户层不是光网络的组成部分，但 OTN 光层作为能够支持多种业务格式的服务平台，能支持多种客户层网络，包括 IP、以太网、ATM 和 SDH 等。

简而言之，光传送网的 OCH 层为各种数字客户信号提供接口，为透明地传送这些客户信号提供点到点的以光通道为基础的组网功能。OMS 层为经波分复用的多波长信号提供组网功能。OTS 层经光接口与传输媒质相连接，提供在光介质上传输光信号的功能。光传送网的这些相邻层之间形成所谓的客户服务者关系，每一层网络为相邻上一层网络提供传送服务，同时又使用相邻的下一层网络所提供的传送服务。

7.4.2 OTN 的复用映射结构

ITU-T 针对光传送网络节点接口（ONNI）规范了两种光传送模块的结构：OTM-n（$n \geqslant 1$）和 OTM-0，其基本的结构如图 7-34 所示。各种不同的客户层信号，如 IP、ATM、Ethernet 和 STM-n 等需要首先映射到光通道层（OCH）中，然后通过 OTM-0 或 OTM-n 传送。

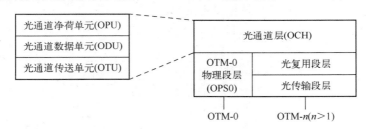

图 7-34 光传送网节点接口结构

OTM-0 是用来支持 OTM-0 的物理段层（OPS0）的信息结构，OTM-0 不支持光监控信道（OSC）。OTM-n 是用来提供光传输段层（OTS）连接的信息结构，光传输段层的特征信息包括信息净负荷（OTS-CI-PLD）和光传输段层开销信息（OTS-CI-OH）。光传输段层的开销包含在光监控信道（OSC）中，OTM 的阶数 n 是由其支持的光复用单元（OMU）的阶数（即支持的波长数）决定。

在 G.709 的规范中，光通道层分为三个子层，分别是光通道净负荷单元（OPUk）、光通道数据单元（ODUk）和光通道传送单元（OTUk）。

1）光通道净负荷单元（OPUk）

光通道净负荷单元（OPUk）是为使客户层信息能够在光通道层上传送提供适配功能，包括客户层信息以及用来适配客户层信息和光通道数据单元（ODUk）的净负荷速率而需要的所有开销信息。k 是与客户信号的速率有关的阶数（如 ODU1、ODU2 和 ODU3）。

2）光通道数据单元（ODUk）

光通道数据单元（ODUk）是用来支持 OPUk 的信息结构。由 OPUk 的信息和光通道数据单元开销（ODUk OH）组成，光通道数据单元支持嵌套的 1～6 层的连接监视。

3）光通道传送单元（OTUk）

该层（OTUk）在一个或更多的光通道连接的基础上支持 ODUk 的信息结构，是由光通道数据单元（ODUk）、光通道传送单元的 FEC 域和光通道传送单元的开销（OTUk OH）组成的。

在 2001 年 ITU-T 发布的 G.709/Y.1331 建议中，将 OTM-n 分成两种不同的情况：一种是具有完整功能的 OTM 接口（OTM-$nr.m$），另外一种是具有简化功能的 OTM 接口（OTM-$nr.m$ 和 OTM-$n.m$），其中 m 表示接口上支持的比特速率或比特速率组。完整功能 OTM-$n.m$ 包括光传输段层（OTSn）、光复用段层（OMSn）、光通道层（OCH）、标准功能的光通道传送单元（OTUk/OTUkV）和光通道数据单元（ODUk）。简化功能的 OTM-$nr.m$ 和 OTM-0.m 包括光物理段层（OPSn）、简化功能的光通道层（Och$r$）、标准功能的光通道传送单元（OTUk/OTUkV）和光通道数据单元（ODUk）。

根据 ITU-G.709 的建议，各种客户层信息（SDH、ATM、IP、以太网等）可以按照一定的映射和复用结构接入到 OTM 中。客户层信息经过光通道净荷单元（OPUk）的适配，映射进一个 ODUk，然后在 ODUk 和 OTUk 中分别加入光通道数据单元的开销和传送单元的开销，再被映射到光通道层（OCh 或 OChr），调制到光通道载波（OCC 或 OCCr）上。k=1、2、3 分别对应 2.5Gbit/s、10Gbit/s 和 40Gbit/s 速率。多个光通道载波（例如，i 个 40Gbit/s 的光信号、j 个 10Gbit/s 的光信号、k 个 2.5Gbit/s 的光信号，$1 \leqslant i+j+k \leqslant n$）被复用进一个光通道载波组（OCG-$n.m$ 或 OCG-$nr.m$）中，OCG-$n.m$ 再加上光监控信道（OSC）后，构成光传送模块 OTM-$n.m$。图 7-35 给出了 OTN 映射和复用结构。

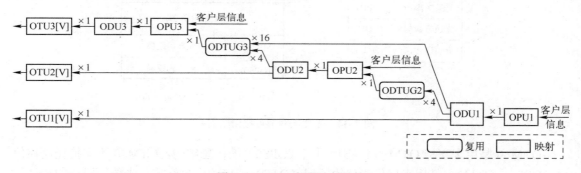

图 7-35　OTN 复用映射结构

7.4.3　OTN 的关键技术

1. 接口技术

OTN 的接口技术主要包括物理接口和逻辑接口两部分，其中逻辑接口是最关键的部分。对于物理接口而言，ITU-T G.959.1 已规范了相应接口参数，而对于逻辑接口，ITU-T G.709 规范了相应的不同电域子层面的开销字节，如光通路传送单元（OTUk）、ODUk（含光通路净荷单元（OPUk））以及光域的管理维护信号。其中 OTUk 相当于段层，ODUk 相当于通道层，而 ODUk 又包含了可独立设置连接监视开销。

在目前的 OTN 设备实现中，基于 G.709 的帧对电层的开销支持程度较好，一般均可实现大部分告警和性能等开销的查询与特定开销（含映射方式）的设置，而光域的维护信号由于具体实现方式未规范，目前支持程度较低。

2. OTN 组网技术

OTN 技术提供了 OTN 接口、ODUk 交叉和波长交叉等功能，具备了在电域、光域或电域光域联合进行组网的能力，网络拓扑可为点到点、环网和网状网等。目前 OTN 设备典型的实现是在电域采用 ODU1 交叉或者光域采用波长交叉来实现，其中不同厂家当中采用电域或电域光域联合方式实现的较少，而采用光域方式实现的较多。目前电域的交叉容量较低，典型为 320Gbit/s 量级，光域的线路方向（维度）可支持到 2～8 个，单方向一般支持 40×10Gbit/s 的传送容量，未来随着技术的进步，预期能出现更大容量的 OTN 设备以支持更高的业务带宽需求。

3. 保护恢复技术

OTN 在电域和光域可支持不同的保护恢复技术。电域支持基于 ODUk 的子网连接保护（SNCP）、环网共享保护等；光域支持光通道 1+1 保护（含基于子波长的 1+1 保护）、光通道共享保护和光复用段 1+1 保护等。另外基于控制平面的保护与恢复也同样适用于 OTN 网络。目前 OTN 设备的实现是电域支持 SNCP 和私有的环网共享保护，而光域主要支持光通道 1+1 保护（含基于子波长的 1+1 保护）、光通道共享保护等。另外，部分厂家的 OTN 设备在光域支持基于光通道的控制平面，也支持一定程度的保护与恢复功能。随着 OTN 技术的发展与逐步规模应用，以光通道和 ODUk 为调度颗粒基于控制平面的保护恢复技术将会逐渐完善实现和应用。

4. 传输技术

大容量、长距离的传输能力是光传送网络的基本特征，任何新型的光传送网络都必然不断采用革新的传输技术提升相应的传输能力。OTN 除了采用带外的前向纠错（FEC）技术显著地提升了传输距离之外，目前已采用的新型调制编码（含强度调制、相位调制、强度和相位结合调制、调制结合偏振复用）、结合色散（含色度色散和偏振模色散）光域可调补偿、电域均衡等技术也显著增加了 OTN 网络在高速（如 40Gbit/s 及以上）、大容量配置下的组网距离。

5. 智能控制技术

OTN 基于控制平面的智能控制技术包含和基于 SDH 的自动交换光网络（ASON）类似的要求，包括自动发现、路由要求、信令要求、链路管理要求和保护恢复技术等。基于 SDH 的 ASON 相关的协议规范一般可应用到 OTN 网络。与基于 SDH 的 ASON 网络的关键差异是，智能功能调度和处理的带宽可以不同，前者为 VC-4，后者为 ODUk 和波长。

目前的 OTN 设备部分厂家已实现了基于波长的部分智能控制功能，相关的功能正在进一步发展完善当中。后续更多的 OTN 设备将会进一步支持更多的智能控制功能，如基于 ODUk 颗粒等。

7.5 习题

1. 试比较 PDH 和 SDH 的特点。
2. 说明 SDH 复用结构中 C、VC 和 AU 的主要功能。
3. 计算 STM-1 帧结构中 RSOH、MSOH 和 AU PTR 的速率。

4．将 2Mbit/s 映射复用进 SDH，为什么会有三种结果容量。哪种映射的效率最高？哪种映射的效率最低？哪种映射方式最为灵活？

5．当 AU PTR 指针值=0 时，进行一次负调整，其调整后的指针值可能为多少？

6．说明 ADM 设备的主要种类和用途。

7．说明 SDH 网同步的工作模式。

8．试分析 SDH 设备中 TM、ADM 和 REG 各自采用的同步定时信号的提取方法。

9．说明 SDH 网络管理的主要功能。

10．简述三代 MSTP 的主要技术区别。

11．分析级联和虚级联的异同。

12．分析 OTN 与 WDM 的关系。

13．简述 SDH 和 OTN 的分层模型，并比较两者异同。

第8章 光波分复用系统

8.1 波分复用原理

8.1.1 WDM 系统的基本概念

为了提高光纤通信系统的容量，可以采取不同的方法，包括时分复用（TDM）、波分复用（WDM）、空分复用（SDM）、模分复用（MDM）和极化复用（PDM）等技术都可以实现单根光纤中传输容量的倍增。第 7 章中介绍的准同步数字体系（PDH）和同步数字体系（SDH）等均属于最常用的时分复用（TDM）技术，即将多个较低速率等级的数字电信号复用成高速率数字信号，再进行电光变换后进行传输。TDM 方式的主要缺点是当电信号的传输速率达到较高等级（如 10Gbit/s 或更高）时，对于光器件（如激光器和调制器）的开关速率等性能要求较高，实现难度较大，同时光纤中的色散和非线性等也限制了调制信号的速率。因此，以波分复用（WDM）为代表的多信道光纤通信系统成为实现大容量传输的主要技术方案之一。

波分复用（WDM）技术是在一根光纤上同时传送多个不同波长光信号的技术。WDM 系统通过在发送端将不同波长的光信号组合起来（复用），并耦合入同一根光纤中进行传输，在接收端将组合波长的光信号分开（解复用）并作进一步处理后，恢复出原先的不同波长光信号并送入不同的终端分别进行接收。

WDM 技术的基础是光纤具有足够的带宽资源。由第 2 章中光纤的传输损耗特性可知，SiO_2 系单模光纤主要有 1310nm 和 1550nm 两个低损耗波长区域，如图 8-1 所示。

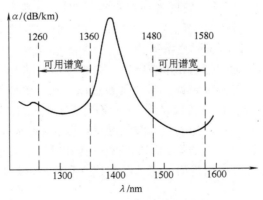

图 8-1　单模光纤的带宽资源

由图可见，1310nm 附近的低损耗波长区域为 1260～1360nm，共 100nm，1550nm 附近的低损耗波长区域为 1480～1580nm，共 100nm。因此，仅这两个低损耗波长段就有约 200nm 的可用波长，这相当于 30 THz 的频谱资源。如果进一步采取纤芯提纯和低水峰光纤等措施，将 1310～1550nm 间的波长区域全部用于传输，则可用的传输频谱可达 50 THz。激光器的典型谱宽在 0.1nm 左右，因此可以在光纤的低损耗波长区域同时传输多个不同波长的光信号，从而实现了单根光纤的容量倍增。

根据 WDM 系统中不同信道之间的波长或频率间隔，可以分为信道间隔较大、复用信道数较小的稀疏波分复用（CWDM）系统和密集波分复用（DWDM）。CWDM 系统的信道间隔一般为 20nm，而 DWDM 系统的信道间隔可以为 1.6nm、0.8nm 或更低。

相比于 PDH 和 SDH 等基于 TDM 技术的光纤通信系统而言，WDM 技术具有以下优点：

1）可以充分利用光纤巨大的带宽资源。单信道光纤通信系统在一根光纤中只传输一个光波长的信号，WDM 技术成倍地提高了光纤低损耗波长区频谱的利用率，降低了传输成本，可以有效解决光纤资源的耗尽问题。

2）对不同的信号具有很好的兼容性。利用 WDM 技术，不同类型的业务信号（语音、视频、数据、文字和图像等）可以调制在不同的波长上，各个波长相互独立，对数据格式和传输速率透明，可以同时进行传输。

3）节约投资。光纤通信系统中的光缆线路资源的施工和维护成本很高，特别是对于高寒、高海拔和海底等特殊的应用环境而言，光缆线路的施工成本占据了系统成本的主要部分。对于已有的光纤通信系统而言，采用 WDM 技术可以在不对光缆线路进行大的改造或重建的基础上，成倍地提升系统总传输容量，从而大大节约了线路和设备资源投资。

4）降低光电器件的要求。对于工作速率达到 40Gbit/s 级乃至更高速率的单信道光纤通信系统而言，包括光源、调制器、检测器和滤波器等器件要求较高，成本昂贵。使用 WDM 技术后，可以降低对器件高速响应等性能的要求，同时又实现大容量传输。

5）可以灵活组网。引入 WDM 技术后，光纤通信系统中有多个波长同时传输，可以形成端到端的波长光路（Lightpath）。在光纤通信系统组网时，不仅可以支持传统的 SDH 系统中的电通道（VC-n），同时也可以实现以波长为基础的业务配置，这也在很大程度上提高了光纤通信系统作为基础通信网络的业务承载能力，为通信网络的设计和业务实现增加了灵活性和自由度。

WDM 技术对网络的扩容升级、发展各种新业务（如带宽批发、光虚拟专用网 OVPN 等），充分发掘光纤带宽潜力，以及未来实现全光通信等具有十分重要的意义。随着包括光放大器技术、色散管理技术和先进调制编码技术等的引入，支持长距离、大容量传输的 WDM 系统已经成为现代通信网络最基础的传送和承载网络。未来当所有的光纤通信系统传输链路都升级为 WDM 后，可以在这些 WDM 链路的节点处设置以波长为单位对光信号进行交叉连接的光交叉连接设备（OXC）或进行光波长灵活上/下路的光分插复用器（OADM），这就形成了一个在光纤链路物理层上的光层。光层中的波长通道可以灵活组织和连接，形成一个跨越多个 OXC 和 OADM 的波长光路，完成端到端的信息传送和灵活的分配。在智能的控制平面支持下光层中的波长光路还可以根据需要灵活地动态建立和释放，这也是光纤通信系统发展的主要趋势之一。

8.1.2　WDM 系统的应用形式

WDM 系统的主要应用形式有以下三种。

1. 双纤单向传输

双纤单向传输 WDM 系统如图 8-2 所示。

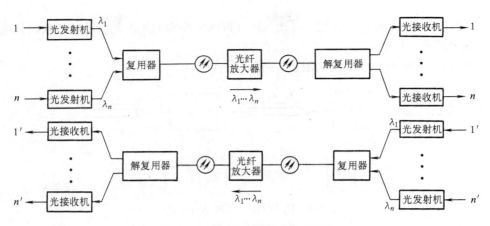

图 8-2　双纤单向传输 WDM 系统

单向是指 WDM 系统中不同光波长信号在一根光纤上沿单一方向传送，即在发送端将不同波长（λ_1，λ_2，…λ_n）的已调制光信号通过光复用器组合在一起，耦合入同一根光纤中进行单向传输。在接收端通过光解复用器将不同光波长的信号分开，完成多路光信号传输的任务。反方向通过另一根光纤传输，原理相同。

双纤单向 WDM 系统可以方便地分阶段动态扩容。例如在对现网进行升级和扩容工作中，可以根据实际业务量的需要逐步增加波长来实现扩容，是目前 WDM 系统最主要的应用形式。

2. 单纤双向传输

单纤双向传输 WDM 系统如图 8-3 所示。

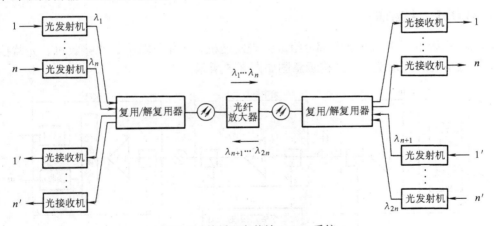

图 8-3　单纤双向传输 WDM 系统

双向是指 WDM 系统中的不同光波长是在同一根光纤上同时向两个不同方向传送，所有波长相互分开，以实现彼此双方全双工的通信联络。相对于双纤单向传输 WDM 系统而言，单纤双向传输 WDM 系统的开发和应用对技术要求较高。例如，为了抑制双向同时传输的多个波长间的相互干扰，必须要处理光反射的影响、双向通路之间的隔离、串扰（crosstalk）的类型和程度、两个方向传输的功率电平和相互间的依赖性及自动功率关断等问题，必要的时候还必须使用双向放大器。

双向 WDM 系统可以减少使用光纤和线路放大器的数量，这对于光接入网等环境的使用具有明显的优点。例如现有的无源光纤接入网（PON）中普遍采用的就是单纤双向传输。

3. 光分路插入传输

光分路插入传输 WDM 系统如图 8-4 所示。

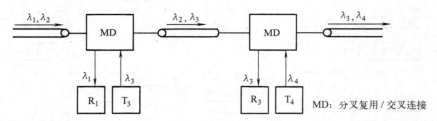

图 8-4　光分路插入传输 WDM 系统

光分路插入传输 WDM 系统通过解复用器将光信号 λ_1 从线路中分出来，利用复用器将光信号 λ_3 插入线路中进行传输。通过线路中间设置的分插复用器或光交叉连接器，可使各波长的光信号进行合流或分流，实现光信号的上/下通路与路由分配。这样就可以根据光纤通信线路沿线的业务量分布情况和光网的业务量分布情况，合理地安排插入或分出信号。

根据上/下通路是否是针对特定波长设定，可以分为固定波长光分路插入系统和可变光分路插入系统，后者使用了可重配置光分插复用器（ROADM），是当前研究和应用的热点。

8.2　WDM 系统结构及分类

8.2.1　WDM 系统结构

WDM 系统主要由以下五个部分组成：光发送机、光中继放大、光接收机、光监控信道和网络管理系统，其系统总体结构示意图如图 8-5 所示。

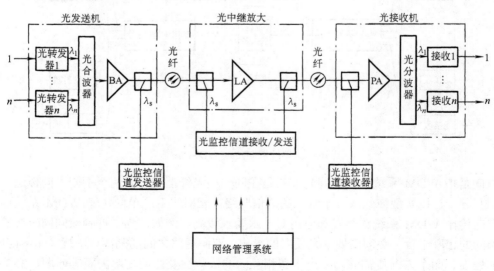

图 8-5　WDM 系统总体结构示意图（单向）

图中，光发送机是 WDM 系统的核心，WDM 系统中的光发送机除了要求激光器的中心波长满足 ITU-T 对于中心波长的准确度和稳定度等要求之外，还要根据 WDM 系统的不同应用场合（包括传输光纤的类型和无中继传输的距离）来选择具有一定色散容量的发送机。WDM系统的光发送机汇集多个不同终端系统（例如 PDH 和 SDH 光发送机）输出的光信号，利用光转发器（OTU）把不符合 ITU-T 建议的 WDM 系统标准波长的光信号转换成 WDM 系统标准波长的光信号后，使用合波器（也称波分复用器）合成多通路光信号，通过光功率放大器（BA）放大后输出多通路光信号并注入光纤线路。

经过较长距离传送后（典型中继距离可达 80～120km），由于光纤损耗、色散和非线性等因素的影响，光信号传输质量下降，此时需要使用光中继放大（包括 EDFA 和 FRA 等）对信号进行放大。由于是多个波长信道同时在光纤线路中传输，因此 WDM 系统中使用的光放大器必须具备增益调节和增益平坦等技术，使得对不同波长、不同电平的光信号经过光中继放大后具有相同的输出电平。同时，还需要考虑到较多数量的光信道同时工作可能会引起的高入纤光功率带来的非线性效应等的情况。

在 WDM 系统的光接收机侧，采用分波器（也称波分解复用器）从多路光信号中分出与发送端对应的各波长光信号，并经过前置放大器放大后输入相应的光接收机完成接收。

光监控信道的主要功能是监控 WDM 系统内各信道的传输情况及各部分的工作状态。在 WDM 的光发送机侧插入特定波长（即不使用 WDM 系统中传输业务的波长）的光监控信号，与其他业务信号的光波长合波后注入光纤线路传输。接收端将接收到的多个波长的光信号解复用后，分别输出光监控信道和业务信道的信号。WDM 系统中的各类运行管理和维护（OAM）信息，包括同步字节、公务字节和网管所用的开销字节等都是通过光监控信道来传送的。

网络管理系统通过光监控信道传送的开销字节，实现网管中心与 WDM 系统中其他节点的通信，从而对 WDM 系统进行管理，实现包括配置管理、故障管理、性能管理和安全管理等功能，并通过标准化的网管接口与上层管理系统互连。

8.2.2 WDM 系统分类方法

根据 WDM 线路系统中是否设置有在线光中继放大，可以将 WDM 线路系统分为有线路光放大器 WDM 系统和无线路光放大器 WDM 系统，其中无线路光放大器 WDM 系统可以认为是点到点的单跨有线路放大器系统（中继段为一）。

1. 有线路光放大器 WDM 系统

有线路光放大器 WDM 系统的参考配置如图 8-6 所示。

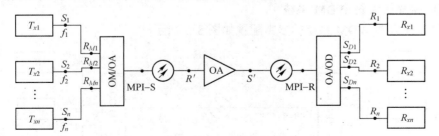

图 8-6　有线路光放大器 WDM 系统的参考配置

图 8-6 中，T_{x1}，T_{x2}…，T_{xn} 为 n 个不同波长的光发送机，R_{x1}，R_{x2}…，R_{xn} 为对应波长的 n 个光接收机，OA 为光放大器，OM 为合波器，OD 为分波器。

图中所示的 WDM 系统中的各参考点定义如表 8-1 所示。

表 8-1 有线路光放大器 WDM 系统中参考点定义

参 考 点	定 义
$S_1 \cdots S_n$	通道 $1 \cdots n$ 在发送机输出连接器处光纤上的参考点
$R_{M1} \cdots R_{Mn}$	通道 $1 \cdots n$ 在 OM/OA 的光输入连接器处光纤上的参考点
MPI-S	OM/OA 的光输出连接器后面光纤上的参考点
S'	线路光放大器的光输出连接器后面光纤上的参考点
R'	线路光放大器的光输入连接器前面光纤上的参考点
MPI-R	在 OM/OA 的光输入连接器前面光纤上的参考点
$S_{D1} \cdots S_{Dn}$	通道 $1 \cdots n$ 在 OA/OD 的光输出连接器处光纤上的参考点
$R_1 \cdots R_n$	通道 $1 \cdots n$ 接收机光输入连接器处光纤上的参考点

在有线路光放大器的 WDM 系统的应用中,线路放大器之间目标距离的标称值即为 WDM 系统的中继段程度,一般为 80～120km,根据级联的光中继放大的数量可以实现较长的总目标传输距离(实际中能达到的最长传输距离还受到光源器件、光纤色散和非线性等因素的共同影响)。

有线路光放大器 WDM 系统的应用代码可以表示为

$$nWx\text{-}y \cdot z$$

其中,n 是最大波长数;W 代表传输区段距离(W=L,V 或 U 分别代表长距离(80km)、甚长距离(120km)和超长距离(160km));x 表示所允许的最大区段数(x>1);y 是该波长信号的最大比特率(y=4、16 分别代表每波长的传输速率等级相当于 SDH 中的 STM-4 或 STM-16);z 代表光纤类型(z=2,3,5 分别代表 G.652,G.653 和 G.655 光纤)。

表 8-2 给出了相应的分类与应用代码

表 8-2 有线路放大器 WDM 系统的应用代码

应 用	长距离区段(每个区段的目标距离为80km)		甚长距离区段(每个区段的目标距离为120km)	
区段数	5	8	3	5
4 波长系统	4L5-y·z	4L8-y·z	4V3-y·z	4V5-y·z
8 波长系统	8L5-y·z	4L8-y·z	8V3-y·z	8V5-y·z
16 波长系统	16L5-y·z	16L8-y·z	16V3-y·z	16V5-y·z

2. 无线路光放大器 WDM 系统

无线路光放大器 WDM 系统的参考配置如图 8-7 所示。

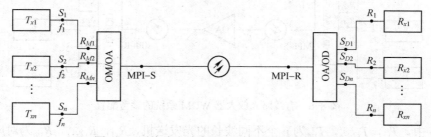

图 8-7 无线路光放大器 WDM 系统的参考配置

表 8-3 给出了无线路光放大器 WDM 系统的分类和应用代码（注意 x=1，表示无线路放大器）。

表 8-3　无线路光放大器 WDM 系统的应用代码

应　用	长距离（目标距离 80km）	甚长距离（目标距离 120km）	超长距离（目标距离 160km）
4 波长	4L-y·z	4V-y·z	4U-y·z
8 波长	8L-y·z	8V-y·z	8U-y·z
16 波长	16L-y·z	16V-y·z	16U-y·z

8.2.3　WDM 系统波长规划

1. 中心频率规划

为了保证不同 WDM 系统之间的横向兼容性，必须对各个波长通路的中心频率（中心波长）进行标准化。ITU-T 已经制订了两个针对 WDM 系统的建议——G.694.1 和 G.694.2，分别对应于 DWDM 和 CWDM 系统。

G.694.1 标准主要针对的是光纤中最常用的 C 波段（1530～1560nm）和 L 波段（1560～1625nm）。标准规定 DWDM 系统中应以 193.1 THz 为参考中心频率（对应的参考中心波长为 1552.52nm），不同信道间的间隔可以为 12.5 GHz、25 GHz、50GHz、100GHz 或其整数倍，总的可用范围为 184.5 THz（1624.89nm）至 195.937 THz（1530.04nm）。若相邻波长通路间隔为 12.5GHz，可容纳约 915 个波长；若相邻波长通路间隔为 25GHz，可容纳约 457 个波长；若相邻波长通路间隔为 50GHz，可容纳约 228 个波长；若相邻波长通路间隔为 100GHz，可容纳约 114 个波长。

实际使用时，DWDM 系统的频率选择范围除了考虑需要满足的系统总容量（复用的波长总数）外，还要考虑以下因素：

1）避开传输光纤的零色散区域以减小和消除四波混频（FWM）效应的影响。

2）选取的波长应尽可能处于光放大器的增益平坦区域，以避免在实际应用时由于多个光放大器级联造成的不同波长通路间输出功率不同的情况。

综合来看，光纤损耗系数较低和 EDFA 增益较为平坦的都集中在 C 波段，因此 16 波长的 WDM 系统一般选取 C 波段设置波长，而对于 32 波长或更多复用波长的 DWDM 系统而言，可以把总的工作波长分为两组（称为红带和蓝带），分别进行光放大和前向纠错等方法，使得系统的总体性能（如端到端的光信噪比）获得优化。表 8-4 给出了我国采用的 32 波 DWDM 系统波长规划。

表 8-4　32 通路 DWDM 系统中心频率设置

序　号	标称中心频率/THz	标称中心波长/nm
1	192.10	1560.61
2	192.20	1559.79
3	192.30	1558.98
┇	┇	┇

序　号	标称中心频率/THz	标称中心波长/nm
30	195.00	1537.40
31	195.10	1536.61
32	195.20	1535.82

随着各种新业务对 WDM 系统容量的更高要求，超过 32 波的 DWDM 系统已经逐渐商业化，其频率间隔已经缩小到 12.5 GHz。如此密集的信道间隔对于光源波长的稳定度、精确度和复用/解复用器的性能指标提出了更高的要求。同时，为了适应更多波长的需求，未来可以将 DWDM 系统的可用波长范围拓展到 L 波段和 S 波段（1460～1528nm），这也要求进一步改进光放大器的增益范围和增益平坦范围。

对于 CDWM 系统而言，由于采用的是低成本的非制冷激光器，因此其波长通路间隔必须较宽。ITU-T 建议 G.694.2 规定 CWDM 的中心波长通路间隔为 20nm。表 8-5 给出了 CWDM 系统的中心波长规划，从 1271～1611nm，共规划了 18 个波长通路，间隔均为 20nm。

表 8-5　CWDM 系统标称中心波长

标称中心波长/nm
1271
1291
1331
⋮
1351
1371
1391
⋮
1571
1591
1611

2．中心频率偏差

中心频率偏差定义为标称中心频率与实际中心频率之差，影响其大小的主要因素包括光源啁啾、信号带宽、自相位调制（SPM）效应引起的脉冲展宽，以及温度和老化等。对于 16 通路 WDM 系统，通道间隔为 100GHz（约 0.8nm），最大允许的中心频率偏移为±20GHz（约为 0.16nm）；对于 8 通路 WDM 系统，通道间隔为 200GHz（约 1.6nm），最大中心频率偏差也为±20GHz。

8.3　WDM 系统关键技术

由于同时有多个不同波长通路在一根光纤中同时传输，因此对于 WDM 系统而言会存在一些单信道光纤通信系统中没有的问题。

（1）光源的波长准确度和稳定度

在 WDM 系统中，首先要求光源具有较高的波长准确度，否则可能会引起不同波长信号之间的干扰。再有就是必须对光源的波长进行精确的设定和控制，否则波长的漂移必然会造成系统无法稳定、可靠工作。所以要求在 WDM 系统中要有配套的波长监测与稳定技术。

（2）信道串扰

光信道的串扰（crosstalk）是影响 WDM 系统性能的重要因素。信道间的串扰大小主要取决于光纤的非线性和解复用器的滤波特性。目前使用的光解复用器可以满足 16～32 波长的 WDM 系统对信道间隔离度大于 25dB 的要求，但是对于更高速率以及复用波长数更高（信道间隔更小）的 WDM 系统还需要仔细考虑和选择适宜的器件。

（3）色散

WDM 系统中普遍使用了光放大器，同时中继也使用光放大器，光纤线路的损耗得以有效解决。随着级联光放大器个数的增加和 WDM 系统的总传输距离不断延长，总的色散累计值也会随之增加，系统成为色散性能受限系统。对于 WDM 系统中单个信道速率达到 10Gbit/s 乃至 40Gbit/s 以上时，需要采取色散补偿措施。同时，由于光纤的色散系数与波长有关，因此对于 WDM 系统中的不同波长需要采取差异化或自适应的色散补偿措施，即针对光纤的色散斜率进行补偿。此外，还要考虑偏振模色散（PMD）和高阶色散等对系统性能的影响。

（4）非线性效应

对于单信道光纤通信系统来说，入纤光功率较小，光纤总体呈线性状态传输，各种非线性效应对系统的影响较小。在 WDM 系统中，不仅有多个光发送机同时在光纤中传输，同时还大量应用了光放大器，因此入纤的光功率显著增大，光纤中有较为显著的非线性特性，可能会对系统的光信噪比和灵敏度等性能产生影响，需要在系统设计和规划时仔细考虑。

（5）光放大器引入的传输损伤

WDM 系统中，各信道之间的信号传输功率有可能发生起伏变化，要求光放大器能够根据不同波长信号电平的变化，实时地动态调整自身的工作状态（增益），从而减少信号波动的影响，保证整个信道的稳定。此外，由于光放大器的增益特性不可能在一定波长范围内完全平坦，因此经过多级级联放大后，增益偏差的积累可能会影响系统的正常工作。对于 WDM 系统而言，当某个输入光信号出现瞬间的跳变（如激光器开关或重启）时，多个级联的光放大器的输出端可能会出现"光浪涌"现象，瞬间的峰值光功率较高，可能造成接收端光检测器和连接器的损坏。

8.3.1　光源技术

WDM 系统中的光源技术包括两方面的内容，一是如何保证光源器件发出的波长的稳定度和精确度，而是如何实现以较低成本的方式灵活实现满足 G.694 标准的多个波长。

1．光源和调制技术

与单信道光纤通信系统不同，WDM 系统中普遍采用了分布反馈（DFB）激光器和分布布拉格反射（DBR）激光器等作为光源，与法布里-帕罗腔（F-P）激光器相比具有动态单纵模窄线宽振荡和波长稳定性好等优点。由于 DFB 激光器中光栅的栅距很小，形成了一个微型的谐振腔，对波长具有良好的选择性，使主模和边模的阈值增益相对较大。因此，谱线宽度比 F-P 激光器窄很多，并能在高速调制下也能保持单纵模振荡。此外，由于 DFB 激光器内的光栅有助于锁定在给定的波长上，其温度漂移约为 0.08nm/℃，温度稳定性可以满足 WDM 系统的要求。

量子阱（Quantum Well，QW）半导体激光器是一种窄带隙有源区夹在宽带隙半导体材料中间或交替重叠生长的半导体激光器，是一种很有前途的激光器，可用于 WDM 系统。它的结构与一般的双异质结激光器相似，只是有源区的厚度很薄。QW 激光器具有阈值电流低、谱线宽度、频率啁啾小和动态单纵模特性好等优点。

随着单通道传输速率的提高，目前 WDM 系统中普遍采用外调制器进行光源调制。激光器产生稳定的大功率激光，外调制器以低啁啾对光进行调制，以使激光器工作在连续波形式，能更有效地克服频率啁啾，从而获得大于直接调制的色散受限距离。

目前在 2.5Gbit/s 以下的 WDM 系统中，倾向于采用体积小、易于集成的电致吸收调制器，而在 10Gbit/s 及以上的 WDM 系统中，推荐采用 MZ 调制器或量子阱调制器。

2．可调谐波长技术

（1）可调谐波长激光器

DFB 和 DBR 激光器可以获得较好的窄谱线和调制性能，但由于其振荡波长是由器件制造时衍射栅的周期决定。虽然可以通过改变注入电流等方法，使其折射率发生变化，从而改变波长，但可控制的波长范围为仅 10nm 左右，无法实现满足 WDM 系统要求的较大范围的波长的控制和调谐。

为了实现能在较宽范围内的波长选择，可以引入超周期结构衍射栅（SSG）激光器。SSG采用了衍射栅周期随位置而变化的结构，它具有多个波长的反射峰，利用这种衍射栅制成 DBR激光器的发射镜。由于产生的光波长是与栅周期相对应的，因此，根据这种随位置而变化反射的周期性，可实现较大范围的波长输出。目前 SSG-DBR 激光器已能实现在 1550nm 波长段工作，波长可变范围超过 100nm。

除了 SSG 激光器外，外腔可调的半导体激光器、双极 DFB 激光器、三极 DBR 激光器和多波长光纤环行激光器可以实现波长可调谐。

（2）可调谐滤波器

只允许特定波长的光通过的器件称为滤光器或光滤波器。如果所通过的光的波长可以改变，则称为波长可调谐滤光器。如将宽光谱光源器件和可调谐滤波器结合，也可以实现满足 WDM 系统要求的可调谐波长。

目前，世界上已研制出多种结构的波长可调谐滤光器，其基本原理都是通过改变腔长、材料折射率或入射角度来达到可调谐的目的。主要的包括根据 F-P 腔型、声光可调谐滤波器（AOTF）型、微环谐振腔型、AWG 型等。

8.3.2　波分复用器/解复用器

波分复用/解复用器是 WDM 系统的关键器件。其功能是将多个波长不同的光信号复合后送入同一根光纤中传送（波分复用器）或将在一根光纤中传送的多个不同波长的光信号分解后送入不同的接收机（解复用器）。波分复用器和解复用器也分别被称为合波器和分波器，是一种与波长有关的光纤耦合器。

光波分复用器/解复用器性能的优劣对于 WDM 系统的传输质量有决定性的影响，其性能指标有插入损耗和串扰。WDM 系统对光波分复用器/解复用器的特性要求是损耗及其偏差要小，信道间的串扰要小，通带损耗平坦等。

1．波分复用/解复用器原理

根据制造工艺和技术特点，波分复用/解复用器器件大致有熔锥光纤型、干涉滤波器型和光栅型等几种类型。

（1）熔锥光纤型

熔锥型光纤耦合器，总的耦合功率分光比只取决于锥形耦合的长度和包层厚度。利用此种熔锥光纤耦合器的波长依赖性，可以制成波分复用/解复用器件。在此种器件中，改变熔锥拉锥工艺可使分路器输出端的分光比随波长急剧变化。

如图 8-8 所示，该器件结构类似于 2×2 单模光纤耦合器。通过设计熔锥区的锥度，控制拉锥速度，使直通臂对波长为 λ_1 的光有接近 100% 的输出，而对波长为 λ_2 的光输出接近于零。使耦合臂对波长为 λ_2 的光有接近 100% 的输出，而对波长为 λ_2 的光输出接近于零。这样当输

入端有 λ_1 和 λ_2 的两个波长的光信号同时输入时，λ_1 和 λ_2 的光信号分别从输入臂和耦合臂输出，作为波分解复用器。反之，如果直通臂和耦合臂分别有 λ_1 和 λ_2 的光信号输入时，也能合并后从另一端输出，作为复用器。

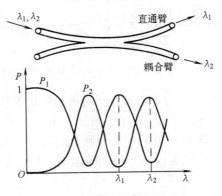

图 8-8　熔锥光纤型波分复用器

　　对于更多波长需求的合波/分波器，可以采用级联的方法实现。熔锥光纤型波分复用/解复用器的特点是插入损耗低（最小值低于 0.5dB），结构简单，不需要波长选择器，有较高的通路带宽和通路间隔比。缺点是复用路数偏少，隔离度较低（≈20dB）。

　　（2）干涉滤波器型

　　干涉滤波器型波分复用/解复用器一般采用多层介质膜作为光滤波器，使某一波长的光通过而其他波长的光被截止。

　　干涉滤波器由多层不同材料（如 TiO_2 和 SiO_2）、不同折射率和不同厚度的介质膜按照设计要求组合而成，每层厚度为 $\lambda/4$。一层为高折射率层，一层为低折射率层交替叠加而成，如图 8-9 所示。当光入射到高折射率层时，反射光不产生相移，当光入射到低折射率层时，经反射的光经过 360° 相移，与经高折射率层的反射光同相叠加。这样在中心波长附近，各层反射光叠加在滤波器输入端面形成很强的反射光。在偏离反射光波长两侧，反射光陡然降低，大部分光成为透射光。据此原理，可对某一波长范围的光呈带通，而对其他波长呈带阻，从而达到所要求的滤波特性。利用这种对某指定波长有选择性的干涉滤波器就可以将不同光波长的光信号分离或合并起来。

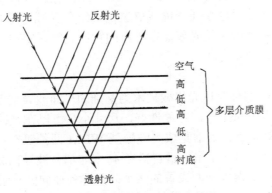

图 8-9　介质薄膜干涉滤波器型 WDM 器件

图 8-10 所示是用自聚焦棒透镜与干涉滤光片组成的波分解复用器。

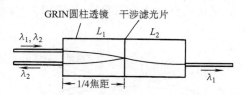

图 8-10　干涉滤光片波分复用/解复用器结构

入射波长为 λ_1 和 λ_2 的光信号，由于自聚焦棒透镜的作用聚焦于干涉滤光片上。波长为 λ_1 的光透过干涉滤光片，经透镜成为平行光，由输出光纤输出。波长为 λ_2 的光由干涉滤光片反射，由输出光纤输出。从而完成了 λ_1 和 λ_2 的波分解复用功能。如果从两根输出光纤分别输入 λ_1 和 λ_2 的光，则两个波长的光可以复合从一根光纤输出，从而完成波分复用功能。

（3）光栅型

使用光栅特别是衍射光栅，也能使入射的多波长复合光分散为各个波长分量的光，或者将各个波长的光聚集成多波长的复合光。在原理上，任何具有一定宽度、平行、等节距或变节距的波纹结构都可以作为衍射光栅。光栅型波分复用/解复用器种类很多，下面只介绍一种体型平面或曲面光栅 WDM，如图 8-11 所示。

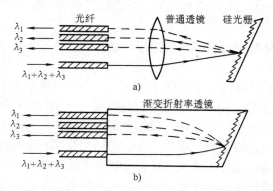

图 8-11　体型光栅波分复用/解复用器

体型平面或曲面光栅波分复用/解复用器是采用在 Si 衬底上沉积环氧树脂后制造成光栅。输入光纤输入的多波长光信号经普通透镜或棒透镜聚焦在反射光栅上，反射光栅将各波长的光分开；然后，经透镜将各波长的光聚焦在各自的输出光纤，实现了多波长光信号的分接；反之，也可实现各个波长的复合。

（4）集成光波导型

集成光波导型 WDM 器件是以光集成技术为基础的平面波导型器件，具有一切平面波导技术的潜在优点，如适于批量生产，重复性好，尺寸小，可以在光掩模过程中实现复杂的光路，与光纤的对准容易等优点。目前集成光波导型 WDM 器件已有不少实现方案。一种典型的结构是平面波导选路器，由两个星形耦合器经 M 个非耦合波导构成，耦合波导不等长从而形成光栅。两端的星形耦合器由平面设置的两个共焦阵列径向波导组成。这种波导型 WDM 器件十分紧凑，通路损耗差小，隔离度可达 25dB 以上，通路数多，易于生产。但目前还存在着诸如对温度和极化敏感等缺点，但长远来看具有很好的发展前途。图 8-12 给出了一个集成光波导型 WDM 器件示例。

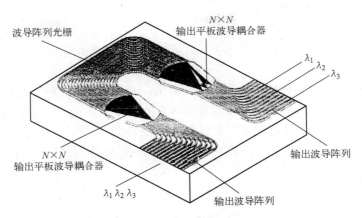

图 8-12　集成光波导型波分复用/解复用器

2. 波分复用/解复用器件性能

波分复用/解复用器是一种有波长选择的耦合器，它的性能及评价方法与普通耦合器有相似之处，但也有不同之处。

（1）插入损耗 L_i

指某特定波长的光信号，通过波分复用/解复用器后的功率损耗，也即因增加了波分复用/解复用器件而产生的附加损耗。对于 $1 \times N$ 波分复用器件，其插入损耗的最坏值可以用下式来估计

$$L_i = 1.5 \log_2 N \tag{8-1}$$

插入损耗包括两个方面：一是器件本身存在的固有损耗，另外就是由于器件的接入在光纤线路的连接处产生的接续损耗。

（2）隔离度（串扰）C_{ij}

串扰就是其他信道的信号耦合进某信道，并使该信道的传输质量下降的程度，可用隔离度表示。对于解复用器，有

$$C_{ij} = -10 \lg \frac{P_{ij}}{P_i} \tag{8-2}$$

式中，P_i 是波长为 λ_i 的光信号的输入光功率；P_{ij} 是波长为 λ_i 的光信号串入到波长为 λ_j 的信道的光功率。

在系统应用要求中，希望信道之间的串扰越小越好，也即信道间的隔离度越大越好。信道间的串扰大小不仅与 WDM 的设计和制造有关，还与所用的光发送机的光源谱线宽度有关。谱线宽度越窄的光源，串扰越小，其影响可以忽略不计。但对谱线宽度较宽的光源，其影响不可忽视，它将影响接收机的灵敏度。

（3）回波损耗 RL

回波损耗是指从复用器的输入端口返回的光功率 P_r 与发送进输入端口的输入光功率 P_i 之比。

$$RL = -10\lg\frac{P_{\mathrm{r}}}{P_{\mathrm{i}}} \qquad\qquad (8-3)$$

在系统中要求回波损耗越大越好。

（4）工作波长范围

工作波长范围是指 WDM 器件能够按照规定性能要求工作的波长范围。

（5）通路带宽

通路带宽是指分配给某一特定光源的波长范围。考虑到实际光波长与标称波长的偏差，环境温度变化会引起激光器波长的变化，光源本身的谱线宽度，待传送的光信号的速率等，因而波分复用系统中光源的通路带宽应足够宽，即相邻的光源波长之间的间隔应足够大才能避免不同光源之间的串音干扰。间隔非常密集的系统有时也称为光频分复用系统（OFDM）。

8.3.3 光波长转换器

1. OTU 原理

DWDM 系统根据光接口的兼容性可以分为开放式和集成式两种系统结构。集成式系统要求接入光接口满足 DWDM 光接口标准（即 ITU-T G.692 波长标准），开放式系统在波分复用器前加入了波长转换器（OTU）或光转发器，将 SDH 光接口（即 ITU-TG.957）转换成符合 ITU-TG.692 规定的接口标准。可见，OTU 的基本功能是完成 G.957 到 G.692 的波长转换功能，使得包括 SDH 在内的各类不具备 WDM 标准波长的光纤通信系统能够接入 WDM 系统，如图 8-13 所示。

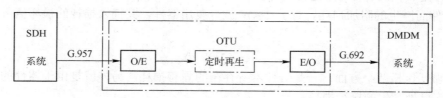

图 8-13　OTU 应用示例

另外，OTU 还可以根据需要增加定时再生的功能。没有定时再生电路的 OTU 实际上只是完成波长转换，适用于传输距离较短，仅以波长转换为目的的情况，一般用在 WDM 网络边缘完成 SDH 的接入。有定时再生系统电路的 OTU 可以被置于数字段之上，作为常规再生中继器（REG）使用，以简化网络。

OTU 实现的最常用的方法是光/电/光方式，即先由光敏二极管 PIN 或者 APD 把接收到的光信号转换为电信号，经过定时再生后，产生再生的电信号和时钟信号，再用该信号对具备 WDM 标准波长的激光器重新进行调制，从而得到新的符合要求的标准光波长信号。

2. OTU 应用场合

（1）在发送端使用 OTU

图 8-14 为发送端使用 OTU 的示意图。在发送端 OTU 位于具有 G.957 接口的 SDH 设备与波分复用器之间。图中 S_1，$S_2\cdots$，S_n 是符合 WDM 系统要求的 SDH 接口。当把符合 G.957 的发送机和 OTU 结合起来作为 G.692 光发送机时，参考点 S_n 位于 OTU 输出光连接器后面。

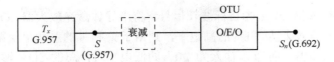

图 8-14　发送端 OTU 的应用示意图

（2）在中继器中使用 OTU

图 8-15 给出了使用 OTU 作为再生中继器的示意图。其中 S_1，$S_2\cdots$，S_n 是符合 WDM 系统要求的 SDH 接口。而作为再生中继器使用的 OTU 除执行光/电/光转换、定时再生功能外，还需要具有对某些再生段开销字节进行监控的功能。

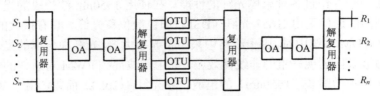

图 8-15　有再生中继功能的 OTU 的应用示意图

（3）在接收端使用 OTU

图 8-16 给出了在接收端使用 OTU 的示意图。其位置位于具有 G.957 接口的 SDH 接收机前面。图中 S_1，$S_2\cdots$，S_n 是符合 WDM 系统要求的 SDH 接口。OTU 输出符合 G.957 输出特性的光信号，G.957 接收机参考点位于 OTU 输出光连接器后面。

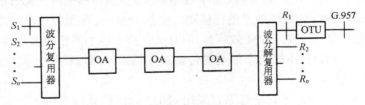

图 8-16　接收端 OTU 的应用示意图

3. 全光 OTU

由上述不难看出，光/电/光方式 OTU 的基本结构中需要包括检测器和光源及驱动电路等，因此具备 OTU 的 WDM 系统的结构很复杂，价格也较高。如何实现全光方式的波长变换成为急需解决的问题。实现全光的 OTU 目前主要有三种方法，即基于交叉增益调制 XGM、基于交叉相位调制 XPM 和基于四波混频 FWM。以下仅以基于 XGM 的 OUT 为例加以介绍，其基本结构如图 8-17 所示。

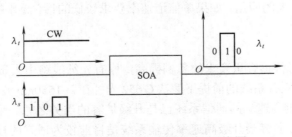

图 8-17　基于 XGM 原理 OTU 示意图

图中 λ_s 为原始输入信号，λ_t 为目标波长信号。将半导体激光放大器 SOA 设置在略低于饱和状态，此时若输入信号 λ_s 为"1"的高电平，则由于 λ_s 和 λ_t 的总功率使得 SOA 处于输入饱和状态，没有放大光输出；而当 λ_s 输入为"0"的低电平时，总的 SOA 输入信号电平处于线性工作区，信号得到有效放大，这样在 SOA 的输出端即可得到目标波长 λ_t 的信号，其信号电平与原始信号恰好互补。

8.3.4 光纤传输技术

1. 光纤选型

在第 2 章中已经介绍过各种单模光纤的性能。在使用 1550nm 波长段的光纤通信系统中，对单波长、长距离的通信采用 G.653 光纤（DSF，即色散位移光纤）具有很大的优越性。但当 G.653 光纤用于 WDM 系统中时，由于线路中采用了光放大器，光纤中传播的光功率大大增加，这就会在零色散波长区出现严重的非线性效应，其中四波混频 FWM 对系统的影响尤为明显。

对于工作于零色散波长（1550nm）的色散位移光纤（G.653）而言，由于 WDM 中同时传输的各个波长具有相同的初始传输相位，四波混频现象较严重。同时，由于 WDM 系统中一般采用等间隔布置波长，这也使得 FWM 效应产生的大量寄生波长或感生波长与初始的某个传输波长一致，造成严重的干扰。

如在已有的 G.653 光纤线路上开通 WDM 系统，一般可以采用非等间隔布置波长和增大波长间隔等方法。但总体来看，G.653 光纤不适合于高速率、大容量、多波长的 WDM 系统。

为了有效抑制四波混频效应，可以选择 G.655 非零色散位移光纤（NZ DSF）。G.655 光纤的特点是将色散位移光纤的零色散点进行移动，使在 1550nm 范围内色散值较小，且不为零。这样既避开了零色散区（避免 FWM 效应），同时又保持了较小的色散值，利于传输高速率的信号。而为了适应 WDM 系统单个信道的传输速率需求，可以使用偏振模色散性能较好的 G.655B 和 G.655C 光纤。

从系统成本角度考虑，尤其是对原有采用 G.652 光纤的系统升级扩容而言，在 G.652 光纤线路上增加色散补偿元件以控制整个光纤链路的总色散值也是一种可行的办法。G.652 具有成本低、制造和施工工艺成熟等优点，特别是对于一些较短距离的 WDM 系统（如省内或城域系统）而言仍是一种较好的选择，此时可以采用色散补偿光纤 DCF 等多种色散补偿技术。但需要指出的是，当 WDM 系统中单信道的速率达到 40Gbit/s 及以上时，在 G.652 光纤中开通 WDM 系统所需的色散补偿将会非常复杂且昂贵，因此一般限于 10Gbit/s 及以下速率系统。

从长远来看，未来 WDM 系统中可能会利用整个 O、S、C 和 L 波长段，因此色散平坦光纤 G.656 可能会得到较大的应用，如果单信道速率要求较低的话，无水峰的 G.652C 和 G.652D 也可以选择。

2. 色散补偿技术

随着现代通信网对传输容量要求的急剧提高，原有光纤线路中大量使用的 G.652 光纤已不能适用，如何在保留原有系统的前提下解决 G.652 光纤在 $\lambda=1550nm$ 波长下的色散受限问题，应用 WDM 技术开通更高速率的通信系统已是升级扩容的当务之急。采用波分复用和色散补偿技术在现有光纤系统上直接升级高速率传输系统是目前较为适宜的技术方法。下面介绍几种较成熟的或具有广泛应用前景的色散补偿技术。

（1）色散补偿光纤

色散补偿光纤（DCF）是目前较成熟、应用较广泛的色散补偿技术。其原理是利用和传输光纤色散系数符号相反的色散补偿光纤补偿传输光纤的色散。

对光纤一阶群速度色散（GVD）完全补偿的条件为

$$D_t(\lambda)L_t + D_c(\lambda)L_c = 0 \tag{8-4}$$

式中，$D_t(\lambda)$ 是传输光纤在波长 λ 处的色散系数；$D_c(\lambda)$ 是色散补偿光纤在波长 λ 处的色散系数；L_t 是传输光纤的长度；L_c 是色散补偿光纤的长度。

如需考虑光纤二价色散，则应满足

$$D_t'(\lambda)L_t + D_c'(\lambda)L_c = 0 \tag{8-5}$$

此时二价色散也可获得补偿，但式（8-5）不可能在所有波长上得到满足。$D_t'(\lambda)$ 和 $D_c'(\lambda)$ [$D' = dD/d\lambda$]是传输光纤和色散补偿光纤的二阶色散系数，也称色散斜率。

光纤型色散补偿技术大体可分为两类：

1）基于基模（LP_{01} 模）的单模色散补偿光纤（Dispersion Compensation Fiber，DCF）的补偿技术。其基本原理是纤芯为高折射率，纤芯周围设有不同折射率的多包层结构以增强 LP_{01} 模的负波导色散。

2）基于高阶模（LP_{11} 模）的双模 DCF 补偿技术。它是利用在截止波长附近工作的 LP_{11} 模有很大负色散的特点来实现色散补偿的。就目前的研究水平而言，DCF 的技术已经比较成熟，国内外都已经有实际应用的报道。

定义 DCF 的品质因数（Figure of Merit，FOM）为

$$\text{FOM} = \frac{D}{\alpha} \tag{8-6}$$

式中，FOM 是品质因数，单位为 ps/(nm·dB)；D 是色散系数，单位为 ps/(nm·km)；α 是衰减系数，单位为 dB/km。

FOM 是 DCF 的重要参数，可以用来对不同类型的 DCF 进行性能比较。色散补偿光纤的优点是：无源器件，性能稳定、可靠，安装容易（目前已有商用模块出售），可以很方便地对现有系统进行升级。同时 DCF 具有较宽的带宽，适用于 DWDM 系统的宽带色散补偿。缺点是损耗较大，必须附加光放大器补偿色散补偿光纤的损耗。目前 DCF 的品质因数还不能做得很高，约-100～-250ps/（nm·dB）。此外，由于结构的限制，难以获得大的正色散系数补偿光纤。而且，色散补偿光纤的芯径较细，光纤的非线性效应显著，使用时应控制其入纤功率或仔细选择其安装位置。它仅能补偿光纤色散，对光纤非线性（自相位调制）效应无补偿作用。

（2）预啁啾技术

啁啾（chirp）是指产生光脉冲（包括调制）时引入的附加线性调频，也即光脉冲的载频随时间变化。预啁啾技术（Pre-chirp）是在发送端引入预啁啾（和传输光纤色散引起的啁啾相反），使发送的光脉冲产生预畸变，结果经光纤传输后抵消传输光纤色散引起的啁啾，延长了传输距离。图 8-18 给出了预啁啾技术原理。对光纤传输系统，假定发送的光脉冲无啁啾，如图 8-18a 所示。脉冲经光纤传输后，由于光纤的色散效应，不仅造成光脉冲的展宽，也使得光脉冲出现啁啾，如图 8-18b 所示。光脉冲在某一传输距离处达到系统

性能所限定的宽度，该距离即为系统最大无中继传输距离。如果在发送端对光脉冲施加预啁啾，即使得发送光脉冲出现和光纤色散造成的脉冲啁啾相反的啁啾，如图 8-18c 所示，则经光纤传输后，由于光纤色散，脉冲啁啾将逐渐消失（两种相反的啁啾互相抵消），脉冲出现压缩，如图 8-18d 所示。再经光纤传输后，色散又造成光脉冲的展宽，逐渐恢复到发送脉冲的宽度，脉冲出现啁啾，如图 8-18e 所示。之后脉冲将继续展宽，在更长的传输距离处达到限定的宽度，如图 8-18f 所示。显然，采用预啁啾技术可以延长系统的无中继传输距离。

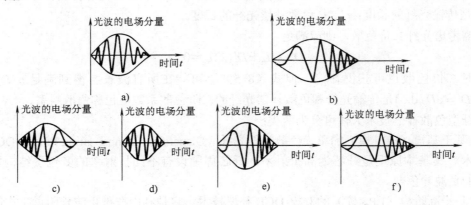

图 8-18 预啁啾技术原理

预啁啾可以在光源（半导体激光器）中引入，也可以在外调制器以及在后置功率放大器（半导体激光放大器）中引入。其优点是无需改动系统的传输和接收部分。缺点是增大了发送端的复杂程度。且只能补偿光纤的线性色散，补偿的距离有限。可补偿的距离和系统的传输速率以及施加预啁啾器件的性能密切相关。

（3）色散均衡器

典型的色散均衡器是利用与光纤相反色散特性（相反群时延斜率）的器件补偿光纤色散。色散均衡的种类有许多。这里介绍啁啾光纤光栅和 F-P 腔色散均衡器两种。

1）啁啾光纤光栅

啁啾光纤光栅（Chirped Fiber Grating）是在光学波导上刻出一系列不等间距的光栅，光栅上的每一点都可以看成是一个本地布拉格波长的通带和阻带滤波器，不同波长分量光在其中传输的时延不同，且与光纤的色散引起的群时延正好相反，从而可补偿由于光纤色散引起的脉冲展宽效应。

啁啾光纤光栅的优点是体积小，插入损耗低。啁啾光纤光栅是一种窄带器件，尽管它带宽窄且具有非周期性的频率特性，但采用串接具有不同啁啾特性的光纤光栅的方式可以扩大其带宽，也可应用多波长系统。由于啁啾光纤光栅的色散量和其带宽的乘积为常数，因此要补偿的光纤的长度越长，通常光栅的长度也应越长，以保证其有足够大的色散量。这除了会增加光栅的制作难度外，还会降低其带宽，从而限制了它的使用范围。但可采用级联方式增加其可补偿光纤的长度。

啁啾光纤光栅的缺点是在实际应用的时候对外界的温度、振动等变化比较敏感，从而对其在工程中的应用有一定的限制。

2）F-P 腔色散均衡器

F-P 腔全通色散均衡器的基本结构如图 8-19 所示。

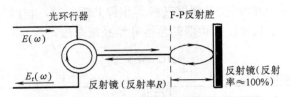

光环行器　　　　　　F-P反射腔

$E(\omega)$

$E_r(\omega)$　　　　反射镜（反射率R）　　反射镜（反射率≈100%）

图 8-19　F-P 腔全通色散均衡器的基本结构

当入射波电场 $E(\omega)$ 从光环行器入射经 F-P 腔多次反射和透射后，从环行器的输出口输出。出射波电场为 $E_r(\omega)$，则在忽略光环行器的插入损耗的条件下，全通均衡器的时延特性可表示为

$$\tau(\omega) = -\frac{d\Phi(\omega)}{d\omega} = T\frac{1-R}{1+R-2\sqrt{R}\cos\omega T} \tag{8-7}$$

或

$$\tau(\lambda) = T\frac{1-R}{1+R-2\sqrt{R}\cos\dfrac{4\pi d}{\lambda}} \tag{8-8}$$

式中，R 是 F-P 腔前镜反射率；D 是 FP 腔的腔长；T 是入射波在腔内来回反射一次的时延，$T=2d/c$；c 是真空中的光速；ω 是入射波的角频率；λ 是真空中的光波长。

由式（8-8）可见，光均衡器的时延特性随光波长重复变化，当满足 $\omega T = 2n\pi$ 时 $\tau(\omega)$ 取得最大值，据此可获得 F-P 反射腔的谐振波长

$$\lambda_n = \frac{2d}{n} \qquad (n=1,2,3,\cdots) \tag{8-9}$$

图 8-20 和图 8-21 给出了 F-P 腔全通均衡器色散补偿的时延特性曲线和实用 F-P 全通均衡器的结构框图。F-P 腔色散均衡器的优点是体积小，插入损耗较低，且具有周期性的频率特性，可应用于多波长系统。缺点是带宽窄，仅适用于 10Gbit/s 速率系统。不能完全补偿光纤色散，且补偿距离有限（约 100km 左右）。

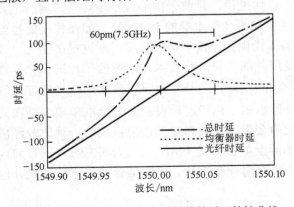

60pm(7.5GHz)

时延/ps

－－·总时延
········均衡器时延
———光纤时延

1549.90　1549.95　1550.00　1550.05　1550.10
波长/nm

图 8-20　F-P 腔全通均衡器色散补偿的时延特性曲线

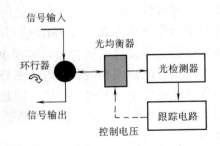

信号输入

环行器　　光均衡器　　光检测器

信号输出

控制电压　　跟踪电路

图 8-21　实用 F-P 全通均衡器的结构框图

（4）光相位共轭色散补偿

光相位共轭（OPC）色散补偿法又称中间频谱反转法。光相位共轭器是利用光介质中的

非线性效应——"四波混频"获得输入光脉冲的频谱反转脉冲，即相位共轭脉冲。光相位共轭色散补偿是在两根长度和色散特性相同的传输光纤之间插入光相位共轭器，经第一根光纤传输后发生畸变的信号脉冲经相位共轭器转换为相位共轭脉冲，再经第二根光纤的传输而被整形恢复。图 8-22 示出了光相位共轭器的色散补偿系统原理。

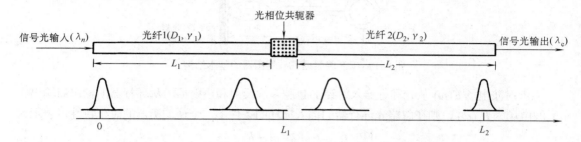

图 8-22　光相位共轭器的色散补偿系统原理

实现光四波混频的非线性介质主要有半导体激光（放大）器、零色散光纤（色散位移光纤）。OPC 色散补偿的优点是可以完全补偿光纤的二阶色散（正或负色散），对光纤中的非线性效应（自相位调制）也有一定的补偿能力，可实现对信号的透明转换，即信号的具体格式对光相位共轭转换过程无任何限制。理论上只要一个光相位共轭器就可以补偿任意长度光纤的色散。无需对发送和接收端进行改造。其缺点是结构复杂，对输入光和泵浦光波长的稳定性和偏振态要求比较苛刻，从而造价高。

3.　偏振模色散（PMD）补偿技术

光纤中存在的残余应力会产生偏振模色散（PMD），信号在光纤中传输时两个垂直分量之间会产生延迟，从而使信号脉冲展宽。当 PMD 引起的展宽过大时，就会导致误码率显著增加、系统性能严重劣化。理论研究和实践已经证明，当光通信脉冲传输码率达到 10Gbit/s 以上时，偏振模色散对高码率光通信系统的影响显得十分突出。因此在长距离、高速光纤通信系统中，PMD 是限制传输速率和距离的一个主要因素，所以必须设法减小或消除光纤 PMD 对传输系统性能的影响。总体来说，目前采用的减小 PMD 影响的主要的手段有以下两个：一是改进制造技术，尽量减小光纤本身的 PMD 值。如在传统的拉丝过程中，加入旋转预制棒工艺，增加随机偏振模耦合，减小相干长度。通过提高工艺，改善光纤对称性，减小光纤本征双折射，以及用外部气相沉积技术和超纯的气相沉积化学物品制造新型单模光纤（其 PMD 值可小于（$0.2\mathrm{ps}/\sqrt{\mathrm{km}}$），基本上可以满足当今光通信系统及网络的需求。另一种方法是采用 PMD 补偿机制。由于已敷设的大量标准单模光纤在短期内还不可能被完全取代，为了充分利用已有资源，发展高速光通信系统的一种比较经济的方法就是对 PMD 进行补偿。因此，在国际上如何补偿 PMD 已成为研究热点。目前，用于 PMD 补偿的技术有很多，概括起来主要有电补偿方法、光电结合补偿方法和光补偿方法。

（1）PMD 的电补偿方法

PMD 的电补偿方法就是在光信号通过接收变成电信号后，让电信号通过非线性补偿判决电路。该判决电路的阈值可以根据信号间干扰的程度进行调节，以增加信噪比，减少误码率。电补偿方法实用方案较多，典型的有以下几种：

1）方案一

补偿原理如图 8-23 所示。电子均衡补偿器是通过抽头式延迟线来实现的，延迟线上的信号幅度可以通过可调衰减器来加以调节。传输后的信号被线性光接收机接收后，通过功率分解器分成三路，各路信号引入不同的时间延迟以对信号进行补偿，改变 T 的大小可以调节补偿范围，三路信号通过不同的权重（第二路为负值）叠加后一起输出。通过调节衰减器可以改变各路信号幅度。

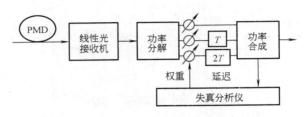

图 8-23　电补偿方案一的原理图

2）方案二

补偿原理如图 8-24 所示，其中截断滤波器（Transversal Filter，TF）是一个线性均衡器，每个延迟器产生大约 T_c=55ps 的延迟，然后 8 个不同延迟和权重的信号叠加在一起形成输出信号。判决反馈均衡器（Decision Feedback Equalizer，DFE）是一个非线性均衡器。据相关文献报道，在没有补偿的情况下，差分群时延（DGD）为 50ps 时，系统功率代价为 3dB，DGD 为 75ps 时，系统功率代价急剧上升到 10dB；利用 DFE 进行色散补偿后，当 DGD 达到 100ps 时，系统功率代价仅为 7.5dB；利用 TF 补偿，补偿效果比 DFE 要好；而利用 TF+DFE，效果则更好，当 DGD 为 80ps 时，利用 TF+DFE 时，系统功率代价仅为 3dB。

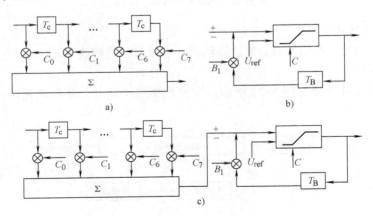

图 8-24　电补偿方案二的原理图

电补偿器的特点是结构紧凑和多功能性，但需要高速电子器件，对传输速率达到和超过 40Gbit/s 的系统不适用。电补偿相对光补偿来说，主要优点是性能稳定，技术相对比较成熟，可能最先实现实用化，现在 10Gbit/s 传输系统的色散和偏振模色散电域补偿技术已经得到实现。

（2）PMD 的光电结合补偿方法

1）方案一

补偿原理如图 8-25 所示，首先色散信号经过偏振控制器（PC）和偏振分光器（PBS）被分解成两个基本偏振模，分别被光接收机接收，转化为电信号后，进行时延补偿，最后两路信号叠加在一起输出。

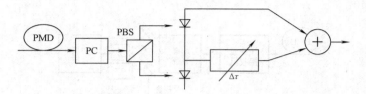

图 8-25　光电补偿方案一原理图

2）光电补偿方案二

补偿原理如图 8-26 所示，主要装置为一个偏振控制器、光补偿器和一个电均衡器。色散信号经过光补偿器补偿后，进入 TF+DFE 均衡器，经过均衡补偿后输出。文献报道，单独利用该补偿装置中的光补偿器时，系统功率代价为 1.8～3.8dB，而利用光电补偿装置时，系统功率代价低于 1.8dB。

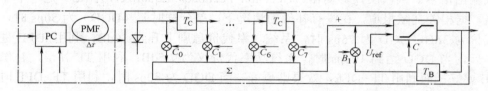

图 8-26　光电补偿方案二原理图

（3）PMD 的光补偿方法

当前光偏振模色散补偿领域研究比较活跃，也是最有望解决 40Gbit/s 以上高速光通信系统的偏振模色散补偿方案。

一个完整的光补偿器如图 8-27 所示，主要包括三个部分：补偿单元、反馈信号和控制单元。

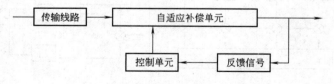

图 8-27　偏振模色散光补偿器结构图

补偿单元是偏振模色散补偿器的核心，它必须具有与传输线路中偏振模色散相反的作用，且时延可调。一般包括偏振控制器 PC 和时延线 $\Delta\tau$，时延线通常是高双折射光纤、光学波片等。偏振模色散补偿器对该单元的要求是必须具有快速的响应时间，其时延变化的延迟时间必须远远小于整个补偿器的响应时间，以便留给控制单元足够的时间处理反馈信号。最常用的技术就是采用 LiNbO₃ 晶体偏振控制，它具有非常好的电光响应特性。

反馈信号是指在当前光纤偏振模色散情况下光纤传输系统的信号劣化程度，描述一个系统的传输性能的参数有很多种，用于提供偏振模色散补偿反馈信号的参数一般有以下 4 种：

1）电 Q 值或眼图张开度。

2）偏振度（DOP）。

3）基带射频（RF）信号谱。

4）固定偏振方向的输出功率。

控制单元是联系反馈信号和补偿单元的关键部分，它根据提供的反馈信号来不断地调节补偿单元的时延差和偏振态，寻找局部最优解，优化输出信号。缺点是局部的最优输出信号也许不是经过完全偏振模色散补偿后的全局性最优信号，因此，控制单元必须有一个快速收敛的优化控制算法。

PMD 的光补偿方法还可以进一步分为一阶和高阶补偿。

在光补偿方法中，新型光学器件也是补偿 PMD 的重要手段，其中利用由高双折射光纤制成的非线性啁啾光纤光栅（Hi-Bi-NLCFBG）有较好的补偿效果，引起人们的关注。

从以上补偿方案可以看出，电补偿方式技术成熟，容易与光接收机集成，但是只能在接收端进行而且还必须对高速电信号进行处理；光电结合的补偿方式可以利用光补偿和电补偿两者的优势，具有很好的补偿效果，但是该方式一般都是结构庞大，不容易集成。光补偿方式具有灵活、方便、易于集成等优点，补偿速率高，还能方便集成一些新型光学器件（如非线性啁啾光纤光栅等），是高速光通信系统的很有前途的补偿方式。

4. 色散均衡技术

在原有采用 G.652 光纤的系统中，采用色散补偿技术只能实现整个链路或者其中部分数字段的总色散为零，但是由于色散补偿元件是分段式的使用的，这就可能造成光纤链路的色散值呈现起伏波动的情况，这也不利于 WDM 系统。因此需要引入色散均衡技术，在保证整个链路色散最小的同时，中间任意数字段的色散起伏都不会很大。可行的方法有将 G.652 光纤和 G.655 光纤混合使用，或将色散值为"+"、"-"的 G.655 光纤交替使用。

8.3.5　光放大器增益钳制技术

WDM 系统中，个别波长通道的故障或者波长上下路等网络配置的更改，都会引起光纤链路中实际传输波长数量的变化，光功率也随之变化。为了保证每个波长通道的输出功率稳定，光放大器的增益应能随实际应用的波长数进行自动调整，即需要光放大器的泵浦源输出功率能够随着输入信号的变化进行自动调整。光放大器的增益钳制技术就是指当输入功率在一定范围内变化时，光放大器的增益随之变化并使得其他波长通道的输出功率保持温度的技术。

光放大器的增益钳制实现机制主要包括总功率控制法、饱和波长法、载波调制法和全光增益钳制法等。

总功率钳制法是对光放大器的总输入功率和总输出功率进行监视和分析比较，估算光放大器的实际增益，通过反馈控制算法自动调节光放大器的泵浦源驱动电流，从而实现改变光放大器的增益。

饱和波长法的基本原理是使用 WDM 系统中一个不携带信号的波长通道（称为饱和波长），并将其与其他携带业务的工作波长一起加到光放大器的输入端。当所有波长通道中出现波长数增加时，减小饱和波长的光功率；当出现波长数减少时，增加饱和波长的光功率。

载波调制法不需要使用波长选择滤波器，其基本工作原理是利用信号光正弦副载波调制或泵浦光低频调制。以泵浦光低频调制实现机制为例：在泵浦光源的直流驱动电流中附加一个幅度恒定的低频交流分量，则其输出光功率也可以分解为一个直流分量和一个交流分量。当光放大器的增益恒定时，其输出端检测到的交流分量幅度也应该恒定，因此根据该交流分量的幅度变化即可判断光放大器的增益变化，并使用该交流分量作为光放大器的增益控制信号，实现增益的锁定。

全光增益钳制适用于 EDAF,其通过光反馈使得某个波长的 ASE 噪声形成增益控制信号，使得掺铒光纤中的粒子数反转程度钳制在一个固定的水平，从而保证 EDFA 的增益恒定。

8.3.6 光监控信道技术

在使用光放大器作为中继器的 WDM 系统中，由于光放大器中不提供业务信号的上下，同时在业务信号的开销位置中（如 SDH 的帧结构）也没有对光放大器进行监控的冗余字节，因此缺少能够对光放大器以及放大中继信号的运行状态进行监控的手段。此外，对 WDM 系统的其他各个组成部件的故障告警、故障定位、运行中的质量监控、线路中断时备用线路的监控等也需要冗余控制信息。为了解决这一问题，WDM 系统中通常采用的是业务以外的一个新波长上传送专用监控信号，即设置光监控信道（OSC）。

光监控信道的设置一般应满足以下几个条件：

1）OSC 的波长不应与光放大器的泵浦波长重叠。

2）OSC 不应限制两线路放大器之间的距离。

3）OSC 提供的控制信息不收光放大器的限制，即线路放大器失效时监控信道应尽可能可用。

4）OSC 传输应该是分段的，且具有均衡放大、识别再生、定时功能和双向传输功能，在每个光放大器中继站上，信息能被正确地接收下来。

5）只考虑在两根光纤上传输的双向系统，允许 OSC 在双向传输，以便若其中一根光纤被切断后，监控信息仍然能被线路终端接收到。

目前常用的光监控信道设置方案有以下两种：

（1）带外波长监控技术

对于使用光放大器作为线路放大器的 WDM 系统，需要一个额外的光监控信道。ITU-T 建议采用一个特定波长作为光监控信道，传送监测管理信息。此波长位于业务信息传输带宽之外时可选用（1510±10）nm。由于是位于光放大器的增益带宽 1530～1565nm 之外，所以称为带外波长监控技术。如图 8-28 所示。监控信号不能通过光放大器，必须在光放大器前取出（下光路），在光放大器之后插入（上光路）。由于带外监控信道的光信号得不到光放大器的放大，所以传送的监控信息的速率可以低一些，一般取为 2048kbit/s，一般 2048kbit/s 系统的接收灵敏度优于-50dBm，所以虽不经过光放大器放大也能正常工作。

监控信道的接口参数如表 8-6 所示。

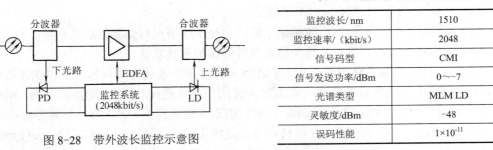

图 8-28　带外波长监控示意图

表 8-6　监控信道的接口参数

监控波长/ nm	1510
监控速率/（kbit/s）	2048
信号码型	CMI
信号发送功率/dBm	0～-7
光谱类型	MLM LD
灵敏度/dBm	-48
误码性能	1×10^{-11}

（2）带内波长监控技术

选用位于 EDFA 增益带宽内的波长 $1532 \pm 4.0\text{nm}$ 作为监控信道波长。此时监控系统的速率可取为 155Mbit/s。尽管 1532nm 的波长已处于 EDFA 增益平坦区边缘的下降区，但因 155Mbit/s 系统的接收灵敏度优于 WDM 系统中各信道的接收灵敏度，所以监控信息能够正常传输。需要指出的是带内波长监控方案中，光监控信道的正常工作与否受到光放大器的限制，因此使用中的灵活性不如带外监控技术方案，一般不使用。

（3）带内带外联合监控技术

可以将带内和带外波长监控技术联合起来使用，以获得更好的监控性能，但缺点是系统结构较为复杂。

（4）光监控信道的保护

当光缆整个被切断时，造成光监控信道双向都被中断，使网元管理系统无法正常得到监控，此时可通过数据通信网（DCN）传输监控信息，达到保护监控信道的目的。

需要指出的是尽管采用了监控波长技术，但是 WDM 系统能监控和管理的信息仍然较少，这和 WDM 系统仅仅是将多个不同波长信号复用/解复用，并没有进行任何处理的特点有关。ITU-T 已经在光传送网 OTN 的相关建议中提出了采用数字包封技术（Digital Wrapping，DW），为 WDM 系统提供类似于 SDH 的在线监控技术。

8.4　WDM 设备与组网

8.4.1　WDM 设备类型及应用场合

WDM 系统中的设备类型主要包括光交叉连接（OXC）和光分插复用器（OADM），其作用类似于 SDH 系统的 DXC 和 ADM 网元。

1. 光交叉连接（OXC）

OXC 节点的功能类似于 SDH 网络中的数字交叉连接设备（DXC），不同的是 OXC 是以光波长信号为操作对象在光域上实现业务交叉，无需进行光电 / 电光转换和电信号处理。OXC 的功能主要包括：

1）路由和交叉连接功能：将来自不同链路的相同波长或不同波长的信号进行交叉连接，在此基础上可以实现波长指配、波长交换和网络重构。

2）连接和带宽管理功能：响应各种形式的带宽请求，寻找合适的波长通道，为到来的业务量建立连接。

3）指配功能：完成波长指配和端口指配。

4）上下路功能：在节点处完成波长上下路，实现本地节点与外界的信息交互。

5）保护和恢复功能：提供对链路和节点失效的保护和恢复能力。

6）波长变换功能：WDM 系统中可能会出现不同系统的波长冲突问题，难以保证端到端的业务使用固定的波长，因此在某些可能发生冲突的节点处通过 OTU 实现波长转换，即可实现端到端的虚波长通道（Virtual Lightpath），实现虚波长通道也是 OXC 的一个重要功能。

7）波长汇聚功能：在 WDM 系统的特定节点处将不同速率或者相同速率的、去往相同方向的低速波长信号进行汇聚，形成一个更高速率的波长信号，在网络中进一步传输。

8）组播和广播功能：从任意输入端口来的波长广播到其他所有的输出链路或波长信道上去，或发送到任意一组输出端口上去。

9）管理功能：光交叉连接节点必须具有较完善的性能管理、故障管理、配置管理等功能，具有对进、出节点的每个波长进行监控的功能等。

OXC 主要由光交叉连接矩阵、波长转换接口以及管理控制单元等模块组成。OXC 的结构有多种，典型的有基于空间交换的 OXC 结构和基于波长变换的 OXC 结构两种。

2. 光分插复用器（OADM）

OADM 的功能类似于 SDH 网络中的数字交叉复用设备（ADM），它可以直接以光波长信号为操作对象，利用光波分复用技术在光域上实现波长信道的上下。

OADM 主要功能包括：

1）波长上下。

2）业务保护。

3）波长转换。

4）管理功能。

光分插复用（OADM）设备和光交叉连接（OXC）设备是 WDM 系统中最主要的设备，其中 OXC 是最典型的 WDM 光传送网的网元设备，是构成骨干的网状或网状 WDM 网络的必需设备，而 OADM 可以认为是 OXC 在功能和结构上的简化。

8.4.2　WDM 网络结构

从光网络选路方式上划分有两种典型的网络结构，广播选择网和波长选路网。

广播选择网是 WDM 网络的一种形式，一般采用无源星形、总线型光耦合器或波长路由器实现本地应用。广播选择网又可以分为单跳和多跳两种网络，单跳是指网络中的信息传输以光的形式到达目的地，信源与信宿间无需在中间节点进行光电转换，而多跳网络信号可在中间节点进行再生及波长变换，信号必须经多个节点的中继后才能到达信宿节点。

广播选择单跳网可有星形和总线型结构，如图 8-29 所示。星形结构中 N 组收发送机和一个星形耦合器相连，而总线型结构中 N 组收发送机通过一个无源总线相连，每个发送机采用一个固定的波长发送信息，经耦合器或总线汇集，然后分流到达各个节点接收端。接收端的每个节点都用可调谐接收器选择滤波出寻址到自身的那个波长，此时的接收机需要把接收波长调谐到所要接收信息的发送波长上，这就要用到某种介质访问控制协议（MAC 协议）。

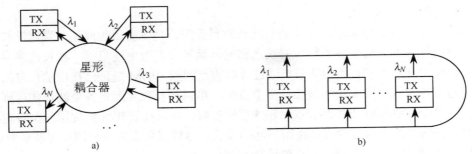

图 8-29　广播选择单跳网

1．广播选择单跳网

这种配置除了可以支持点到点链路外，还可以支持一个发送机对多个节点发送相同信息的多播和广播业务。这种网络的好处就是对协议的透明性，即不同的通信节点集合可以采用不同的信息交换规则（协议），而不受网络中其他节点的影响。由于星形耦合器和光纤链路都是无源的，所以这种网络很可靠，而且易于控制。缺点是这种方案浪费了较多的光功率，因为每一个要传输的光信号能量几乎都被平分到网络中的所有节点上了；另外每个节点都需要一个不同的波长，使节点数目受到限制，并且各节点之间需要仔细协调不同的动态过程，当两个站向一个站发送信息时，要避免信息流碰撞。

2．广播选择多跳网

多跳网的设计可以有效避免单跳网中需要快速可调谐激光器或光滤波器的缺点。多跳网一般没有各个节点对之间的通道，每个节点都有少量的或固定的可调光发送机和接收机。图 8-30a 是一个采用 4 节点的广播选择多跳网的例子。每个节点有两个固定波长的发送，另两个固定波长的接收。各站只能向可以调谐接收其发送波长的那些节点直接发送信息，而发往其他站的信息不得不通过中转进行路由。

广播选择多跳网的一个典型传输方案如图 8-30b 所示，消息以分组的形式发送，每个分组都由首部和数据域构成，其中首部包含源和目的标识符（如路由信息）以及其他控制比特。在每个中间节点，光信号都将转换成电信号，并且将地址首部进行解码，以检查其中的路由信息，由该信息决定分组的去向。利用这种路由信息，分组将在电域中交换到相应的光发送机，从而将其正确地传递到逻辑链路的下一个节点，直至最终目的地。

从图 8-30a 中可以看到业务流的流向，如果节点 1 要向节点 2 发送消息，首先采用波长 λ_1 将消息发送出去，只有节点 3 可以调谐 λ_1 信号并接收，然后节点 3 用 λ_6 将消息传递给节点 2。这种方式的好处是不会出现目的地冲突或是分组碰撞，因为每个波长信道针对一个特殊的源、目的地。但是当节点通信需要经过 H 跳时，网络容量开销至少为 $1/H$。

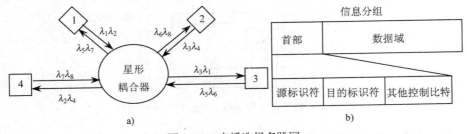

图 8-30　广播选择多跳网

3. 波长选路网（WRN）

虽然广播选择网结构简单，但会遇到波长数目受限、功率受限的问题。采用波长重复利用、波长变换技术和光交换技术组成波长选路网，就可以克服上述限制。波长选路网也称波长路由网，是由支持光波长路由的节点通过成对的点到点 WDM 链路连接成的任意的栅格结构，每个栅格都承载一定数量的波长。在节点中，可以相互独立地将各个波长传送到不同的输出端口。每个节点都有和其他节点相连的逻辑连接，而各个逻辑连接使用一个特定波长。任何没有公共路径的逻辑连接可以使用相同的波长。这样就可以减少总的使用波长数。

如图 8-31 所示，节点 1 到节点 2 的连接和节点 2 到节点 5 的连接都可以使用波长 λ_1，而节点 3 和节点 4 之间的连接就需要采用不同的波长 λ_2。

而如图 8-32 所示为一种基于光空分交换的 OXC 结构。每根光纤有 M 个波长（图中为 4 个），在节点中可以自由地将分出或者插入。在输入端，所有到达的信号光波长都被放大，然后由一个分光器分出后，由可调谐滤波器选择出某个波长，将其送往光空分矩阵。在输入端，也可以采用光

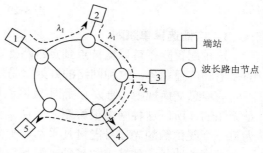

图 8-31　波长选路网

的波分解复用器将输入的混合光信号流分到各个波长信道。直通信道是指交换矩阵将分解出来的光信号直接送到 8 根输出线的 1 根上。如果需要分接给本地用户，则通过 9 至 12 的输出口送到与数字交叉连接（DXC）相连的光接收机（RXs）上。本地用户信号可以通过 DXC 矩阵接入一个光发送机（TXs），然后进入光空分交换矩阵中，到达相应的输出端口。输出的光波长信号可以经由一个波长复用器合成一路信号送到输出光纤上。在输出前一般加入一个光功率放大器，以提高发送到线路上的光功率。

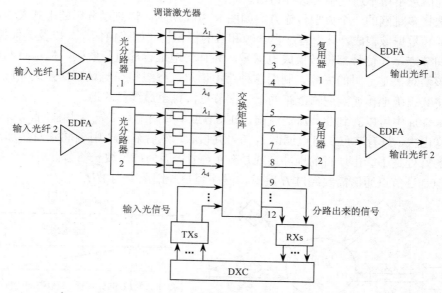

图 8-32　基于光空分交换、无波长变换的 OXC

在这种结构中，没有波长变换器，因此当不同的光纤上有相同波长的信道同时需要交换

178

到同一根光纤上时，就会产生冲突。为了解决波长冲突，可以对全网中每一个光通道分配一个固定波长，或者将发生冲突的信道中的一个分接下来，再用另一个波长发送出去。但前一种方法会使波长重复利用减少从而影响网络规模，而后一种方法将使 OXC 失去分接、插入的灵活性。如果在 OXC 的输出端口增加波长变换器将消除这种阻塞特性，如图 8-33 所示，即可构成基于完全波长变换的 OXC 结构。

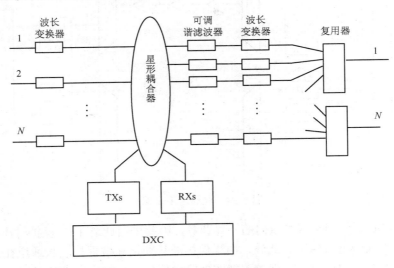

图 8-33　基于完全波长变换的 OXC

在这种结构中，每条链路的光纤上都有多个波长，所有输入到链路中的 WDM 信号首先被波长变换器变换成不同的内部波长，然后通过一个耦合器（如图中的星形耦合器）将这些信号送到对应的支路中去，由可调谐滤波器选出一个所需的波长，再由波长变换器转换成所需的外部波长与其他波长一起复用到输出链路中去。为了防止耦合器失效引起整个 OXC 瘫痪，可以通过多个耦合器串并联组合的方式来提高系统可靠性，并使升级维护更加方便。

8.4.3　WDM 网络保护

当 WDM 网络所承载的业务层无法实现自愈保护时，WDM 网络不能采用业务层保护方式，应采用光层保护方式。按照保护的对象而言，WDM 系统的光层保护主要有光通道层保护和光复用段层保护两种方式；进一步地，根据 WDM 网络结构形式，可以细分为：

基于链状网的光层保护，包括光通道 1+1 保护、光复用段 1+1 保护和光通道 1:N 保护。

基于环状网的光层保护，包括两纤双向通道共享保护、两纤双向复用段共享保护和基于环网的光层通道 1+1 保护等。

1. 光通道 1+1 保护

光通道 1+1 保护利用并发选收的工作原理实现，即在工作和保护通道上各有一对光发送和接收机（也称冗余配置方式）。

在发送端，被保护的业务通过光保护（OP）板上的耦合器一分为二，分别进入两个发送端单元（OTU），占用两个不同的波长通道传输；在接收端，通过 OP 板上的优选电路，选取两个信号中的高质信号接收，如图 8-34 所示。

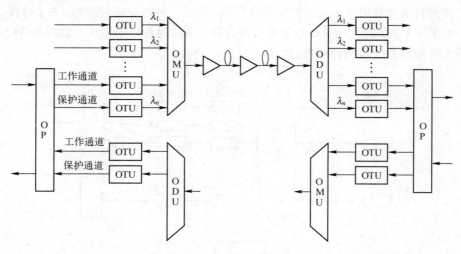

图 8-34 光通道 1+1 保护

由于一块 OP 板仅用于保护双向的一对业务，因此采用通道 1+1 保护时需配置的 OP 板数目与需要保护的通道数相同。此外，由于保护波长通道和被保护波长通道在一根光纤中同时传输，链形组网中的通道 1+1 保护不能实现路由保护，只能实现设备保护。

2. 光复用段 1＋1 保护

光复用段 1+1 保护采用线路 1+1 保护方式，既可用于保护整个光复用段，也可用于保护单个或几个光传输段。根据光放大器（EOA）单板放置的位置不同分为共享配置方式和冗余配置方式，分别如图 8-35 和图 8-36 所示。

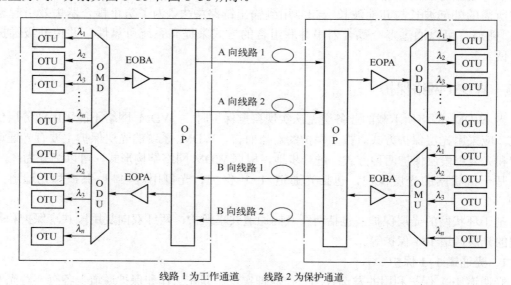

线路 1 为工作通道　　线路 2 为保护通道

图 8-35 光复用段 1+1 保护（共享配置方式）

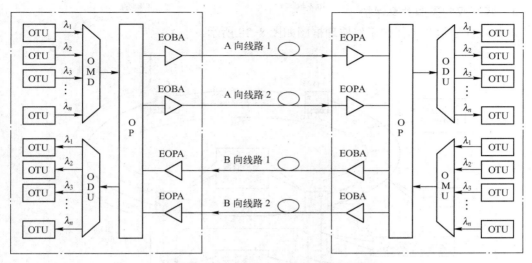

线路 1 为工作通道　　　线路 2 为保护通道

图 8-36　光复用段 1+1 保护（冗余配置方式）

光复用段保护方案中，由 OP 板监测主用光波长通道，当满足倒换条件时，通过单板内的光开关实现倒换。

3．光通道 1:*N* 保护

通道 1:*N* 保护可由光多通道保护板（OMCP）实现。以单向 1:16 保护为例，OMCP 板的保护功能框图如图 8-37 所示。

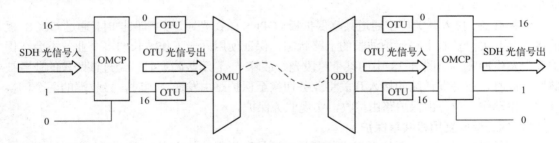

图 8-37　光通道层 1:*N* 保护

其中，通道 1～16 为工作通道，通道 0 为保护通道。当系统正常工作时，通道 0 也可作为工作通道，传送业务。

正常情况下，在发送端，业务信号分别从 OMCP 板的输入端口输入，再从 OMCP 板的输出端口输出至 OTU；在接收端，OMCP 板的输入端口分别接收来自 OTU 的信号，再由 OMCP 板的输出端口输出至用户终端。

当某个波长通道故障时，该通道进入保护状态，业务切换至通道 0 传输，原通道 0 承载的业务将丢失。当故障通道恢复正常工作时，支持手动和自动方式将业务切换回原通道。手动功能通过网管实现；自动功能由 APS 控制器完成。

与通道 1+1 保护相比，通道 1:*N* 保护具有高波长利用率的特点。

4. 两纤双向通道共享保护

两纤双向通道共享保护工作原理框图如图 8-38 所示。

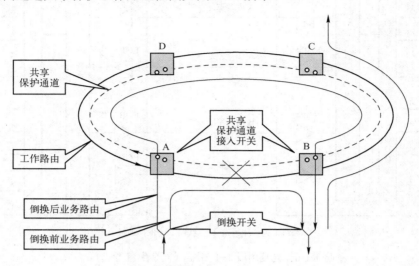

图 8-38　两纤双向通道共享保护

两纤双向通道共享保护配置时要求业务的双向工作波长为不同波长，如节点 A、B 之间的一对业务，A→B 的业务由外环波长 λ_1 承载，B→A 的业务由内环波长 λ_2 承载，这样波长 λ_1、λ_2 构成的工作波长可以在环网其他节点之间重复利用，而内环的 λ_1 波长作为外环 λ_1 波长的保护波长；同理，外环 λ_2 波长作为内环 λ_2 波长的保护波长，实现环网上多个业务的共享保护。

倒换开关、接入开关位于通道共享保护板（OPCS）。在光通道共享保护时，通过 OPCS 板的接入光开关，控制上路保护波长的上路状态，保证使用同一工作波长的多个业务不会在保护环上发生冲突。当图 8-38 中的某个跨段光纤故障（×表示故障）时，经过该跨段的业务被破坏。此时，业务发送端的接入开关将业务切换至保护路由发送，同时，接收端的两个倒换开关发生动作，业务由保护路由接收，实现业务保护。

5. 两纤双向复用段共享保护

在两纤双向环网中，系统采用内外环相同波长互为保护的方案，例如对于 32 波系统，可以采用内环的前 16 波是工作波长，后 16 波是保护波长。外环的前 16 波是保护波长，后 16 波是工作波长。波长的分布是互补的。也可以对 32 波系统只保护其中 8 波，对内外环的 8 波采用互为保护的方案，即系统工作波长增加为 24 波。工作波长平时传业务，保护波长平时不传业务。

图 8-39 给出了工作波长为 16 波，内外环波长互为保护的复用段保护原理框图。其中，外环波长 1 为工作波长，内环波长 1 作为外环波长 1 的保护波长；同理，内环波长 17 为工作波长，外环波长 17 作为内环波长 17 的保护波长。实线表示工作路由，虚线表示 D、E 间故障后外环的保护路由。

表 8-7 给出了两种保护方式的对比。

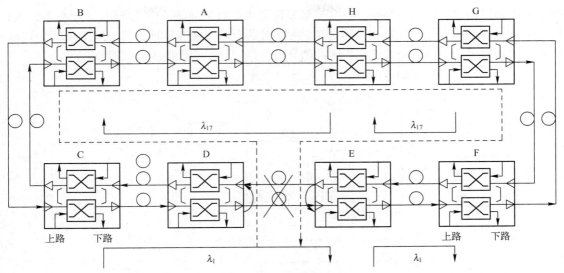

图 8-39　两纤双向复用段共享保护

表 8-7　光通道保护和光复用段保护对比

保护方式	网络结构	使用环境	保护对象	倒换时间/ms	系统复杂度	成本
光通道保护	环形、链形、点对点或点对多点	长途、城域、本地网等	波长	10	低	高
光复用段保护	环形	城域网	光复用段	50	高	低

8.5　光时分复用

光时分复用（OTDM）和电时分复用类似，也是把一条复用信道划分成若干个时隙，每个基带数据光脉冲流分配占用一个时隙，N 个基带信道复用成高速光数据流信号进行传输。换而言之，OTDM 是将多个高速调制光信号转换为等速率光信号，然后在光发送机中利用超窄光脉冲进行时域复用，将其调制为更高速率的光信号然后再注入光纤里进行传输。

光时分复用通信系统主要由光发送部分、传输线路和光接收部分等组成，图 8-40 给出了一个 OTDM 系统结构示意。

光发送部分主要由超窄脉冲光源及光时分复用器组成。高重复频率超窄光脉冲源的种类包括掺铒光纤环形锁模激光器、半导体超短脉冲源、主动锁模半导体激光器和多波长超窄光脉冲源等。对其基本要求是产生的脉冲宽度应小于复用后信号周期的 1/4，且应具有高消光比（高达 30dB 以上），并且脉冲总的时间抖动均方根值不应大于信道时隙的 1/14。光接收部分包括光时钟提取、解复用器及低速率光接收机。光时钟提取必须能从高速率的光脉冲中提取出低速的光脉冲或电脉冲，提取出来的时钟脉冲作为控制脉冲提供给解复用器用，其脉宽必须特别窄，因此，时钟脉冲的时间抖动应尽可能小，其相位噪声也应尽量低。为保证时钟脉冲峰值功率的稳定应使提取系统的性能与偏振无关，一般可以采用锁模半导体激光器、锁模掺铒光纤激光器以及锁相环路（PLL）技术等。光解复用器的功能正好与光复用器相反，在光时钟提取模块输出的低速时钟脉冲的控制下，光解复用器可输出低速率光脉冲信号，例如当时钟脉冲为 10GHz 时，光解复用器可从 160Gbit/s 信号中分离出 10Gbit/s 信号，16 个相同的光解复用器可输出 16 组 10Gbit/s 信号。光解复用器主要有半导体锁模激光器、光学克尔开关、四波混频（FWM）开关、交叉相位调制（XPM）开关及非线性光学环路镜（NOLM）等几种。由解复用器输出的光信号为低速率光脉冲信号，可以用普通的光接收机来接收。

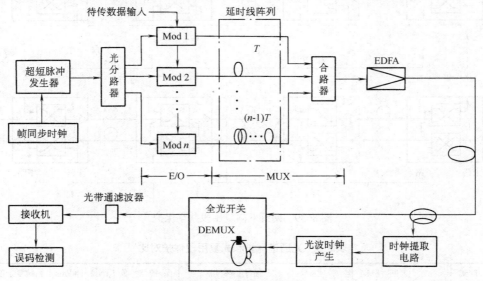

图 8-40　OTDM 系统结构

　　光时分复用（OTDM）技术是一种能有效克服电子器件带宽瓶颈、充分利用光纤低损耗带宽资源的扩容方案。与 WDM 系统相比，OTDM 系统只需单个光源，光放大时不受放大器增益带宽的限制，传输过程中也不存在四波混频等非线性参量过程引起的串扰，且具有便于用户接入、易于与现行的同步数字系列（SDH）兼容等优点。对于未来的超高容量业务需求（业务速率达到 100Gbit/s 或更高）而言，OTDM 技术对实现超高速全光网络具有重要意义。OTDM 技术可以克服 WDM 的一些缺点，如放大器级联导致的增益不均匀性、滤波器和波长变换所引起的串扰、光纤非线性导致的信号损伤、复杂的波长反馈和稳定器件等。

8.6　习题

　　1．光波分复用系统的工作波长范围为多少？为什么这么取？根据通路间隔的大小，光波分复用技术可以分为几种？通路间隔的选择原则是什么？

　　2．为什么要引入非零色散位移光纤（NZDSF）？

　　3．什么是"四波混频"效应？"四波混频"对于 WDM 系统有何影响？为什么 G.653 光纤不适宜使用在 WDM 系统中？

　　4．叙述 WDM 系统的工作原理。WDM 系统有哪几种基本结构形式？

　　5．为什么在 WDM 系统中光源要采用 DFB 和 DBR 激光器或 QW 激光器，而不采用一般的 F-P 激光器？

　　6．WDM/DWDM 主要有几种类型？说明它们的工作原理。

　　7．叙述 WDM 系统的特点。

　　8．什么是 OTDM？实现 OTDM 的关键技术或难点有哪些？

第9章　光纤通信系统性能

9.1　数字传输模型

9.1.1　数字传输模型的原理及意义

　　承载各种通信业务的信号在传输过程中会受到包括光纤线路的损耗、色散和非线性，以及节点处的噪声及外部干扰等各种损伤。因此，在进行传输系统设计时，需要规定各部分设备性能，以保证把它们构成一个完整的传输系统时，能满足总的传输性能要求。为此，需要确定一个合适的传输模型，以便对数字网的主要传输损伤的来源进行研究，确定系统全程性能指标，并根据传输模型对这些指标进行合理分配，从而为系统传输设计提供依据。

　　那么如何设计和规范一个数字传输的模型，并将其作为实际系统设计时的性能规范依据呢？考虑最一般的情况，即一个通信连接是网络中终端用户至终端用户，包括参与交换和传输的各个部分（如用户线、终端设备、交换机、传输系统等）的涉及的全过程，也可以理解为是根据用户需要建立的各种通信设施的临时组合。实际中的通信连接的距离有长有短，结构上有简单、复杂之分，传输的业务可能也不相同，难以进行传输质量的核算。因此，可以规定一个通信距离最长、结构最复杂、传输质量预计最差的通信连接作为业务传输质量的核算对象，即考虑复杂系统中各个部件冗余度最大的极端情况。如果这种极端情况下设计的通信连接传输质量能满足要求，那么任何实际中比其通信距离短、结构简单的通信连接也能保证传输质量，因而引入了假设参考连接的概念。

　　ITU-T 提出了各种数字传输模型的建议。模型分为假设参考连接（HRX）、假设参考数字链路（HRDL）和假设参考数字段（HRDS）等。在此基础上，针对全光的光传送网（OTN），ITU-T 还提出了假设参考光通道（HROP）。

9.1.2　数字传输模型的分类

1. 假设参考连接（HRX）

　　假设参考连接（HRX）是对总的性能进行研究的一个模型，从而便于形成各种标准和指标。它是两个用户网络接口参考点 T 之间的全数字 64kbit/s 连接，如图 9-1 所示。HRX 也是标准模型中距离最长的，全长定为 27500km。考虑到大国与小国不同，还考虑到国内长途线路与国际长途线路是同等质量的电路，因此不区分国内与国际部分各占多长，只规定每个国内部分包含 5 段电路，国际部分包含 4 段电路，共由 14 段电路串联而成，两个本地交换机 LE 间共 12 段电路。

　　可以看出，假设参考连接（HRX）无论其长度还是转接次数，都比任何实际的传输系统可能遇到的（最坏）情况更差。这也说明了数字传输模型的设计初衷，即定义一个可以满足实际中任何（最坏）情况的传输模型，并对其进行各种传输性能参数的研究、定义和分配。这样，按照这个模型设计的任何实际数字传输系统，其性能都可以满足端到端的通信业务需求。

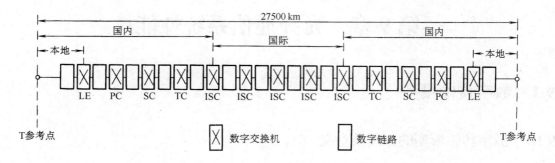

图 9-1　标准数字假设参考连接

实际上经常实现的连接都比标准最长 HRX 短，因此引入了标准中等长度 HRX 模型，如图 9-2 所示。每个国内部分包括 3 段电路，国际部分仅 1 段电路，这种连接的性能主要受国内部分的电路性能所支配。

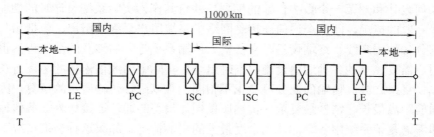

图 9-2　标准数字假设参考连接（中等长度）

当用户靠近国际交换中心（ISC）时，还引入了如图 9-3 所示的 HRX 模型。

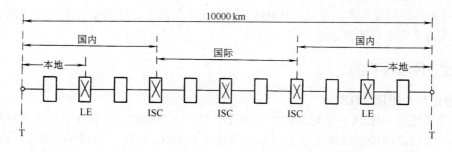

图 9-3　标准数字假设参考连接（用户接近 ISC）

2. 假设参考数字链路（HRDL）

为了便于进行数字信号传输劣化的研究（如误码、抖动、漂移和时延等传输损伤），保证全程通信质量，必须规定由各种不同形式的传输组成部分（如传输系统、复用和分接设备等）所构成的网络模型，即假设参考数字链路（HRDL）。

HRDL 是 HRX 的一个组成部分，2500km 的长度被认为是一个合适的距离。通常 HRDL 的长度并非是唯一考虑的。ITU-T 并没有提出具体的构成，由各国自行研究解决。

3．假设参考数字段（HRDS）

为适应传输系统性能规范，保证全线质量和管理维护方便，引入了假设参考数字段（HRDS），ITU-T 建议假设参考数字段的长度为 280km（对于长途传输）和 50km（对于市话中继）。我国根据具体情况提出假设参考数字段的长度为 280km 或 420km（对于长途传输）和 50km（对于市话中继）。HRX 模型中定义的端到端传输性能指标需要按照一定的规范被分配到每一个数字段，我国有关数字光纤通信系统的一系列性能标准都是在这个模型的基础上制定的。

9.1.3　光传送网传输模型

光传送网（OTN）是 ITU-T 最新的传送网标准，ITU-T 专门制定了建议 G.8021 对其误码性能进行了规范。为了与传统的假设参考连接保持一致，G.8021 建议针对 OTN 端到端误码性能也定义了一个 27500km 的假设参考光通道（HROP）。HROP 引入了运营域的概念以取代传统的国内和国际部分的划分，其中包括本地运营域（LOD）、区域运营域（ROD）和骨干运营域（BOD），LOD 和 ROD 可以看作是国内部分，BOD 是国外部分，如图 9-4 所示。

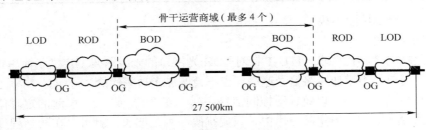

图 9-4　假设参考光通道

9.2　光接口性能

9.2.1　SDH 光接口性能

传统的 PDH 光纤数字传输系统是一个封闭的系统，其光接口是专用的，不同厂家的 PDH 设备不能互通。SDH 的提出解决了不同厂家和不同运营商的光纤传输系统的线路光接口的横向兼容性，为此，所有厂家的 SDH 光纤通信系统的光接口都需要定义完整和严格的性能规范。

1．SDH 光接口分类

理论上 SDH 的接口可以包括电接口和光接口，但是 SDH 电接口一般仅限于短距离和低速率传输，特别是局限于局内设备间跳线连接使用，光接口是 SDH 的主要物理接口形式。为了简化和规范 SDH 光接口，ITU-T 根据传输距离和所用技术将 SDH 光接口归纳为局内通信、短距离局间通信和长距离局间通信三类。实际应用中分别使用不同的代码表示三类光接口。其中，第一个字母表示应用场合：I 表示局内通信，S 表示短距离局间通信，L 表示长距离局间通信，V 代表甚长距离局间通信，U 表示超长距离局间通信。字母后的第 1 位数字表示 STM

等级，如 4 就表示 STM-4（622Mbit/s）。第 2 位数字表示工作波长和光纤类型：空白或 1 表示工作波长为 1310nm，所用光纤为 G.652 光纤；2 表示工作波长为 1550nm，所用光纤为 G.652 或 G.654 光纤；5 表示工作波长为 1550nm，所用光纤为 G.655 光纤。

长距离局间光接口一般指局间再生段距离超过 40km 以上，短距离局间光接口一般指再生段距离为 15km 左右，局内光接口一般对应的距离为数百米至 2km。表 9-1 给出了 SDH 光接口的主要分类、应用代码和典型传输距离等。需要指出的，表中给出的是目标距离，实际中的设计距离还要考虑光纤线路及设备情况、环境条件和维护条件等各种因素。

表 9-1　SDH 光接口分类

应用场合		局内通信	局间通信			
			短　距　离		长　距　离	
工作波长/nm		1310	1310	1550	1310	1550
光纤类型		G.652	G.652	G.652	G.652	G.652 G.654 / G.653
目标传输距离/km		≤2	~15		~40	~80
STM 等级	STM-1	I-1	S-1.1	S-1.2	L-1.1	L-1.2 / L-1.3
	STM-4	I-4	S-4.1	S-4.2	L-4.1	L-4.2 / L-4.3
	STM-16	I-16	S-16.1	S-16.2	L-16.1	L-16.2 / L-16.3
	STM-64	I-64	S-64.1	S-64.2	L-64.1	L-64.2 / L-64.3

2．SDH 光接口性能参数

（1）光线路码型

为了满足横向兼容性要求，ITU-T 针对 SDH 光接口的光线路码型定义了简单扰码方案。这种方案码型简单，不增加线路信号速率，也不会增加光功率代价。

理论分析表明，扰码可以统计地控制信息序列中连"0"或"1"引起的定时信息丢失，但不能完全消除其影响。但实际应用中，只要扰码序列足够长，就可以在相当程度上消除再生器产生的抖动。

（2）系统工作波长范围

为了在实现横向兼容性的同时具有较大的灵活性，SDH 的光接口要求具有较宽的系统工作波长范围。系统工作波长范围的下限受限于光纤截止波长，上限则需要考虑光纤的吸收损耗和弯曲损耗。

（3）光发送机接口

光发送机接口参数主要包括光谱特性、平均发送光功率、消光比、眼图模板等。相关基本原理已在第 3 章中进行了介绍，此处不再冗述。

（4）光通道

光通道的主要参数有衰减、色散和反射。

SDH 光接口中光通道的衰减并不是以一个固定的最大值形式考虑的，而是定义了一个衰减范围，这样可以更好地适应不同的应用场合（距离）。光通道衰减的下限主要由光发送机平均输出光功率和光接收机过载功率间的差值决定，上限主要由最小发送光功率和最差的接收灵敏度决定。同时，光通道的衰减值是最坏值，即已经包括了所有系统部件的富余度。

光通道的色散主要由码间干扰、模式分配噪声和频率啁啾等共同决定。从第 2 章中关于光纤色散的分析可知，色散引起的光通道代价主要随传输距离、传输速率、光谱宽度和光纤色散系数等变化。一般认为，对于大多数低色散 SDH 传输系统，1dB 功率代价是最大可以容忍的数值，因此也将 1dB 功率代价对应的光通道色散值定义为光通道色散值。

反射主要是由光通道的折射率不连续引起的，其主要原因包括光纤本身的折射率不均匀变化引起的散射，以及光纤接续点（包括固定和活动连接器）。一方面，反射在光发送机的输出口导致激光器的输出功率产生波动，降低输出信噪比；另一方面，当光通道中有两个以上的反射点时，会产生多次反射并引起干涉，从而造成相位噪声和强度噪声。

（5）光接收机接口

光接收机接口参数主要有接收机灵敏度、过载功率、反射系数和光通道功率代价等。前几项性能参数已经讨论，这里仅对光通道代价进行简述。光通道代价是指包括反射和由码间干扰、模分配噪声和光源频率啁啾等引起的总代价。ITU-T 建议 G.957 规定对于低色散 SDH 系统，由上述各种因素导致总的功率代价（损失）不能超过 1dB，而对于类似 L-16.2 的高色散系统，不得超过 2dB。光通道代价是对系统性能的直观描述，即当光通道代价达到或超过允许的门限值后，系统性能会迅速劣化直至崩溃。

需要指出的是，对于高速率传输系统而言，偏振模色散（PMD）导致的代价已经包含在上述的总代价之中。

9.2.2　WDM 光接口性能

WDM 系统光接口的性能参数中，光接口类型和中心波长（频率）已经在第 8 章中进行了介绍，这里主要只讨论中心波长（频率）偏差、光通道衰减和光通道色散三个性能。

（1）中心波长（频率）偏差

中心波长（频率）偏差定义为标称中心波长（频率）与实际中心波长（频率）之差。影响其大小的主要因素有激光器频率啁啾、信号带宽、非线性效应引起的频谱展宽以及期间老化和温度的影响。表 9-2 给出的 WDM 光接口中心波长（频率）允许偏差，注意表中给出的是寿命终了值。

表 9-2　中心频率偏差

通道间隔 n/GHz	50/100	$\geqslant 200$
最大中心频率偏差（±GHz）	待定	$n/5$

目前，采用波长稳定和反馈机制后，WDM 系统中心波长（频率）偏差可以控制得较好，典型的在 ±5GHz 以下，即使考虑到老化等因素后，也不会超过 ±11GHz。

（2）光通道衰减

与 SDH 系统光通道衰减性能类似，WDM 系统光通道衰减也是一个范围，其最大值主要受限于光放大器增益以及反射等因素。表 9-3 和图 9-4 分别给出了无线路放大器和有线路放大器 WDM 系统的光通道衰减范围。

表 9-3　无线路放大器 WDM 系统光通道衰减

应 用 代 码	Lx-y.z	Vx-y.z	Ux-y.z
最大光通道衰减/dB	22	33	44

表 9-4　有线路放大器 WDM 系统光通道衰减

应 用 代 码	nLx-y.z	nVx-y.z
最大光通道衰减/dB	22	33

（3）光通道色散

表 9-5 给出了无线路放大器和有线路放大器 WDM 系统在 G.652 光纤上的光通道色散限值，这里目标距离的计算中假设光纤的色散系数是 20ps/（nm·km），比 G.652 光纤的实际色散系数值略大，也是基于最坏值的考虑。由表中可以看出，对于典型的 STM-16 及以上传输

速率，或色散总限值超过 10000ps/nm 的系统，一般都需要考虑引入色散管理技术，而其带来的额外衰减并不在表 9-3 和表 9-4 规定的光通道衰减之内。

表 9-5　无线路放大器和有线路放大器 WDM 系统光通道色散限制

应 用 代 码	L	V	U	nV3-y.2	nL5-y.2	nV5-y.2	nL8-y.2
目标传输距离/km	80	120	160	360	400	600	640
最大色散/（ps/nm）	1600	2400	3200	7200	8000	12000	12800

9.3　光纤数字通信系统性能

9.3.1　误码

对于一个数字通信系统而言，误码是最易观察到的传输损伤。顾名思义，误码（Error）表示由于传输过程中各种干扰、噪声、畸变等导致的接收的信号与发送信号不一致的情况，即差错。数字传输系统的误码性能通常用误码率衡量，误码率是指在特定的一段时间内所接收到的差错码元数目与在同一时间内所收到的码元总数之比，可用下式表示：

$$误码率 = \frac{差错码元数}{码元总数} \tag{9-1}$$

误码率的数值通常可用 $n \times 10^{-P}$ 的形式表示，其中 P 为一整数。对于数字系统来说，实际上指的是比特误码率（BER），它是指每个码元为 1 比特时的误码率，表示为

$$比特误码率(BER) = \frac{差错比特数}{总比特数} \tag{9-2}$$

误码率是衡量数字通信系统质量好坏的最主要和直观的指标之一。对于不同的通信业务，误码造成的影响也不同。例如，对于语音等实时业务而言，即使存在较高的误码，其会导致通话中出现噪声，但不会对通信质量产生本质的影响。而对于图像和数据业务而言，误码的存在可能导致画面冻结、丢帧乃至中断。因此，对误码发生的形态和原因、误码的评定方法以及误码全程指标的确定和在网络各组成部分的合理分配等问题的研究都是十分重要的，误码性能指标是提供光纤数字传输系统设计的重要依据。

1．误码产生原因

绝大多数的误码发生形态可归为两类：一类是误码显示出随机发生形态，即误码往往是单个随机发生的，具有偶然性。另一类误码常常是突发的，成群发生的，这种误码在某个瞬间可能集中发生，而在其他大部分时间可能处于几乎没有误码的状态。

误码发生的原因是多方面的。理想的光纤传输系统是十分稳定的传输通道，基本上不受外界电磁干扰的影响，造成误码的主要内部机理有下列几类：

（1）噪声

接收机光敏检测器的散粒噪声、雪崩光敏二极管的雪崩倍增噪声以及放大器的热噪声是光纤系统的基本噪声源。这些噪声源影响的结果都是使接收信噪比降低，最终产生误码。

（2）码间干扰

由于光纤的色散使得传输的光脉冲发生展宽，其能量会扩散到邻近脉冲形成干扰。当这

种干扰较大时，会使接收机在判决再生时发生错判产生误码，尽管采用均衡措施可以减小码间干扰，但不可能从根本上解决。

（3）抖动

光纤通信系统中带有抖动的数字流与恢复的定时信号之间存在着动态的相位差，称为定位抖动，这会造成接收机有效判决点偏离眼图中心，直至发生误码。

（4）复用器，交叉连接设备和交换机的误码

在正常工作时，复用器、交叉连接设备和交换机是不会产生误码的，但在某些外部干扰条件下可能会产生突发性误码，如静电放电、配线架接触不良、设备故障和电源瞬间干扰等，这些脉冲干扰有可能超过系统固有的信噪比门限，而造成突发误码。

一般认为，光纤通信系统内部的误码机理满足相互独立的概率分布，因此可以用泊松分布来描述和估算。对于泊松分布而言，其统计特性主要由其数学期望给出，因此统计误码率（即误码分布的数学期望）可以完全概括误码的分布。但是，实际中大量的测试表明，光纤通信系统中相当数量的误码分布是突发性的、随机的。这也说明，实际中光纤通信系统内部的误码机理非常复杂，不能简单用某一种概率分布进行全面描述。

2．误码性能评定方法

（1）长期平均比特误码率

长期平均比特误码率是指在较长的时间内，统计差错发生的平均值。由前述分析可知，对于误码是单个、独立同分布（如泊松分布）发生的情况，长期平均误码率的统计符合误码的数学期望。而对于突发误码的情况，就不能正确地进行评定。因为可能在某一限定时间内，由于突发群误码而导致误码率远远超过可以接收的水平，而在其他时间内误码率非常小，结果二者的长期平均误码率仍保持合格，这样高误码率发生时期对通信业务质量影响并未反映出来，或者说没有表示出误码随时间的分布特性，因此采用这种评定方法有较大的局限性。

（2）误码的时间百分数

为了能正确地反映误码的分布信息，ITU-T 建议采用时间率的概念来代替平均误码率的评定方法。误码时间率是以总的工作时间（统计时间）中误码率超过规定阈值（BERT）时间的百分数来表示的。在一个较长的时间 T_L 内观察误码，记录每次平均取样观测时间 T_0 内的误码个数或误码率超过规定阈值的时间占 T_L 的百分数，如图9-5所示。

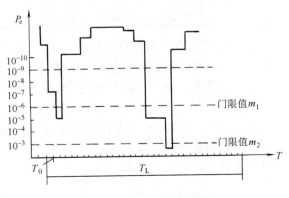

图9-5　误码时间百分数

误码时间率阈值（BERT）的确定。在 ITU-T G.821 建议中，把误码劣化状态划分为三个领域来考虑：

1）可以正常通信的领域，即可接受的领域，其阈值为 $1×10^{-6}$。

2）可以通信但质量有所劣化的领域，即劣化领域，其阈值为 $1×10^{-6}\sim1×10^{-3}$。

3）不能通信的领域，即不可接受的领域，其阈值为 $1×10^{-3}$。

图 9-5 中，T_0 为取定的适合于评定各种业务的单位时间，T_L 为测量误码率总时间。从图中可看出，不可接受的时间为 $1×T_0$（误码率大于 $1×10^{-3}$ 所占的时间），劣化时间为 $4×T_0$（误码率在 $1×10^{-6}$ 与 $1×10^{-3}$ 之间所占的时间），其余均为可接受时间。这样，误码时间率就可以用不可接受的时间占全部时间的百分数，劣化的时间占全部观察时间的百分数加以表征。只要 T_0 和 T_L 选择恰当，就可以用来评价各种数字信息在单位时间内误码的程度以及误码超过某一规定值的时间占总测量时间的百分数。因此，它是比较适用的、便于测量的评定方法。同时，误码时间百分数也可以较好地解决长期平均误码率仅适用于单个随机误码，不适合于突发误码的缺点。

3．误码性能的规范

（1）$N×64kbit/s$ 数字连接的误码性能

1）误码性能参数

ITU 建议 G.821 定义了两个参数来度量 $N×64kbit/s$（$N\leqslant31$）通路 27500km 全程端到端连接的误码性能。

① 误码秒（ES）：表示至少有一个误码的秒。

② 严重误码秒（SES）：表示 BER$\geqslant1×10^{-3}$ 的秒。

可以看出，ES 主要适用于单个出现的随机误码，是对系统误码非常敏感的参数。SES 适用于集中出现的突发误码。

2）误码性能要求

ITU 建议 G.821 对于 $N×64kbit/s$（$N\leqslant31$）全程 27500km 端到端连接误码性能要求如表 9-6 所示。

表 9-6　$N×64kbit/s$ 数字连接误码性能要求

参　　数	表　　示	性　能　要　求
误码秒	ES	ES 占可用时间的比例　ES%<8%
严重误码秒	SES	SES 占可用时间的比例　SES%<0.2%

上述计算都是在可用时间的计算结果，即在总的测量时间内排除了不可用的时间。当连续 10s 都是 SES 时，不可用时间开始（即不可用时间包含这 10s）。当连续 10s 都未检测到 SES 时，不可用时间结束，即可用时间开始（可用时间包含这 10s）。

3）误码指标的分配

为了将全程误码指标分配给各个组成部分，G.821 建议把 27500km 分成三个部分，即高级部分、中级部分和本地级部分，如图 9-6 所示。

（2）高比特率数字通道的性能

1）误码性能参数

高比特率数字通道的性能由 ITU-T 建议 G.826/G.828 给出，是以"块"为基础的一组参数。

所谓"块"指一系列与通道有关的连续比特，当同一块内的任意比特发生差错时，就称该块是差错块，也称误码块。

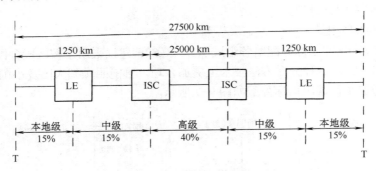

图 9-6 $N \times 64$kbit/s 连接全程误码指标的分配

ITU-T 所规定的 3 个高比特通道误码性能参数如下：

① 误块秒比（ESR）

当某 1s 具有 1 个或多个差错块或至少出现 1 个网络缺陷时就称为误块秒（ES）。在规定测量间隔内出现的误块秒数与总的可用时间之比称为误块秒比（ESR）。

② 严重误块秒比（SESR）

当某 1s 内包含有不少于 30% 的差错块或者至少出现 1 种缺陷时认为该秒为严重误块秒（SES）。在规定的测量时间内出现的 SES 数与总的可用时间之比称为严重误块秒比（SESR）。

上述所指的缺陷主要有信号丢失，帧定位丢失，各级告警指示，指针丢失，信号标记失配，通道未装载等。

③ 背景误块比（BBER）

所谓背景误块（BBE）指扣除不可用时间和 SES 期间出现的差错块以后所剩下的差错块。BBE 数与扣除不可用时间和 SES 期间所有块数后的总块数之比称背景误块比（BBER）。

由于计算时已经扣除了引起 SES 和不可用时间的大突发性误码，因而该参数值的大小可以大体反映系统的背景误码水平。

2）误码性能要求

ITU 建议 G826/G.828 对高比特率通道全程 27500km 端到端通道误码性能要求见表 9-7。

表 9-7 高比特率通道端到端误码性能要求

速率/（Mbit/s）	1.5～5	>5～15	>15～55	>55～160	>160～3500
比特/块	800～5000	2000～8000	4000～20000	6000～20000	15000～30000
ESR	0.04	0.05	0.075	0.16	未定
SESR	0.002	0.002	0.002	0.002	未定
BBER	2×10^{-4}	2×10^{-4}	2×10^{-4}	2×10^{-4}	10^{-4}

规定要求所有一次群或高于一次群的国际数字通道都应满足这些指标值。只要有任一误码性能参数不满足就认为该通道没有满足误码性能要求。由于误码事件是随机发生的，与设备本身和环境条件都有密切关系，因而为了准确估计通道性能需要有较长的测量时间，目前

建议测量时间为 1 个月。

考虑到准确测试误码性能所需的时间较长，不便于实际维护工作，因此一般维护工作中多采用 24 小时作为测量时间。

3）误码指标的分配

为了将 27500km 的指标分配给各组成部分，G.826 建议采用了按区段分配的基础上再结合按距离分配的方法。这种分配方法技术上更加合理，且能照顾到大国及小国的利益。

高比特率通道全程误码指标分配如图 9-7 所示。

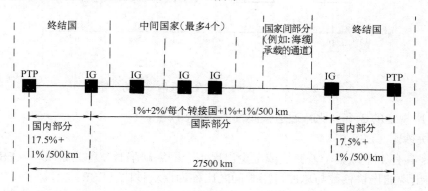

图 9-7　高比特率通道全程误码指标分配

① 国内部分的分配

国内部分指 IG（国际接口局，为国际部分和国内部分的边界）到通道终点（PTP）之间的部分：两端的终结局国家无论大小，各分得一固定的值，其值为 17.5% 的端到端指标。然后再按距离每 500km 分给 1% 的端到端指标。

IG 到 PTP 之间的距离按实际路由长度计，如果不知道实际路由长度则按两者间空中直线距离乘上路由系数 1.5 来计算，再按最接近的 500km 或其整数倍靠近取整。

② 国际部分的分配

国际部分指两个终结国家的 IG 之间的部分，包含了两边终结国家的 IG 到国际边界之间的段落、中间国家以及国家间部分（例如海缆段），如图 9-7 所示。

首先，国际部分按每个中间国家可分得 2% 的端到端指标值，最多可允许 4 个中间国家，两边终结国家（即 IG 到国际边界段）各分得 1% 的端到端指标值。然后再按距离每 500km 分给 1% 的端到端指标值。国家间部分（不论是海缆系统还是陆地系统）不含 IG，因而不分给固定区段指标，只按每 500km 分给 1% 的指标处理。

国际部分的距离按各组成部分的实际路由长度的和来计算。如果不知道实际路由长度则按各部分的空中直线距离乘上路由系数 1.5 计算。再将各部分折算后的距离相加最后按最接近的 500km 或其整数倍靠近取整。

（3）光传送网（OTN）误码规范

光传送网（OTN）是 ITU-T 最新的传送网标准，ITU-T 专门制定了建议 G.8021 对其误码性能进行了规范。OTN 中的端到端连接基本单位是光传送单元（OTUk），其净负荷可以是 SDH、ATM 和其他各种类型的业务封装信号。为了与传统的假设参考连接保持一致，G.8021 建议针对 OTUk 的端到端误码性能也定义了一个 27500km 的假设参考光通道（HROP）。

HROP 引入了运营域的概念以取代传统的国内和国际部分的划分,其中包括本地运营域(LOD)、区域运营域（ROD）和骨干运营域（BOD），LOD 和 ROD 可以看作是国内部分，BOD 是国外部分。一个 HROP 中最多可以有 4 个 BOD 个两对 LOD-ROD，其误码指标分配比例为:

- BOD 占 5%。
- ROD 占 5%。
- LOD 占 7.5%。

每一运营域的基于距离配额为 0.2%/100km。

HROP 的误码性能规范见表 9-8。

表 9-8　HROP 误码性能指标

通 道 类 型	比特率/（Gbit/s）	块数/秒	SESR	BBER
ODU1	2.5	20420	10^{-3}	2×10^{-5}
ODU2	10	82025	10^{-3}	5×10^{-6}
ODU3	40	329492	10^{-3}	1.25×10^{-6}

9.3.2　抖动

抖动（Jitter）是电信号传输过程中的一种瞬时不稳定现象。抖动的定义是:数字信号的各有效瞬间对其理想时间位置的短时偏移。所谓短时偏移是指变化频率高于 10Hz 的相位变化，对应的低于 10Hz 的变化称为漂移。

抖动对于数字通信系统和网络造成的性能损伤主要包括:

（1）对数字编码的模拟信号，解码后数字流的随机相位抖动使得恢复后的样值相位不规则，从而造成输出模拟信号的抖动噪声;

（2）再生器中定时的不规则使得有效判决点会偏离眼图的中心，从而降低再生器的信噪比甚至误码;

（3）对于配置缓存器的网络单元，过大的抖动会造成缓存器的溢出或取空，从而造成滑动损伤（滑码）。

特别是对于高速大容量光纤数字传输系统而言，随着传输速率的提高，脉冲的宽度和间隔越窄，抖动的影响就越显著。因为抖动使接收端脉冲移位，从而可能把有脉冲判为无脉冲，或反之，把无脉冲判为有脉冲，从而导致误码。

抖动可以分为相位抖动和定时抖动。所谓相位抖动是指传输过程中所形成的周期性的相位变化，定时抖动则是指脉码传输系统中的同步误差。

抖动的大小或幅度通常可用时间、相位度数或数字周期来表示。根据 ITU-T 建议，一般采用数字周期来度量，即用"单位间隔"或称时隙（UI）来表示。1UI 相当于 1 比特信息所占有的时间间隔，它在数值上等于传输比特率的倒数。如传输速率为 8.448Mbit/s 脉冲信号，$1UI = 1/(2.048 \times 10^{-6}) \approx 488ns$，PDH 信号系列所对应的 UI 值见表 9-9。

表 9-9　PDH 系列信号对应的抖动值

码速率/（Mbit/s）	2.048	8.448	34.368	139.264
单位抖动/ns	488	118	29.1	7.18

1．抖动的来源

在数字传输系统中，抖动的来源有以下几个方面：

（1）线路系统的抖动

线路系统的抖动可以分为随机性抖动源和系统性抖动源两种：

1）随机性抖动源

① 各种噪声源：系统中的各种噪声都会使信号脉冲被形产生随机畸变，使定时滤波器的输出信号波形产生随机的相位寄生调制，形成抖动。

② 定时滤波器失谐

当定时滤波器失谐时，会产生不对称的输出波形，造成时钟分量幅度和相位上的调制，引起定时抖动。

③ 时钟相位噪声

时钟的相位噪声，将导致定时信号相位抖动。

2）系统抖动源

在一个理想的设备中，信号图案对输出定时信号的相位没有影响，但由于设备存在的种种缺陷，就会造成定时信号的相位变化，形成抖动。

① 码间干扰

为了降低均衡器成本，一般允许有少量的码间干扰存在。但随着温度变化和元器件老化，码间干扰会增大，使信号通过非线性元件后产生输出脉冲峰值位置的随机偏移，形成定时抖动。

② 限幅器的门限偏移

限幅器的门限会随温度变化和元器件老化而偏移。从而使输出脉冲位置随输入信号的幅度而变化，而输入信号的幅度与传输信息的图案有关，从而形成图案相关抖动。

③ 激光器的图案效应

在高比特率系统中，由于脉冲重复周期变短，激光器的有限通断时间对传输的图案的影响增大，结果导致图案相关抖动。

（2）复用器的抖动

1）PDH 复用器的抖动

PDH 体制的复用器在把各支路信号复用成高速复用信号时，采用插入比特的正码速调整方法。然而在接收解复用侧，为了恢复原有的支路信号，需要把这些附加的插入比特全部扣除，从而形成了带空隙的脉冲序列。由这样的非均匀脉冲序列所恢复的时钟就会带有相位抖动。

2）SDH 复用器的抖动

在 SDH 复用器中，支路信号的同步是采用所谓的指针调整，调整将产生相位跃变。由于指针调整是以字节为单位进行的，一个字节含 8bit，因而一次字节调整将产生 8UI 的相位跃变。如 SDH 中 AU-4 指针调整按 3 个字节为单位进行的，因而一次调整将产生 24UI 的相位跃变。带有相位跃变的数字信号通过带限电路时，会产生很长的相位过度进程。

2．抖动性能的规范

（1）PDH 网的抖动性能规范

1）网络接口的最大允许抖动

在 PDH 网络接口上所允许的抖动主要取决于各种业务对抖动损伤的容忍程度、数字网的组成和抖动积累特性。表 9-10 列出了不同速率等级的要求。图 9-8 显示了测量配置及所有滤波器的截止频率。

表 9-10 PDH 网络接口的最大允许抖动

参数值 速率/（Mbit/s）	网络接口限值		测量滤波器参数		
	B_1（UI）	B_2（UI）	f_1/Hz	f_3/kHz	f_4/kHz
2.048	1.5	0.2	20	18	100
34.368	1.5	0.15	100	10	800
139.264	1.5	0.075	200	10	3500

注：f_1 和 f_3 为带通滤波器的低频截止频率，f_4 为高频截止频率。

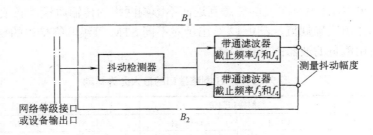

图 9-8 PDH 网输出抖动的测量配置

2）设备输入口的抖动和漂移容限

为了确保数字设备（包括 PDH 和 SDH 设备）能够连至 PDH 网络接口而不会引起网络传输质量的下降，必须使数字设备的输入口都能至少容忍上述网络接口的最大允许抖动。其抖动和漂移的幅频特性如图 9-9 所示，其参数值如表 9-11 所示。

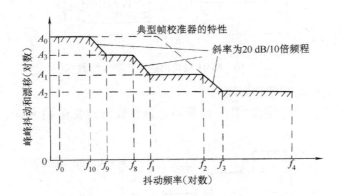

图 9-9 PDH 设备输入抖动和漂移幅频特性

3）设备抖动传递特性

由于输入口的抖动经设备或系统转移后到达输出口，从而构成输出抖动的另一个重要来源，为了保证输出口输出抖动不超过网络极限，必须对抖动传递特性做出规定，其抖动转移增益不大于 1dB。

表 9-11　PDH 设备输入抖动和漂移容限的参数

参数值 速率/（Mbit/s）	UI$_{P-P}$				频　率								伪随机 测试 信号
	A_0	A_1	A_2	A_3	f_0/Hz	f_{10}/Hz	f_9/Hz	f_8/Hz	f_1/Hz	f_2/kHz	f_3/kHz	f_4/kHz	
2.048	36.9（18μs）	1.5	0.2	18	$1.2×10^{-5}$	$4.88×10^{-3}$	0.01	1.667	20	2.4	18	100	$2^{15}-1$
8.448	152.0（18μs）	1.5	0.2	*	$1.2×10^{-5}$	*	*	*	20	0.4	3	400	$2^{15}-1$
34.968	618.6（18μs）	1.5	0.15	*	*	*	*	*	100	1	10	800	$2^{23}-1$
139.264	2506.6（18μs）	1.5	0.075	*	*	*	*	*	200	0.5	10	3500	$2^{23}-1$

（2）SDH 网的抖动性能规范

1）网络接口的最大允许抖动

为了实现不同 SDH 网络单元的任意互连而不影响网络的传输质量，必须对 SDH 网络接口最大允许抖动作出明确规范，表 9-12 给出了对不同 STM 等级网络接口的要求，图 9-10 显示测量配置及所用测量滤波器的截止频率。

表 9-12　SDH 网络接口的最大允许抖动

参数值速率/（Mbit/s）	网络接口限值		测量滤波器参数		
	B_1[UI$_{p-p}$]	B_2[UI$_{p-p}$]	f_1/Hz	f_3/kHz	f_4/MHz
155.20	1.5	0.15	500	65	1.3
622.080	1.6	0.15	1000	250	5
2488.320	1.5	0.15	5000	待定	20

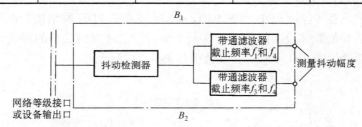

图 9-10　SDH 网输出抖动的测量配置

2）设备输入口的抖动和漂移容限

设备输入口的抖动幅频特性如图 9-11 所示，其参数值如表 9-13 所示。

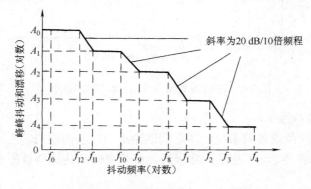

图 9-11　SDH 设备输入抖动和漂移容限

表 9-13 SDH 设备输入抖动和漂移容限的参数

STM 等级	UI$_{p-p}$					频 率									
	A_0 (18μs)	A_1 (2μs)	A_2 (0.25μs)	A_3	A_4	f_0/Hz	f_{12}/Hz	f_{11}/Hz	f_{10}/Hz	f_9/Hz	f_8/Hz	f_1/Hz	f_2/kHz	f_3/kHz	f_4/MHz
STM-1	2800	311	39	1.5	0.15	1.2×10^{-5}	1.78×10^{-4}	1.6×10^{-3}	1.56×10^{-2}	0.125	19.3	500	6.5	65	1.3
STM-4	11200	1244	156	1.5	1.15	1.2×10^{-5}	1.78×10^{-4}	1.6×10^{-3}	1.56×10^{-2}	0.125	9.65	1000	25	250	5
STM-16	44790	4977	622	1.5	1.15	1.2×10^{-5}	1.78×10^{-4}	1.6×10^{-3}	1.56×10^{-2}	0.125	12.1	5000	待定	待定	20

9.3.3 漂移

漂移（Wander）的定义为数字信号的特定时刻（例如最佳抽样时刻）相对其理想时间位置的长时间偏移，即变化频率低于 10Hz 的相位变化。漂移是一个与信号频率无关的参数，因此又称为时间间隔误差。与抖动相比，漂移无论是产生机理、特性还是其影响都是不一样的。引起漂移的一个最普通的原因是环境温度变化，它会导致传输媒质的某些传输特性发生缓慢变化，从而引起传输信号延时的缓慢变化。因此，漂移可以简单地被理解为信号传输延时的慢变化。

漂移引起传输信号比特偏离时间上的理想位置，结果使输入信号比特在判决电路中不能正确地识别，产生误码。减小这类误码的一种方法是靠传输线与终端设备之间接口中的缓存器来重新对数据进行同步。方法是利用从接收信号中提取的时钟将数据写入缓存器，然后用一个同样的基准时钟对缓存器进行读操作，使不同相位的各路数据流强制同步。

9.3.4 延时

信号从一个地方传输到另一个地方总是需要一定时间的，所需的时间就是信号传输延时（Delay）。严格说，延时是指数字信号传输的群延时，即数字信号以群速通过一个数字连接所经历的时间，又称包络延时。当延时过大时会对通信质量产生影响，因此必须加以控制。

延时对各种不同的业务有不同的影响：

1）对电话业务的影响主要表现在延时太大时，通话双方有失去接触的感觉，收话方的等待时间间隔超过了一般谈话习惯。随着延时变大，回波干扰影响也加大，使受话清晰度降低。

2）对数据业务而言，延时对单向传输的数据业务没有实质性的影响，但对采用自动请求重发纠错的数据传输系统来说，由于需要使用反向通路，因而延时越大，传输效率越低。对于信令系统，如果传输延时过大，相关信令系统设备的保持时间都得相应加长。此外共路信令传输也要用到重发纠错技术，过大的延时也同样会降低传输效率。

3）对电视业务而言，延时的变化可能会破坏恒定比特率编码的电视信号信元流的周期性，使图像信号和伴音信号的延时不一致，产生画面与声音相脱节的现象，为了控制端到端连接的延时，通常在长途网中设置有多个回波消除器。通常延时超过 20~35ms 时，即需要设置回波消除器。

1. 延时的产生

在整个端到端通信连接中，可能产生延时的环节很多，主要有下面几方面：

（1）传输系统

光信号在光纤中的传播速度是有限的，主要取决于光纤媒质的折射率。对于 SiO$_2$ 系光纤，

取纤芯折射率 n_1=1.48，则光信号在光纤中的传输延时为 4.9μs/km，再考虑整个系统中再生器和复用器引入的少量延时，则光缆系统所产生的延时可按 5μs/km 来结算。由于延时与传输距离成正比，因此长途传输系统的延时主要由传输媒质引起的。不同传输系统的传输延时大小如表 8-8 所示，其值也包括了增音机，再生器，复用器的延时在内。

（2）节点和设备延时

在一个数字连接中，除传输系统会产生传输延时外，网络节点设备（数字交换机和数字交叉连接设备）可能有缓冲器，时隙交换单元和其它数字处理设备均会产生传输延时。此外，PCM 终端、复用器、回波消除器和复用转换器也会产生不同程度的传输延时。表 9-14～表 9-15 分别给出了典型设备的传输延时参考值。

表 9-14　各类传输系统的延时

类　　型	制　　式	传 输 时 延
无线	模拟系统 数字系统	4.7μs/km 3.3μs/km
光缆	数字系统	5μs/km
同轴电缆	陆地 海底	4μs/km 6μs/km
双绞线	载波 4 线 2 线	4.7μs/km 53μs/km 125μs/km
卫星	非同步卫星（高度 14000km） 同步卫星（高度 36000km）	110ms/km 260ms/km

表 9-15　网络节点设备的传输延时

设 备 类 型	设 备 端 口	平 均 延 时	95%概率的最大延时
数字交换机	数字-数字 数字-模拟	≤450μs ≤750μs	≤750μs ≤1050μs
数字交叉连接设备	DXC1/0 SDXC4/4 SDXC4/1	500～700μs ≤15μs 20～125μs	

当网络中存在回波源并采用了适当的回波控制设备（回波抑制器和回波消除器）时，ITU-T 规定两户之间的单向平均传输时间的限值如下：

1）0～150ms 时可接收。对于不超过 50ms 的延时，可使用短延时回波抑制器。

2）150～400ms 时可接收。当连接的单向平均传输时间超过 300ms 时，可使用为长延时电路设计的回波控制设备。

3）高于 400ms 时不能接收。除非在极端例外的情况下，一般不应使用这么大延时的连接。

9.4　光纤通信系统可用性

9.4.1　基本概念

对光纤通信的要求是迅速、准确和连接不间断地工作。因此对系统的可靠性提出了较高的要求。注意可靠性（Reliability）和可用性（Availability）的概念是不一样的。可靠性指的是某个产品和系统在一定条件下无故障地执行指定功能的能力或可能性；而可用性指的是在要求的外部资源和条件得到保证的前提下，某个产品或系统在规定的条件下和规定的时刻或时间区间内处于可执行规定功能状态的能力。换而言之，可用性是产品或系统的可靠性、维修性和维修保障性的综合反映。

通常用来表示系统可靠性的参数有两个：一个是平均故障间隔时间（MTBF），单位为 h；另一个是故障率（λ），单位为 1/h。$\lambda = 1/MTBF$。当 λ 采用 $10^{-9}/h$ 作为计量单位时，也称为 Fit，即 $1\ Fit = 10^{-9}/h$。

系统的可用性（A）用系统的可用时间与规定的总工作时间的比值来表示，即

$$A = \frac{可用时间}{总的工作时间} \tag{9-3}$$

式中，可用时间就是系统的平均故障间隔时间（MTBF）。

总的工作时间包括平均故障间隔时间（MTBF）和平均故障修理时间（MTTR）。所以有

$$A = \frac{MTBF}{MTBF + MTTR} \tag{9-4}$$

当用失效率，即不可用性（F）表达时，可以重写为

$$F = \frac{不可用时间}{总的工作时间} \tag{9-5}$$

不可用时间即平均故障修理时间（MTTR），即有

$$F = \frac{MTTR}{MTBF + MTTR} \tag{9-6}$$

与 MTBF 相比，一般 MTTR 的值较小，故式（9-6）可近似为

$$F \approx \frac{MTTR}{MTBF} \tag{9-7}$$

显然有

$$A + F = 1 \tag{9-8}$$

9.4.2 光纤通信系统可用性计算

实际中使用的光纤通信系统组成非常复杂，包括了电复用设备、光发送机、光中继机和光缆线路等，同时，从完整的实现系统功能角度而言，还包括了相应的供电设备、主备用切换系统以及其他附属系统设备等。

考虑一般性的场景，n 个主用系统提供 n 个业务连接需求。为了保证 n 个主用系统中出现故障时，不影响业务，可以设置备用系统。设主用系统为 n 个，备用系统为 m 个，主、备用系统之比为 $n : m$。显然，满足所有 n 个业务都不会中断的基本条件是，在（$n+m$）中系统中至少有 n 个能够正常工作。换而言之，在（$n+m$）个系统中，只要有（$m+1$）个以上的系统出现故障，就不能确保 n 个主用系统均正常工作。

设单个系统失效率为 F_0，（$m+1$）个系统同时出现故障的概率为 $(F_0)^{m+1}$，所以在（$n+m$）个系统中，任意（$m+1$）个系统同时出现故障的概率为 $C_{n+m}^{m+1}(F_0)^{m+1}$，同理，在（$n+m$）个系统中，任意（$m+2$）个系统同时出现故障的概率为 $C_{n+m}^{m+1}(F_0)^{m+2}$。因此，不满足 n 个业务正常工作的所有系统失效情况可以表示为

$$F_{总} = C_{n+m}^{m+1}(F_0)^{m+1} + C_{n+m}^{m+2}(F_0)^{m+2} + \cdots + C_{n+m}^{m+n}(F_0)^{m+n} \tag{9-9}$$

注意到上式中是按照失效率（F）进行计算的。实际中在多数情况下，（$n+m$）个系统中同时出现（$m+2$）个以上系统中断的概率相对较小，因此式（9-9）中，仅取第一项就能满足大多数情况下的精度要求。因此，式（9-9）可近似为

$$F_{总} = C_{n+m}^{m+1}(F_0)^{m+1} = \frac{(n+m)!}{(n-1)!(m+1)!}(F_0)^{m+1} \tag{9-10}$$

主用系统发生故障的失效率为

$$F_{主} = \frac{F_{总}}{n} = \frac{(n+m)!}{n!(m+1)!}(F_0)^{m+1} \tag{9-11}$$

显然，当无备用系统（$m=0$）时，$F_主 = F_0$。

9.4.3 光纤通信系统可用性指标要求

对光纤通信系统可用性的要求是：希望系统和设备正常运行时间应尽可能长，维护工作尽可能少。在确定指标时，应考虑国内机线设备生产技术现状及维护管理水平，否则，不切实际地提高指标，会造成设备制造难度和增加成本。

我国在相关国标中规定：对于 5000km 光缆通信系统，其双向全程容许每年 4 次全阻故障。当取平均故障修复时间为 6 小时时，系统双向全程的可用性可达到 99.73%，折算到 280km 数字段的可用性为 99.985%，420km 数字段的可用性为 99.9%。对于市内光缆通信系统，若取平均故障修复时间为 0.5h，则 50km 市内光缆通信系统可用性可达 99.99%。

可用性长度的换算可由下式进行计算：

$$A' = 1 - \frac{L'}{L}(1 - A) \tag{9-12}$$

式中，A 表示长度为 L 的系统可用性；A' 表示长度为 L' 的系统可用性。

9.5 光纤通信系统设计

9.5.1 光纤通信系统设计的主要方法

1. 统计法

对于一个由大量各类元器件组成的光纤通信系统而言，其各个组成部分的参数分布范围很宽。此时，如能获取元器件相关参数的统计分布特性，则可以通过统计设计方法获得系统设计的主要结果。统计法的基本思想就是假设允许一个预先确定的足够小的系统先期失效概率，从而获取所需的系统设计参数（如再生段距离等）。

统计法设计时需要注意区分不同性质的参数，即系统参数和元器件参数，如表 9-16 所示。

统计法设计中使用的系统先期失效概率包括系统中断概率和系统可以接受的概率门限等。其一般的设计流程为：

1）选择统计法设计所使用的系统参数。

表 9-16 系统参数与元器件参数

系 统 参 数	元器件参数
最大光通道衰减	光纤损耗系数、光发送机平均输出光功率、光接收机灵敏度、光通道功率代价、光纤接续损耗、活动连接器损耗等
最大光通道色散	光纤色散系数、光发送机光谱宽度等
最大光通道差分时延（DGD）	光纤 PMD 系数、极化状态等
最大光通道输出功率	光纤损耗系数、光纤零色散工作波长、光纤有效面积、光纤非线性系数、通道间隔等

2）从厂家提供或实际测试获得的结果中得到相应元器件参数的概率分布特性。

3）对系统参数计算概率分布。

4）计算系统的显著性水平。

5）根据系统可接受的概率门限确定系统参数。

2. 最坏值法

最坏值设计法，就是在设计系统的主要参数（如再生段距离）时，将所有的参数均按照最坏值选取，而不管其具体分布。最坏值法的最大优点是除人为和自然界突发重大灾害等情况下，即使在系统寿命终了时仍然可以满足所需的系统性能指标。当然，最坏值法的主要缺点是系统中各参数都取到最坏值的概率极小，因此绝大多数情况下系统的参数有较大的富余度，可能会造成成本的较大提高。

9.5.2 影响系统设计的主要参数

1. 功率预算

再生段设计时需要考虑的功率预算主要取决于光发送机的平均输出光功率和光接收机的灵敏度。需要指出的是，光发送机中的激光器输出功率并不是越大越好，如果为了追求较高的输出功率而调高较高激光器的偏置电流，则激光器的寿命会受到影响。而对于光接收机而言，为了满足一定的信噪比，需要较高的接收光功率。一般而言，对于传输速率越高的系统，其噪声性能越低，也即光功率预算会降低。

2. 光源频率啁啾

对于 10Gbit/s 以上的高速率光纤通信系统而言，光源频率啁啾是影响系统传输距离的重要限制因素之一。即使采用了外调制器，啁啾的影响也不能完全消除。

3. 色度色散

光纤色度色散会导致光脉冲的展宽，继而产生码间干扰。通常将由色散导致的接收灵敏度劣化 1dB 对应的传输距离称为色散受限距离。大量理论分析和实际测试表明，对于 10Gbit/s 传输系统，1dB 代价的色散受限距离大约为 30km 左右，而 40Gbit/s 系统的色散受限距离仅有几千米。

4. 偏振模色散

偏振模色散（PMD）也会导致脉冲展宽和码间干扰，由 PMD 引起的码间干扰也可以等效为功率代价。

5. 非线性限制

光纤中的非线性效应对于单信道和 WDM 系统的影响机理不一样，因此单信道系统中主要考虑的是 SPM 效应，而 WDM 系统中主要考虑 XPM 和 FWM。

9.5.3 最坏值法设计过程

对于光纤通信系统而言，最主要的影响系统的因素是光纤损耗和色散，而其他的影响因素也可以换算成相应的功率代价。因此，工程中使用最坏值法时，可以分别计算仅考虑损耗和色散的不同情况，在计算完成后进行比较和分析，取其中较为保守的值作为设计结果。

如仅考虑光纤损耗则称为衰减受限系统，仅考虑色散的影响则称为色散受限系统。

1. 衰减受限系统中继距离计算

衰减限制系统所需考虑的一个中继段的光链路如图 9-12 所示。

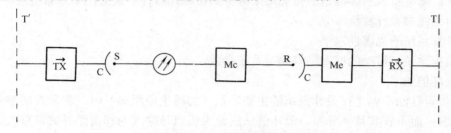

图 9-12　一个中继段的光链路示意图

衰减限制系统的中继距离可由下式来计算：

$$L_\alpha = \frac{A_{SR} - A_c}{A_f + A_s + M_c} \tag{9-13}$$

式中，L_α 是衰减限制系统再生段最大中继距离（km）；A_{SR} 是系统 S 点与 R 点间光缆线路容许衰减（dB）；A_c 是 S、R 点间增加的光连接器衰减（dB）；A_s 是光纤固定接头平均衰减（dB/km）；A_f 是光纤的平均衰减（dB/km）；M_c 是光缆的富余度（dB/km）。

M_c 包括以下几个方面：

1）由于环境因素引起的光纤传输损耗的变化。主要有光缆损耗温度特性、安装应力弯曲引起的损耗、光源波长允差与光纤衰减测量波长不一致引起的附加损耗（约 0.1～0.2dB/ km）。

2）维修备用接续损耗（约 0.1dB/km）。

3）光缆性能老化损耗（约 0.05dB/km）

$$A_{SR} = P_S - P_R - M_e$$

式中，P_S 是发送平均光功率（在 S 点测出的值）（dBm）；P_R 是光接收机灵敏度（在 R 点测出的值）（dBm）；M_e 是设备富余度（dB）；

M_e 包括系统积累抖动、均衡失调、外界干扰等。

2. 色散受限系统中继距离计算

对于色散限制系统，首先应确定所设计的再生段的总色散（ps/nm），再据此选择合适的系统分类代码及相应的一整套光参数。通常，最经济的设计应该选择这样一类分类代码，它的最大色散值大于实际设计色散值，同时在满足要求的系统分类代码中具有最小的最大色散值。色散限制系统可达的再生段距离的最坏值可以用下式估计：

$$L_d = D_{SR} / D_m \tag{9-14}$$

其中，D_{SR} 为 S 点和 R 点之间允许的最大色散值，可以由光接口参数规范中查到。D_m 为允许工作波长范围内的最大光纤色散，单位为 ps/（nm·km），可以根据公式求得，也可取光纤色散分布最大值。在工程中，由于多采用单纵模激光器，光源脉冲为高斯型，进一步地假设允许的脉冲展宽不超过 10% 的发送脉宽，则可以得到一个较为简明的工程计算公式

$$L_c = \frac{71400}{\alpha \cdot D_m \cdot \lambda^2 \cdot B^2} \qquad (9\text{-}15)$$

式中，α 为啁啾系数；λ 单位为 nm；B 的单位为 Tbit/s。上述公式作为近似计算而言与实测结果相比略保守，因此作为最坏值设计是一个简易可行又足够安全的距离。

最坏值法是用衰减限制或色散限制计算中继距离的其中一种方法先算出中继距离，然后再用另一种方法进行核算，取两种计算方法中得到的较短的 L 值作为设计取值。这样得出的 L 既可满足系统的衰减要求，又可满足色散的要求，将它称为最坏值法设计得到的系统最大中继距离。

9.6 习题

1. 在研究光纤通信系统时，为什么要确定一个传输模型？ITU-T 提出的数字传输模型有哪几种？

2. 在光纤通信系统中产生误码的原因有哪些？为能正确地反应误码的分布信息，应采用什么方法来评定误码性能？为什么？

3. 在用误码的时间百分数来评定误码特性的方法中，为什么取样观察时间 T_0 取为 1s？这对数据通信来说有什么重要意义？

4. 在光纤通信系统中产生抖动的原因有哪些？产生漂移的原因是什么？

5. 何谓光纤通信系统的可用性？

6. 有一数字段长 420km，有 6 个中继站，采用不间断电源供电。已知：

光端机：λ=6000Fit/端，MTTR=0.5h，共 2 端；

光缆线路：λ=200Fit/km，MTTR=3h，L=420km；

中继机：λ=1900Fit/端，MTTR=2h，共 6 部；

自动倒换设备：λ=300Fit/部，MTTR=0.5h，收发端各 1 部。

求：（1）只采用 1 个主用系统，无备用系统时，系统的可用性。

（2）采用主：备=4：1 时，系统的可用性。

7. 某单模光纤传输系统的参数如下：

光源发送光功率范围：0～-3dBm；接收机接收功率范围：-22～-40dBm；

活动连接器损耗 1.0dB/个（共 2 个）；光纤固定接头损耗 0.1dB/km；

光纤损耗 0.5dB/km；考虑光纤线路富余度为 0.3dB/km，设备富余度为 4dB。

求：系统最大的中继距离能达多少？

8. 设有 A、B 两终端国，其各自的实际路由长度（即 PTP-IG）均为 2000km，中间经 3 个中间国家 C、D、E 及海缆系统相连。这三个中间国家的路由长度之和为 7000km，海缆系统路由长度为 2500km。

求端—端高比特率通道的误码性能指标应满足高比特率通道全程 27500km 总指标的百分数。

第 10 章　光纤通信网

10.1　光接入网

10.1.1　接入网概述

通信网络已经发展成为覆盖全球的规模非常大的网络，传统上而言可以分为公共网络和用户网络（也称用户驻地网）两部分。用户驻地网（CPN）一般是指在楼宇内或小区范围内，属于用户自己建设的网络，是提供各类通信网络和业务的基础，属于用户所有。电信网是公共网络中最重要的部分，在语音业务为主的电信网中通常可以分为长途网（长途端局以上部分），中继网（长途端局和市话局之间以及市话局之间的部分）和接入网（端局至用户之间的部分）。目前，随着语音和数据业务的融合，电信网中不再细分本地和长途，而是根据网络规模和业务等分为核心网、城域网和接入网三部分。其中，接入网是各类用户与公共网络进行通信，实现用户侧与网络侧业务互通的最重要的网络组成部分。

1. 接入网定义

ITU-T 建议 G.902 对接入网的定义如下：接入网是由业务节点接口（SNI）和用户网络接口（UNI）之间的一系列传送实体（如线路设施和传输设施）组成的、为传送电信业务提供所需要的传送承载能力的实施系统，可经由 Q_3 接口进行配置和管理。G.902 建议中涉及的传送实体是为提供各类通信业务所必要的传送承载能力、由各类有线和无线技术构成的通信系统。

随着 Internet 和各种 IP 类数据业务应用的快速普及，ITU-T 针对 IP 业务又制订了 IP 接入网定义。ITU-T 建议 Y.1231 对 IP 接入网定义如下：IP 接入网是为 IP 用户和 ISP 之间提供所需的、接入到 IP 业务的能力的网络实体的实现。

由于用户接入 Internet 的方式多样，因此 IP 接入网中主要涉及的是 IP 的接入模式，如点对点（PPP）、路由方式、隧道方式、多协议标记交换（MPLS）等，不涉及具体的接入手段，因此 IP 接入网的结构和实现形式都较 G.902 灵活。为便于读者理解和把握接入网的总体概念，本章中所涉及的接入网内容主要以 G.902 建议为参照。

2. 接入网定界

接入网的定界如图 10-1 所示。

从图中可知，接入网所覆盖的范围是由三个接口来定界的，即网络侧经业务节点接口（SNI）与业务节点（SN）相连；用户侧经用户网络接口（UNI）与用户相连；管理侧经 Q_3 接口与电信管理网（TMN）相连，不具备 Q_3 接口时可以经由协调设备（MD）与TMN 相连。

图中的业务节点（SN）是提供通信业务的实体，是一种可以接入各种交换型和/或永久连接型电信业务的网络单元。常见的 SN 包括本地交换机、租用线业务节点、宽带接入服器或特定配置下的视频点播和广播电视业务节点等。由于接入网是用户与网络实现各类通信业务的接入网允许与许多业务节点相连，因此既可以接入分别支持特定业务的单个 SN，也可以接入支持相同业务的多个 SN。

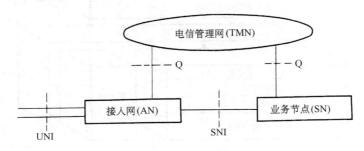

图 10-1　接入网的定界

3．接入网分层模型

接入网按垂直方向可以分为三个独立的层次，分别是电路层、通道层和传输媒质层，其中每一层为其相邻的高阶层提供传送服务，同时又使用相邻的低阶层所提供的传送服务。可以看出，接入网的分层模型与第 7 章中介绍的同步数字体系（SDH）传送网的分层模型基本一致，这也反映出接入网的主要功能也是在用户网络与公共网络间完成各类通信业务的传送。

（1）电路层（CL）

电路层网络涉及电路层接入点之间的信息传递并独立于传输通道层。电路层网络直接面向公用交换业务，并向用户直接提供通信业务。例如：电路交换业务、分组交换业务和租用线业务等。可以按照提供业务的不同区分不同的电路层网络。

（2）通道层（TP）

通道层网络涉及通道层连接点之间的信息传递并支持一个或多个电路层网络，为电路层网络节点（例如交换机）提供透明的通道（即电路群），通道的建立由交叉连接设备负责。

（3）传输媒质层（TM）

传输媒质层网络与传输媒质（如光缆、微波）有关，它支持一个或多个通道层网络，为通道层网络节点（如交叉连接设备）之间提供合适的通道容量。

以上三层之间相互独立，相邻层次之间符合客户/服务者关系，这里所说的客户是指使用传送服务的层面，服务者是指提供传送服务的层面。例如，对于电路层与通道层，电路层为客户，通道层为服务者；而对于通道层和传输媒质层，通道层又变为客户，传输媒质层为服务者。

对于接入网而言，电路层上面应有接入网特有的接入承载处理功能（AF），在考虑层管理和系统管理的功能后，整个接入网的通用协议参考模型可以用图 10-2 表示。

4．接入网特点

接入网位于核心网和用户网络之间，直接担负着广大用户的信息传递和交换。与核心网和城域网等相比较，接入网具有以下主要特点：

（1）功能相对简单

接入网主要完成与业务传送相关的功能，如复用和传输等，一般不具有交换和路由等复杂功能，经开放的 SNI 可实现与任何种类的交换设备的互连。

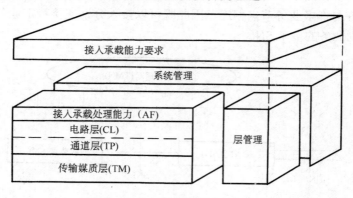

图 10-2　接入网通用协议参考模型

（2）业务多样性

接入网业务需求种类多，除接入交换业务外，还可接入数据业务、视频业务以及租用业务等。特别是对于用户网络而言，接入网可能需要同时提供传统的语音和其他各种基于 IP 的多媒体业务。

（3）网径较小

接入网是用户网络和公共网络的桥梁，一般网径较小，传输距离也较短，在市区为几千米，在城郊等地区多为几千米到十几千米。

（4）成本敏感

因为接入网需要覆盖所有类型的用户，各用户的传输距离不同，这就造成了成本上的差异，同时也造成了接入网对于成本的高度敏感性。

（5）施工难度较高

接入网的网络结构与用户所处的实际地形有关，网络复杂，地形多变，有较大的施工难度。特别是对于城市而言，如果需要新敷设接入网相关的线路和设备，往往受到用户侧环境的较大限制，施工难度高。

（6）对环境的适应能力强

与核心网和城域网中设备的工作环境相比，接入网中的设备需要具备适应各种恶劣的环境的能力，如没有完善的机房和灵活的供电方式，可设置于室外或楼道等，有利于减少建设和维护费用。

5．接入网分类

接入网根据传输方式可以分为有线接入网和无线接入网两类，如图 10-3 所示。有线接入网包括铜线接入网、光纤接入网和混合光纤同轴电缆接入网；无线接入网包括固定无线接入网和移动无线接入网。

10.1.2　光纤接入网

光纤接入网（OAN）是指在接入网中采用光纤作为主要传输媒质来实现信息传送的网络形式。OAN 不是传统意义上的光纤传输系统，而是针对接入网环境所设计的特殊的光纤传输网络。

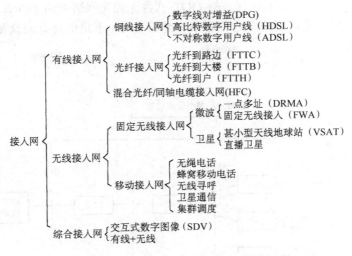

图 10-3　接入网分类示意图

1. 基本结构

光纤接入网采用光纤作为主要传输媒质，而局侧和用户侧发出和接收的均为电信号，所以在局侧要进行电/光变换，在用户侧要进行光/电变换，才可实现中间线路的光信号传输。一个一般意义上的光纤接入网示意图如图 10-4 所示。

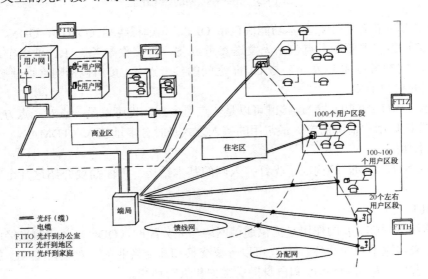

图 10-4　光纤接入网示意图

光纤接入网的参考配置如图 10-5 所示。从图中可以看出，一个光接入网主要由光线路终端（OLT）、光分配网络（ODN）和光网络单元（ONU）等组成。

从系统配置上可将 OAN 分为无源光网络（PON）和有源光网络（AON）。

无源光网络（PON）是指在 OLT 和 ONU 之间没有任何有源的设备而只使用光纤等无源器件。PON 对各种业务透明，易于升级扩容，便于维护管理。有源光网络（AON）中，用有源设备或网络系统（如 SDH 环网）的 ODT 代替无源光网络中的 ODN，传输距离和容量大大增加，易于扩展带宽，网络规划和运行的灵活性大，不足的是有源设备需要机房、供电和维护等辅助设施。

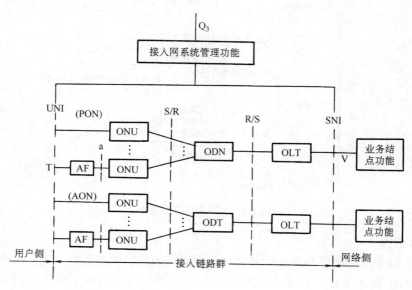

图 10-5　光纤接入网的参考配置

图 10-5 所示的结构中，基本功能块包括 OLT、光远程终端（ODT）、ODN、ONU 及适配设备（AF）等。主要参考点包括光发送参考点 S、光接收参考点 R、业务节点间参考点 V、用户终端间参考点 T 以及 AF 与 OUN 之间的参考点 a。接口包括网络管理接口 Q₃ 以及用户与网络间接口 UNI。

OLT 和 ONU 之间的传输连接既可以是一点对多点，也可以是一点对一点方式，具体的 ODN 形式要根据用户情况而定。最常用的接入方式是时分多址接入（TDMA）。

2．基本功能

OLT、ONU、ODN 等构成了光纤接入网的基本结构。下面简要介绍这几个主要模块的功能。

（1）OLT

光线路终端（OLT）的作用是提供通信网络与光分配网（ODN）之间的光接口，并提供必要的手段来传送不同的业务。OLT 可以分离交换和非交换业务，对来自 ONU 的信令和监控信息进行管理，从而为 ONU 和自身提供维护和供给功能。

OLT 可以设置在本地交换机的接口处，也可设置在远端。可以是独立的设备，也可以是与其他设备集成在一个总设备内，OLT 的内部由核心部分、业务部分和公共部分组成。OLT 中一般还要完成对 ONU 的鉴权、认证和管理工作。

（2）ONU

光网络单元（ONU）位于 ODN 和用户之间。ONU 的网络具有光接口，而用户则为电接口，因此需要具有光/电变换功能，并能实现对各种电信号的处理与维护功能。ONU 内部由核心部分、业务部分和公共部分组成。

ONU 一般要求具备对用户业务需求进行必要的处理（如成帧）和调度等功能。

（3）ODN

光分配网络（ODN）位于 ONU 和 OLT 之间，其主要功能是完成光信号的管理分配任务。以无源光网络 PON 为例，其中的 ODN 主要由无源光器件和光纤构成无源光路分配网络。通常采用树形结构，如图 10-6 所示。

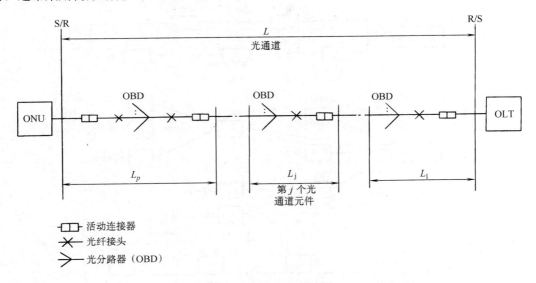

图 10-6　ODN 中的光通道

图中的 ODN 是由 P 个级联的光通道元件构成，总的光通道 L 等于各部分 L_j（$j=1,2,\cdots p$）之和。通过这些元件可以实现直接光连接、光分路/合路、多波长光传输及光路监控等功能。

（4）AF

适配功能块（AF）主要为 ONU 和用户设备提供适配功能，它可以包括在 ONU 之内，也可以独立。

3．拓扑结构

光纤接入网的拓扑结构主要有总线型、环形和星形。由此又可以派生出树形、双星形、环形－星形等结构，如图 10-7 所示。

（1）总线型结构

这种结构属于串联型结构，其特点是：共享主干光纤，节省线路投资，增删节点容易，彼此干扰小。缺点是：线路损耗随距离逐渐累积，对用户接收机的动态范围要求较高，对主干光纤的依赖性太强。

（2）环形结构

环形结构的最大优点是抗毁能力强，在出现光纤中断时可实现自愈。缺点是单环所挂用户数量有限，多环互通又较为复杂，不适合于分配形业务。

（3）星形结构

这种结构中所有用户终端通过一个位于中央节点（设在端局内）的具有控制和交换功能

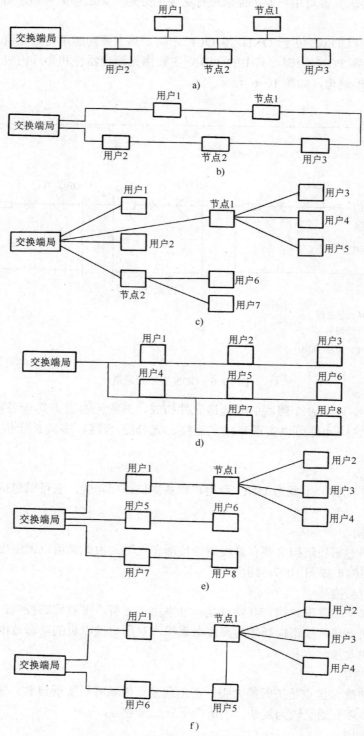

图 10-7 光纤接入网的拓扑结构

a) 总线型 b) 环形 c) 星形 d) 树形 e) 双星形 f) 环形-星形

的星形耦合器进行信息交换，属于并联型结构。星形结构的优点是用户之间相对独立，保密性好，业务适应性强。缺点是所需光纤代价高，组网灵活性差，对中央节点的可靠性要求高。

（4）树形结构

树形结构是一种总线型和星形拓扑的结合，适合于广播型业务。缺点是功率损失较大，双向通信难度较大。

（5）双星形结构

这种结构中各用户共享部分线路和设备，大大降低网络造价，易于维护便于升级。

（6）环形－星形结构

这种结构是上述几种结构的结合。

4．光接入网的应用类型

根据 ONU 位置的不同，可以将 OAN 划分为几种基本的应用类型，即光纤到路边 FTTC、光纤到楼 FTTB、光纤到家或办公室 FTTH/FTTO 等。

（1）FTTC

FTTC 是光纤接入网应用较早时期的典型方案。ONU 设置在路边或街角的入孔或电杆上的分线盒处，有时也可设置在交接箱处，完成光电转换后再用对绞铜线或同轴电缆引入用户。FTTC 的优点是可以利用部分用户侧现有的铜线资源，缺点是作为一种光纤/铜线混合系统，其维护运行的成本较高，用户侧较长的铜线不利于要求较高的宽带业务的应用，且长远来看铜线仍会面临淘汰。

（2）FTTB

FTTB 是 FTTC 方案的改进，其将光电转换向用户侧进行了推进，即将 ONU 直接置于楼宇内部（包括居民住宅、商用建筑等），再由铜线或同轴电缆将业务分送至各个终端用户。FTTB 的光纤化较 FTTC 高，因此适应于用户密度较高的场合，FTTH 目前也较多地和综合布线系统共同使用。

（3）FTTH/FTTO

FTTH/FTTO 是光接入网较为理想的实现方案，即将 ONU 直接设置于用户家庭或企事业单位办公室，是一种全光纤的接入网。FTTH/FTTO 具有端到端的高带宽传输能力，对业务的内容、格式等都具有高度的透明性。缺点是目前在推广时还存在成本等的制约，同时室内的光纤布线等要求较高。

（4）FTTPC

FTTPC（包括光纤到桌面 FTTD）是目前新的一种提法。持此观点的人认为，将来用户侧的业务种类和数量可能远远超过现有的预计，FTTH 方式也未必能够满足带宽需求，需要更进一步地将光纤连接至用户终端，包括未来的用户侧终端设备可能都会内置 ONU。当然对此也有不同的认识，另一种观点认为 FTTH 已经足够，用户侧可以采用其他方法，比如无线接入实现小范围内多个终端共享一个ONU。

从发展来看，光接入网的普及主要受到成本和内容等多方面的制约。目前较多的观点认为：以 FTTH/FTTO 结合家庭（办公室）无线网的形式是实现宽带接入的较好选择。

5．光接入网的性能指标

光接入网的性能指标既包括了物理层的光纤传输、光通道衰减、双向链路光功率预算等，也包括了误码和抖动性能，对于特定的光接入网技术，还可能包含了带宽分配、拥塞控制和流量控制等性能指标，这里主要介绍链路相关性能。

光接入网中最主要的性能指标之一是链路的光功率预算，即 OLT 与 ONU 间允许的能量损失。由于光接入网中包括了光纤和无源光分路器等许多器件，同时用户侧的 ONU 的工作条件等受限，因此对于光功率预算要求较高。光通道的损耗（dB）计算一般采用最坏值法，可以表示为

$$\text{ODN光通道损耗} = \sum_{i=1}^{n} L_i + \sum_{i=1}^{m} K_i + \sum_{i=1}^{p} M_i + \sum_{i=1}^{h} F_i \tag{10-1}$$

式中 $\sum_{i=1}^{n} L_i$ ——光通道全程 n 段光纤的衰减总和；

$\sum_{i=1}^{m} K_i$ ——m 个活动连接器的插入损耗总和；

$\sum_{i=1}^{p} M_i$ ——p 个光纤固定接续接头损耗总和；

$\sum_{i=1}^{h} F_i$ ——h 个光分路器插入损耗总和。

而总的光接入网光功率预算应该满足

$$\text{ODN光通道损耗} + M_c \leqslant \text{光通道允许的衰减} \tag{10-2}$$

式中，M_c 是光纤富余度。

通常在计算中，相关参数取值范围如下：光纤损耗系数，工作波长为 1310nm 时取 0.36dB/km，1490nm 时取 0.22dB/km。光纤活动连接器插入损耗取 0.5dB/km 个。

分光器的典型插入损耗见表 10-1。

表 10-1 分光器的插入损耗典型值

分光器类型	1∶2	1∶4	1∶8 或 2∶8	1∶16 或 2∶16	1∶32 或 2∶32
FBT 或 PLC	≤3.6dB	≤7.3dB	≤10.7dB	≤14dB	≤17.7dB

一般工程中 OLT 和 ONU 的相关光接口参数如下：

- OLT 发送电平：2～7dBm（1490nm）。
- OLT 接收电平：−24～−9dBm（1310nm）。
- ONU 发送电平：−1～4dBm（1310nm）。
- ONU 接收电平：−27～−3dBm（1490nm）。

当采用最常见的 G.652 光纤时，要求光接入网中的光分配网络（ODN）部分满足的上下行链路总功率衰减（功率预算）由表 10-2 给出。

表 10-2 最大光链路衰减

序号	接口（光纤线路最长传输距离）	1310nm 时最大光链路衰减/dB	1490nm 时最大光链路衰减/dB
1	1000 Base-PX20U 接口 20km	24	-
2	1000 Base-PX20D 接口 20km	-	23.5

10.1.3 光接入网关键技术

1. 突发收发技术

采用直接调制的光发送机，其建立稳定的信号输出需要一定的时间。而在光接入网中，由于多采用时分多址（TDMA）方式，这也要求 OLT 和 ONU 具有突发收发的能力。例如，对于采用 TDMA 的 ONU 而言，各 ONU 采用相同的上行工作波长轮流占用光纤信道，即每个 ONU 只能在每一帧的特定时刻发送上行信号，因此需要有快速的功率开启和切断的功能，否则两个以上 ONU 同时发光会导致信号的冲突。另一方面，对于光接入网中 ONU 发送机的消光比也有较高的要求。由于多个 ONU 对应于一个 OLT，在每一时刻只有一个 ONU 发送信号，其他所有 ONU 都应处于关断状态，此时要求其余所有 ONU 的残留光之和不能对正在发光的 ONU 产生影响。

OLT 侧也有类似的问题。如多个 ONU 发送的信号到达 OLT 侧会有功率的波动，因此要求 OLT 的接收机能灵活快速地调整接收电平，迅速地接收和恢复数据。特别是考虑极端的情况下，与 OLT 不同距离的 ONU，其光纤链路的衰减不一致，应避免出现图 10-8 所示的较远端的 ONU 的上行高电平信号，由于链路衰减过大反而低于处于较近端 ONU 的上行低电平信号，即"远近效应"。

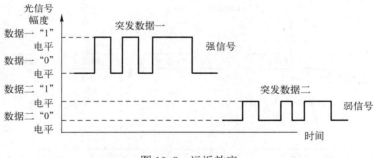

图 10-8　远近效应

2. 突发同步技术

光接入网中下行方向传输的是连续数字信号，ONU 的接收部分只需对光检测器检测出的电信号进行定时提取和判决即可完成定时再生，其中定时提取可以通过锁相环（PLL）实现。

在 ONU 至 OLT 的上行传输方向上，各 ONU 传输的上行信息是以固定长度信元（帧）或可变长度帧等形式通过 TDMA 方式传送的。由于各 ONU 的时钟是从 OLT 传输来的下行信号中提取的，而且 ONU 需在 OLT 规定的时间内传送上行信号，所以在 OLT 端接收到的、来自不同 ONU 信号的时钟频率虽然相同，但由于各 ONU 与 OLT 的距离不同，因此各个信元信号经传输延迟后，到达 OLT 时的比特相位不同。极端情况下，OLT 接收到 ONU 上行的突发短脉冲数据流的比特相位各不相同。光接入网中，为了保证每个 ONU 都有公平的机会占用上行信道，因此 TDMA 方案中每个 ONU 占用的时隙都很小。因此，为了不丢失有用信息，需有在 OLT 和 ONU 将具备快速建立同步的机制，即突发同步技术。OLT 处的比特同步必须在每个上行 ONU 短脉冲数据流期间建立，使得同步电路迅速与输入数据同步，从而把每个 ONU 发送的信号正确恢复出来。

突发同步技术也需要能处理如新加入的 ONU（如新安装和加电的用户）以及出现故障后重新加入服务等场景所需的突发同步需求。

3. 测距技术

光接入网的网络环境是典型的点到多点方式，由于各个 ONU 到 OLT 的距离不等，为了防止各个 ONU 所发上行信号发生冲突，OLT 需要一套测距功能，以保证不同物理距离的 ONU 与 OLT 之间的"逻辑距离"相等，即传输延迟一致，以避免碰撞和冲突的出现。在上行方向，每一用户的信息也是在预先确定的时隙内插入预先分配好的时隙内送给 OLT。由于 OLT 和 ONU 中的光器件会随温度和寿命出现性能变化，因此 OLT 必须不断测量每一 ONU 与 OLT 之间的距离（传输时延），协调每一 ONU 调整发送时间使之不至于冲突。常用的测距解决办法是在所有的 ONU 中插入补偿时延，使每个 ONU 到 OLT 的总时延相等。因此测距也即测量各个 ONU 到 OLT 的实际逻辑距离（传输时延），并将所有的 ONU 到 OLT 的虚拟距离设置相等的过程。

图 10-9 和图 10-10 分别给出了采用测距技术前后的上行信号冲突及解决情况。

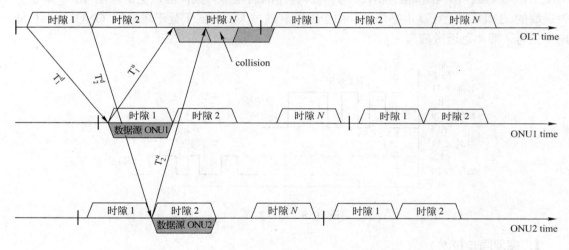

图 10-9　未采用测距出现的上行信号冲突

测距过程分为三个子过程：静态粗测距、静态精测距、动态精测距。当系统初始化时或当一个新的 ONU 加入时或一个 ONU 重新加电时，静态粗测距起作用，为保证该过程对数据传输的影响较小，采用低频低电平信号作为测距信号；静态精测距是达到所需测距精度的中间环节，每当 ONU 被重新激活时都要进行一次，它占据一个上行传输时隙；动态精测距是在数据传输过程中，使用数据信号来进行测距。精态精测距过程结束后，OLT 指示 ONU 可以发送数据了，在发送数据过程中，OLT 持续地测量各 ONU 环路延时，及时调整补偿时延以适应各种因素对环路时延的影响。

4. 多址接入技术

光接入网中的多址接入技术包括时分多址接入（TDMA）、波分多址接入（WDMA）和码分多址接入（CDMA）等。

时分多址接入（TDMA）是目前光接入网最常用的技术之一。从 OLT 到 ONU 的下行信号，传输时通常采用时分复用（TDM）技术以广播方式将 TDM 信号送给所有的与 OLT 相连的 ONU。上行传输时将时间分成若干个时隙，每一时隙内只安排一个 ONU 以固定帧或可变分组包方式向 OLT 发送分组信息，每个 ONU 严格按照预先规定的顺序依次发送。为了避免与 OLT 距离不同的 ONU 所发的上行信号在 OLT 处发生冲突，OLT 需要有一套复杂的测距功能，同时也需要具备根据 ONU 的业务需求动态调整时隙分配的能力。

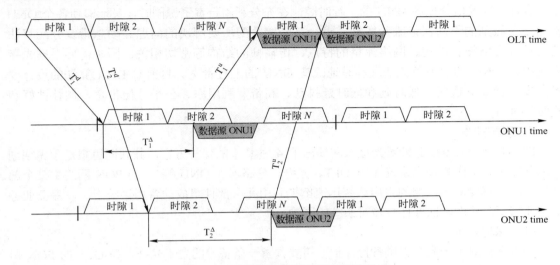

图 10-10　采用测距后上行信号不会冲突

　　波分多址接入（WDMA）方式是采用波分复用技术的光接入网，也被广泛认为是未来接入网的最终方向。WDMA 有三种实现形式：第一种是每个 ONU 分配一对波长，分别用于上行和下行传输，从而提供了 OLT 到各 ONU 固定的虚拟点对点双向连接；第二种是 ONU 采用可调谐激光器，根据需要为 ONU 动态分配波长，各 ONU 能够共享波长，网络具有可重构性；第三种是采用无色 ONU（colorless ONU），即 ONU 与波长无关方案。还有一种是下行使用 WDM-PON，上行使用 TDM-PON 的混合 PON。

　　码分多址接入（CDMA）方式是为每一个 ONU 分配一个多址码（光域），并将各 ONU 的上行信号与其进行模二加后，再去调制具有相同波长的激光器，经光分路器（OBD）合路后传输到 OLT，通过检测、放大和模二加等电路后，恢复出 ONU 送来的上行反码。CDMA 方式的光接入网目前主要受限于光编码器和解码器等器件。

　　综合考虑经济、技术和应用条件，TDMA 是目前最成熟也是应用最广泛的光接入网多址接入方式，也是 ITU-T 目前标准化的主要方式。从发展来看，随着各类光器件制造工艺的不断改进，未来 WDMA 将是实现光接入网最有潜力的多址方案。

5. 动态带宽分配技术

　　在上行方向，任意时刻不同 ONU 对带宽的需求是不一样的，这就涉及带宽分配及其算法的问题。带宽分配要求提供一套在尽可能保证每个 ONU 需求的同时高效利用光接入网总体网络资源的最有效的手段。带宽分配算法既要考虑连接业务的性能特点和其服务质量的要求，又要考虑接入控制的实时性。通常的算法分为两大类：一是根据预先测定或分配的 ONU 需求，制定固定的带宽分配策略，即各 ONU 的上行时隙分配是固定的，称为静态带宽分配（SBA）。另一种是根据实时的 ONU 业务请求，通过某种算法实现可变的时隙分配，称为动态带宽分配（DBA）。显然，动态带宽分配更加适合于光接入网中差异化的业务需求，但是动态带宽分配的实施较静态带宽分配更为复杂。

动态带宽分配可以通过消息和状态机等技术来实现。由于光接入网在上行方向是一个多点到一点的拓扑结构，上行信道采用 TDMA 方式实现对共享介质的访问。因此，如何公平、合理及高效地分配各 ONU 的上行时隙，在充分利用带宽资源同时，又能够使各个 ONU 根据服务级别的不同保证服务质量需求，是带宽分配所要解决的问题。动态带宽分配算法的设计与网络拓扑结构、网络流量的特点、传输帧的结构等密切相关，同时需要根据光接入网中各 ONU 的业务负荷情况实时地改变 ONU 的上行带宽。目前对 DBA 算法的设计要求主要包括业务透明、低时延和低时延抖动、高带宽利用率、公平分配带宽、健壮性好和实时性强等。

6. 保护技术

ITU-T 建议 G.983.1 针对光接入网提出了 4 种基本的保护方案，其共同思想是预先规划一部分冗余容量作为备用系统（如 OLT、光纤、分路器和 ONU 等）。当 PON 网络中某个部件失效时，将受故障影响的主用系统迅速倒换到由冗余部件组成的备用系统上，以保证业务的快速恢复，从而降低部件故障对系统的影响。

（1）保护方案 I

该方案只对主干光纤提供备份保护，需要预留一条备份的主干光纤，在 OLT 的 PON 口处设置 1×2 光开关，分光器采用 2∶N 光分路器，将主、备两条主干光纤接于光开关和 2∶N 分光器之间。由 OLT 检测线路工作状态，当检测到主干光纤发生故障时，OLT 端负责对线路进行倒换，倒换过程中，信号损失是不可避免的，整个倒换过程不需要 ONU 参与。此外，由于工作和备份的主干光纤物理距离不同，所以在倒换之后需要对各 ONU 进行重新测距。在此方案下，只有主干光纤处的故障可以恢复。

（2）保护方案 II

该方案只对 OLT 和主干光纤提供备份保护，需要 OLT 备份模块和一条备份的主干光纤，备份的 OLT 模块处于冷备份状态，分光器采用 2∶N 光分路器，将主、备两条主干光纤的一端分别接在 OLT 的两个 PON 口，另一端接在 2∶N 分光器的两个输入端。由 OLT 检测线路工作状态，当检测到故障时，OLT 端负责对线路进行倒换，将工作线路从主用线路倒换到备用线路。由于冷备份的 PON 口中的信号发射模块被激发到正常工作状态需要一段较长的时间，同时 ONU 需要重新测距，故倒换时间较慢。在此方案下，只有 OLT 和主干光纤处的故障可以恢复。

（3）保护方案 III

该方案对整个 PON 系统提供全备份保护，需要额外的 OLT、ONU 模块，主干/分支光纤以及光分路器。备用的 PON 模块处于热备份状态，由 ONU 完成线路检测和倒换工作。由于采用的热备份保护方式，在倒换过程中信号损失相对于之前的方案要小，且切换时间也较少，而代价则是保护成本的成倍提升。在此方案下，整个 PON 系统的任一部件发生故障都将得到恢复。

（4）保护方案 IV

与方案 III 一样，该方案对整个 PON 系统提供全备份保护，是对于 III 方案的辅助方案，由于在实际中 ONU 处每个用户的保护需求不同，考虑到成本问题，只有一部分用户需要提供全备份保护，而另一部分用户只需要主干光纤到 OLT 的备份保护。其他部分与方案 III 一致。

图 10-11 给出了 4 种保护方案原理。

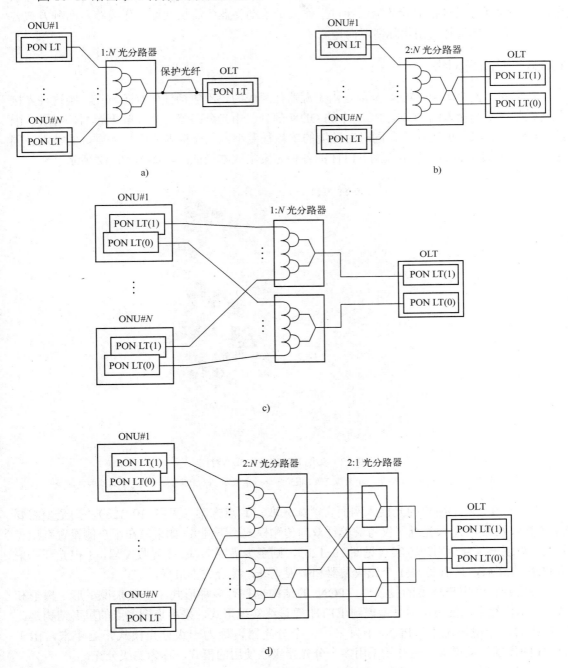

图 10-11　光接入网保护方案

光接入网保护倒换的返回机制可以分为业务的自动返回方式和人工返回方式。所谓返回机制是指线路出现故障后，系统倒换到备份线路，之后由工作人员对故障线路进行抢修，修复完成后将线路倒换回原工作线路的过程。自动返回方式是指在消除故障后，经过一定的返回等待时间，被保护的业务自动返回到原来的工作线路，其中返回的等待时间可以自行设定。人工返回方式是指消除故障后通过工作人员手动将业务倒换回原工作线路。两种方式各有优缺点，具体选择可由实际情况而定。

10.1.4 无源光网络

在光接入网中如果 ODN 全部是由无源器件组成的，不包括任何有源节点，则这种光接入网就是无源光接入网 PON。PON 中的 ODN 部分仅由光分路器、光缆等无源器件组成，因此 PON 具有极高的可靠性，同时对环境的依赖程度小，是光接入网中最为看好的技术。同时，PON 方案也是实现光接入网 FTTH 的各种方案中成本最低的，如图 10-12 所示。

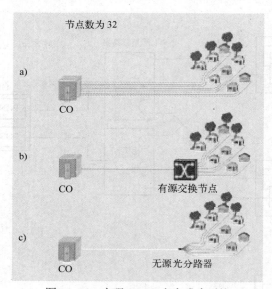

图 10-12　实现 FTTH 方案成本对比

a) 点到点 32 根光纤 64 个收发器　b) 有源交换 1 根光纤 66 个收发器　c) 无源分光 1 根光纤 33 个收发器

对于一个 N 个用户的光接入网而言，如采取点到点方案（见图 10-12a），则至少需要 $2N$ 个光收发器和 N 根光纤（仅考虑单纤双向传输模式，下同）；如采取在用户侧设置有源光节点，再逐一延伸至用户方案（见图 10-12b），则至少需要 $2N+2$ 个光收发器，1 根光纤；采用 PON 方案后，只需要 $N+1$ 个光收发器和 1 根光纤，综合成本最低。

考虑到实际用户环境的复杂性，PON 的结构也具有多种形式，一般来说星形、树形和总线型结构都可以使用，但是考虑到 FTTH 等最终实现形式，采用点到多点的星形结构是比较合适的。一般情况下，PON 中只采用一个分光器，称为一级分光模式。近年来，由于 FTTH 的需求日益增加，也开始采用多个分光器级联使用的模式，称为二级分光。

PON 的结构中，OLT 和多个 ONU（有时也将用户侧设备称为光网络终端 ONT）之间双向传输的常用方法是下行信号使用 1490nm 波长，上行信号使用 1310nm 波长。如果 PON 的分路比较高，即一个 OLT 需要连接较多 ONU，且传输距离较长时，也可考虑在 OLT 侧设置光放大器，提高总的下行功率。ITU-T 在 G.983 系列建议中规定，PON 的分路比至少支持 1∶16 或更高（目前多为 1∶32 或 1∶64），OLT 与 ONU 之间的物理距离不得少于 20km。

根据传送信号数据格式的不同，PON 可以进一步地分为基于 ATM 的 APON、基于 Ethernet 的 EPON 和千兆比特兼容的 GPON 等，这几种 PON 标准的基本架构相似，都是点到多点的单纤双向无源光接入网，区别主要体现在链路层协议和标准。

1. 基于 ATM 的无源光接入网 APON

APON 是基于 ATM 的 PON 接入技术，最早由全业务接入网组织（FSAN）于 20 世纪 90 年代提出，并由 ITU-T 完成标准化。APON 下行方向采用 TDM 方式，并通过 ATM 信头的虚通道标识符/虚通路标识符（VPI/VCI）进行二级寻址，并根据不同业务的 QoS（服务质量）进行不同的转接处理。上行方向则采用 TDMA 方式，各个 ONU 以最小 1 个 ATM 信元对应的时隙占用上行带宽。

一个典型的采用树型分支拓扑结构的 APON 系统如图 10-13 所示。ITU-T 建议 G.983 规范 APON 的传输复用和多址接入方式采用以信元为基础的 TDM/TDMA 方式。APON 采用单纤双向波分复用方式，即上行信号用 1310nm 波长，下行信号用 1490nm 波长，分路比小于 32。在下行方向，由 ATM 交换机来的 ATM 信元先发送给 OLT，OLT 将其转变为连续的 TDM 下行帧，以广播方式传送给与 OLT 相连的各 ONU，每个 ONU 可以根据信元的 VCI/VPI 选出属于自己的信元送给终端用户。在上行方向，来自各 ONU 的信元需要排队等候属于自己的发送时隙来发送，由于这一过程是突发的，为了避免冲突，需要一定的媒体接入控制协议（MAC）来保证。

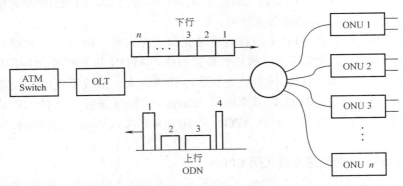

图 10-13　APON 结构示意

G.983 建议也给出了 APON 的帧结构，如图 10-14 所示。

图中，速率为 155.52Mbit/s 或 622.08Mbit/s 的 TDM 下行帧由连续的时隙流组成，每个时隙包含 53 字节的 ATM 信元和 PLOAM 信元（物理层运行和维护信元，用来传送物理层运行和维护信息，还能携带 ONU 上行接入时所需的授权信号）。每隔 27 个时隙中插入一个 PLOAM 信元。速率为 155.52Mbit/s 的下行帧包含 2 个 PLOAM，每帧共有 56 个时隙；而速率为 622.08Mbit/s 的下行帧包含 8 个 PLOAM，共有 224 个时隙。通常，每一个 PLOAM 有 27 个授权信号，每一帧仅需 53 个授权信号，所以，622.08Mbit/s 的下行帧中，后面的 6 个 PLOAM 信元的授权信号区全部填充空闲授权信号，不被 ONU 使用。上行帧采用 155.52Mbit/s，共有 53 个时隙，每个时隙包含 56 个字节。其中 3 个字节是开销字节，包括：

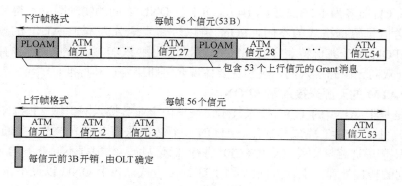

图 10-14　APON 帧结构

1）防护时间。在两连续信元之间或微信元间提供间隙以防止碰撞，最小长度为 4bit。

2）前置码。用于相对于 OLT 的本地时钟提取到达信元和微时隙的相位或用作比特同步和幅度恢复。

3）定界符。用作唯一的格式来指示 ATM 信元和微时隙的开始，也可作字节同步。

其中，防护时间长度、前置码和定界符格式由 OLT 编程决定，其内容由下行方向 PLOAM 信元中控制上行开销信息决定。

另外，OLT 要求每个 ONU 传输 ATM 信元时需获得下行的 PLOAM 信元的授权。上行时隙可包含一个分割的时隙，由来自 ONU 的大量微时隙组成，MAC 协议可用它们来传送 ONU 的排队状态信息以实现动态带宽分配。

FSAN 在 2001 年后将 APON 改称为宽带无源光接入网（BPON），并对其参数等进行了修订。但随着 ATM 技术迅速退出核心的数据网络，APON 和 BPON 的应用较少。APON 系统的主要缺点一方面是 ATM 技术较为复杂，开销较大，造成系统成本较高，限制了其大规模的使用。另一方面，21 世纪以来随着 Internet 的快速发展，IP 技术在核心网络和城域网络中都得到了广泛的应用，因此 APON 和 BPON 在接入环境中的使用和推广受到了很大的限制。

2. 基于 Ethernet 的无源光接入网 EPON

EPON 是由国际电气电子工程师协会 IEEE 提出的光接入网标准，IEEE 中的第一英里以太网（EFM）工作组于 2002 年 7 月制订了 EPON 草案，并于 2004 年正式发布了第一个 EPON 标准 802.3ah-2004。EPON 中的 ODN 由无源分光器件和光纤线路构成，EFM 确定分路器的分光能力在 1∶16 到 1∶128 之间。从 OLT 到 ONU 的方向称为下行方向，反之称为上行方向。上行和下行线路的光信号占用 C 波段（1550 nm 窗口）的某两个不同波长，一般为下行 1490nm 和上行 1310nm，传输速率均为 1 Gbit/s，传输距离可达 20 km。

EPON 的下行链路中，OLT 以广播方式发送以太网数据帧，并通过 1∶N 的无源分光器，数据帧到达各 ONU 后，ONU 通过检查接收到的数据帧的目的媒体接入控制（MAC）地址和帧类型（如广播帧或 OAM 帧）来判断是否接收此帧。

在上行链路上，各 ONU 的数据帧以突发方式通过 ODN 传输到 OLT，因此必须有一种多址接入方式保证每个激活的 ONU 能够占用一定的上行信道带宽。考虑到业务的不对称性和 ONU 的低成本，EFM 工作组决定在上行链路上也采用 TDMA 方式。

EPON 的上、下行传输方案分别如图 10-15 和 10-16 所示。

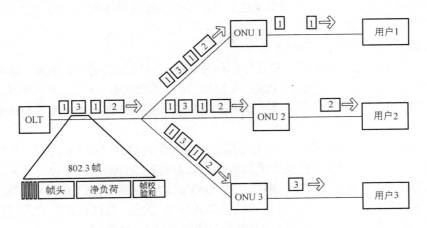

图 10-15　EPON 下行传输方案

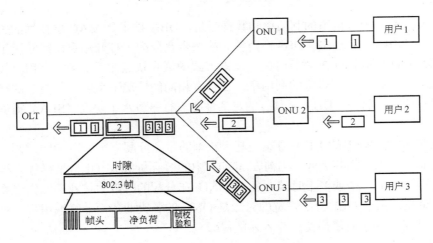

图 10-16　EPON 上行传输方案

可见，与 APON 上行传输最大的区别在于，EPON 中用户侧产生的以太网帧长度是不固定的，也即 ONU 每次需要占用的上行时隙也是变化的，这对 EPON 的上行动态带宽分配提出了更高的要求。

EPON 的一个基本思想是以尽量小的协议改动为前提，将在用户侧广泛使用的以太网标准引入接入网的范畴。EPON 的标准中协议分层结构与基本以太网协议分层相比，物理层定义几乎相同（主要改动是增加功率控制功能），主要的区别是在数据链路层增加了两个子层：多点接入子层和以太网仿真/安全子层。多点接入子层用于支持上行和下行链路的多点接入；仿真子层的作用是将一点对多点的通信等效为传统以太网的对等实体的通信（P2P）；安全子层主要用于下行链路的 MAC 帧加密。

从 EPON 的上下行方案不难看出：EPON 的主要思想是将较为复杂的功能集中于 OLT，

ONU 应尽量简单。EPON 中由于传统的点到点的光纤线路已转变为点到多点的光传输结构（类似于卫星信道），在上行的 TDMA 方式中必须考虑延时、测距、快速同步和功率控制等问题；另一方面由于传统的以太网 MAC 层的载波侦听多址接入/碰撞检测机制（CSMA/CD 协议）在 EPON 中无法实现，必须在 802.3 协议栈中增加支持 EPON 的多点控制（MPCP）协议、OAM 和 QoS 机制。

（1）EPON 数据链路层关键技术

由于下行信道采用广播方式，带宽分配和时延控制可以由高层协议完成，因而上行信道的多点控制协议（MPCP）便成为 EPON 的 MAC 层技术的核心。802.3ah 标准确定在 EPON 的 MAC 层中增加了 MPCP 子层用以完成数据链路层的主要功能，并定义了 MPCP 的协议状态机机制。

MPCP 核心主要包括 3 点：一是上行信道采用基于时隙的 TDMA 方式，但时隙的分配由 OLT 实施；二是不分割 ONU 发出的以太帧，而是对其进行组合，即每个时隙可以包含若干个基本的 802.3 帧，组合方式由 ONU 依据 QoS 决定；三是上行信道必须有动态带宽分配（DBA）功能支持即插即用、服务等级协议（SLA）和 QoS。数据链路层的关键技术主要包括动态带宽分配（DBA）、系统同步、OLT 的测距和时延补偿协议等。

1）DBA

由于直接关系到上行信道的利用率和数据时延，DBA 技术是 MAC 层技术的关键。带宽分配分为静态（SBA）和动态（DBA）两种。静态带宽分配由打开的窗口尺寸决定，动态带宽则根据 ONU 的需要由 OLT 进行分配。静态方式的最大缺点在于其带宽利用率较低，而采用动态 DBA 可以提高上行带宽的利用率，在带宽相同的情况下可以承载更多的终端用户，从而降低用户成本。另外，DBA 所具有的灵活性为进行服务水平协商（SLA）提供了很好的实现途径。

目前 EPON 使用较多的 DBA 方案是基于轮询的带宽分配方案，即 ONU 实时地向 OLT 报告当前的业务需求（如各类业务当前在 ONU 中的缓存量级），OLT 根据优先级和时延控制要求分配给 ONU 一个或多个时隙，各个 ONU 在分配的时隙中按业务优先级算法发送数据帧。由此可见，由于 OLT 分配带宽的对象是 ONU 的各类业务而非终端用户，对于具有端到端 QoS 的服务，必须有高层协议介入才能保障。

2）同步

因为 EPON 中的各 ONU 接入系统是采用时分方式，所以 OLT 和 ONU 在开始通信之前必须建立同步，才能保证信息正确传输。要使整个系统达到同步，必须有一个共同的参考时钟，在 EPON 中以 OLT 时钟为参考时钟，各个 ONU 时钟与 OLT 时钟同步。OLT 周期性的广播发送同步信息给各个 ONU，ONU 据此调整自己的时钟。

EPON 对同步的要求是在某一 ONU 的时刻 T（ONU 的时钟）发送的信息比特，OLT 必须在时刻 T（OLT 时钟）正确接收。在 EPON 中由于各个 ONU 到 OLT 的距离不同，所以传输时延各不相同，要达到系统同步，ONU 的时钟必须比 OLT 的时钟有一个时间提前量，这个时间提前量就是上行传输时延。

3）测距

由于 EPON 的上行信道采用 TDMA 方式，多点接入可能会导致各 ONU 的数据帧延时不同，因此必须引入测距和时延补偿技术以防止数据时域碰撞，并支持 ONU 的即插即用。

准确测量各个 ONU 到 OLT 的距离，并精确调整 ONU 的发送时延，可以减小 ONU 发送窗口间的间隔，从而提高上行信道的利用率并减小时延。另外，测距过程应充分考虑整个 EPON 的配置情况。例如，若系统在工作时加入新的 ONU，此时的测距就不应对其他 ONU 有太大的影响。EPON 的测距由 OLT 通过时间标记（Timestamp）在监测 ONU 的即插即用的同时发起和完成。

（2）物理层关键技术

为降低 ONU 的成本，EPON 物理层的关键技术集中于 OLT，包括突发信号的快速同步、网同步、光收发模块的功率控制和自适应接收。

由于 OLT 接收到的信号为各个 ONU 的突发信号，OLT 必须能在很短的时间（几个比特内）内实现相位的同步，进而接收数据。此外，由于上行信道采用 TDMA 方式，而 20km 光纤传输时延理论上最大可达 0.1ms（相当于 EPON 帧结构中 105 个比特的宽度），为避免 OLT 接收侧的数据碰撞，必须利用测距和时延补偿技术实现全网时隙同步，使数据包按 DBA 算法的确定时隙到达。

另外，由于各个 ONU 相对于 OLT 的距离不同，对于 OLT 的接收模块，不同时隙的功率不同，在 DBA 应用中，甚至相同时隙的功率也不同（同一时隙可能对应不同的 ONU），称为远近效应。因此，OLT 必须能够快速调节针对 0、1 电平的判决点。

（3）服务质量保证（QoS）技术

EPON 技术为解决通信网络中"最后一公里"的接入问题而生，它不仅继承了以太网设备成本低廉、操作和维护简单的特点，更提供了丰富的接入带宽和扩展空间。EPON 中支持 QoS 的关键技术包括：物理层和数据链路层的安全性；支持业务等级区分；如何支持传统业务。

1）多业务支持

宽带接入是 EPON 提供的基本业务类型。IP 协议已经成为未来骨干网的支撑协议，以太网由于在支持 IP 方面简单高效的特点，使其在用户和网络侧的应用都很普遍。根据用户的特点和需要，可以配置 1 个或多个 10/100Mbit/s 自适应的以太网端口，如果用户需要可以配置 1000Mbit/s 的以太网端口。网络侧通常配置多个千兆接口，以汇聚多路 EPON 的传输数据。这种高带宽的供给能力是目前非对称数字用户线（ADSL）技术，包括增强型的 ADSL2+或甚高速率数字用户线（VDSL）技术所无法比拟的，也为运营商提供各种高带宽消耗的增值业务开通了高速路。

对于传统的语音业务而言，EPON 一般采用 VoIP 模式实现。这种基于分组技术的方案不仅与 EPON 吻合较好，也适合采用下一代网络（NGN）技术的软交换（SS）及 IP 多媒体子系统（IMS）平台的业务网络。在这种方案中，ONU 实际上扮演了接入网关（AG）或综合接入设备（IAD）的角色，EPON 则成为一个透明的二层网络。这时，如果上游网络是 NGN，OLT 的设计会得到简化，将是一个理想的解决方案。

2）业务质量保证

① 动态带宽分配和端口限速

针对 EPON 上行带宽的使用，可以有两种机制：静态带宽分配和动态带宽分配。静态带宽分配对带宽采取固定配置的方式，系统按照各 ONU 预定的带宽进行初始配置，运行期间其值保持不变。当 EPON 承载突发性很强的数据业务时，静态带宽分配的效率较低。动态带宽分配对带宽采取实时调度方式，系统按照 ONU 实时上报的请求统筹安排，动态调整授权给 ONU 的带宽，从而充分利用系统资源，同时改善时延等性能。

EPON 的 DBA 除了考虑最大限度地利用系统资源，同时还要能够公平地管理和控制各用户（ONU）带宽。所谓公平就是出现各用户竞争系统带宽时 DBA 能够根据用户与运营商签订的合约情况进行带宽分配，用户得到的带宽正比于其付费的多少。这种算法可以使用户忙时获得的带宽不低于保证带宽，但也不会高于保证带宽的 2 倍（视整个系统负载情况）。

针对 EPON 下行带宽的使用，EPON 的标准中并没有限定分配规则，一般即为先到先服务的共享策略，这种情况可能使某些用户抢占到更多的带宽资源，从而影响其他用户的应用体验。因此，可以对用户端口增加限速的功能，根据用户的服务等级设定最大的下行速率。

② 队列优先级和队列调度

针对 IP 承载的不同业务，为了保证服务质量，通过端口（Port）、MAC 地址、VLAN 标签、区分服务代码点（DSCP）字段等多种方式进行业务识别，并划分不同的优先级队列，再根据优先级队列的调度算法，合理分配带宽、保证时延特性。这些调度算法包括严格优先级队列调度（SP），加权循环队列调度（WRR）和 SP+WRR 算法等。

结合 DBA、端口限速、优先级、队列调度以及拥塞控制等多种手段，基于 IP 的业务质量可以得到较好的保证。

3）网络安全

① PON 口数据安全

EPON 系统下行方向采用广播方式，恶意用户很容易截获系统中其他用户的信息。为提高用户数据的保密性，必须采用加密措施，最常见的是使用三重搅动（Triple Churning）技术。该技术在 EPON 系统中的下行方向针对每个逻辑链路标识（LLID）的数据进行搅动加密，每个 LLID 都有独立的密钥。搅动由 OLT 提出密钥更新要求，ONU 提供 3 字节搅动密钥，OLT 使用此密钥完成搅动功能。在启用搅动功能后，对所有的数据帧和操作管理维护帧（OAM）进行搅动。

② ONU 认证功能

OLT 支持基于 ONU 的 MAC 地址对 ONU 合法性进行认证的能力，能够拒绝非法 ONU 的接入。OLT 支持对该功能的开启和关闭配置。对于已被拒绝注册的非法 ONU，仍然有一定的尝试注册的机会。在 ONU 尝试注册失败以后，进入拒绝注册后的静默状态。

EPON 的推出顺应了接入网中对宽带业务需求的快速增长，同时也适应了用户侧广泛流行的以太网技术，因此其发展和应用相对较为顺利，国内外都已经部署了相当规模的 EPON 网络。

3. 千兆比特兼容的无源光接入网（GPON）

鉴于 APON/BPON 和 EPON 的各自优劣，许多国际标准化组织都投入了大量精力试图提出一种兼具双方优点的方案。ITU-T 在 APON 基础上，提出了千兆比特兼容的无源光接入网 GPON，GPON 的主要设想是在 PON 上传送多业务时保证高比特率和高效率。由于 GPON 一开始就自下而上地重新考虑了 PON 的应用和要求，为新的方案奠定了基础，不再基于早先的 APON 标准。它一方面保留了与 PON 不是直接相关的许多功能，如 OAM 消息和 DBA 等；另一方面 GPON 则基于完全新的传输会聚（TC）层。GPON 采用的是一个以帧为基础的协议，用通用成帧程序（GFP）作业务映射。

GPON 的总体目标包括：

- 帧结构可以从 622Mbit/s 扩展到 2.5Gbit/s，并支持不对称比特率。
- 对任何业务都保证高带宽利用率和高效率。
- 把任何业务（TDM 和分组）都通过 GFP 装入 125μs 的帧中。
- 对纯 TDM 业务作高效率的无开销传送。
- 通过带宽指示器为每一 ONT 动态分配上行带宽。

GPON 的一个主要特色是引入了通用成帧规程 GFP，GFP 可以在不同的传送网络上灵活适配业务，其中传送网可以是任何类型的传送网，如 SONET/SDH 和 G.709（OTN）等。客户信令可以是基于分组的如 IP/PPP 或 Ethernet MAC 等，也可以是恒定比特率流或其他类型信令。由于 GFP 提供以高效简单的方式在同步传送网上传送不同业务的通用机制，故它用作 GPON 业务汇聚的基础是较为理想的。此外，使用 GFP 时，GPON TC 层本质上是同步的，并使用标准的 SDH（125μs）帧，这使 GPON 能够直接支持 TDM 业务，这也适应了通信网平滑过渡的需求。

GPON 协议设计时主要考虑以下问题：如基于帧的多业务（ATM、TDM、数据）的同时传送、上行带宽分配机制采用时隙指配（通过指示器）、支持不对称线路速率、线路码是不归零（NRZ）码，在物理层有带外控制信道，用于使用 G.983 PLOAM 的 OAM 功能、为了提高带宽效率，数据帧可以分拆和串接、缩短上行突发方式报头（包括时钟和数据恢复）、DBA 报告、安全性和存活率开销都综合于物理层、帧头保护采用循环冗余码采用比特交织奇偶校验以及在物理层支持 QoS 等。

ITU-T 在对 GPON 总体要求的建议 G.gpon.gsr（G.984.1）对 GPON 的传输速率进行了定义，总共定义了 7 种类型：

① 155.52Mbit/s 上行，1.24416Gbit/s 下行。

② 622.08Mbit/s 上行，1.24416Gbit/s 下行。

③ 1.24416Gbit/s 上行，1.24416Gbit/s 下行。

④ 155.52Mbit/s 上行，2.48832Gbit/s 下行。

⑤ 622.08Mbit/s 上行，2.48832Gbit/s 下行。

⑥ 1.24416Gbit/s 上行，2.48832Gbit/s 下行。

⑦ 2.48832Gbit/s 上行，2.48832Gbit/s 下行。

从上述速率等级可以看出，GPON 将支持各种对称速率和不对称速率等级，这些速率等级既考虑了当前的业务需求，也兼顾了将来的带宽需要（如速率等级 7）。

（1）GPON 基本结构

图 10-17 给出了 GPON 总体结构示意。

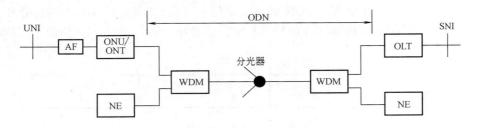

图 10-17　GPON 总体结构

由图中可知，GPON 主要由光线路终端（OLT）、光网络单光网络终端（ONU/ONT）及光纤分配网（ODN）组成。OLT 位于中心机房，向上提供广域网接口，包括 GE、ATM、DS-3 等；ONU/ONT 放在用户侧，为用户提供 10/100BaseT、T1/E1、DS-3 等应用接口，适配功能 AF 在具体实现中可能集成于 ONU/ONT 中；ODN 由分支器/耦合器等无源器件构成；上下行数据工作于不同波长，下行数据采用广播方式发送，上行数据采用基于统计复用的时分多址方式接入。图中的波分复用器（WDM）和网络单元（NE）为可选项，用于在 OLT 和 ONU 之间采用另外的工作波长传输其他业务，如视频信号。

GPON 的协议模型由控制/管理平面（C/M 平面）和用户平面（U 平面）组成，C/M 平面管理用户数据流，完成安全加密等 OAM 功能，U 平面完成用户数据流的传输。U 平面进一步又可以分为物理媒介相关子层 PMD、GPON 传输汇聚子层 GTC 和高层，GTC 子层又进一步细分为 GTC 适配子层和 GTC 成帧子层，高层的用户数据和控制/管理信息通过 GTC 适配子层进行封装。

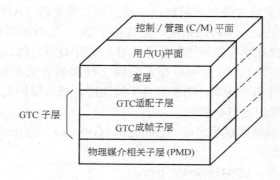

图 10-18　GPON 协议模型

（2）GFP 通用成帧规程及传输汇聚子层（GTC）

1）通用成帧规程（GFP）

GFP 在 SDH 和 OTN 网络中的使用分别在 ITU-T G.707/Y1322 和 G.709/Y1321 中做了规定。用户层信号可以是基于分组（例如 IP/PPP、Ethernet），恒定比特率（CBR）或其他任何类型。GFP 可以灵活地将不同的业务数据映射进字节同步的传送网中，是 GPON 中的关键技术之一。

为克服 ATM 承载 IP 业务开销大的缺点，GPON 采用了新的传输协议——GPON 封装方法（GEM），该协议能完成对高层多样性业务的适配，包括 ATM 业务、TDM 业务及 IP/Ethernet 业务，对多样性业务的适配是高效透明的。同时该协议支持多路复用，动态带宽分配等 OAM 机制。GEM 是 GPON 传输汇聚层专有的适配协议，GEM 的功能在 GPON 内部终结，即仅在 GPON 内部实现各种用户业务的适配封装。图 10-19 给出了 GEM 的帧结构。

PLI(L) 16bit	Port ID 12bit	Frag 2bit	FFS 2bit	HEC 16bit	分段净负荷 L B

图 10-19　GEM 帧结构

图中，PLI 为净负荷长度指示，共 16 比特。端口号（Port ID）为 12 比特，用于支持多端口复用，相当于 APON 技术中的 VPI。Frag（Fragment）为 2 比特，用于分段指示：第一个分段的 Frag 值为 10，中间分段的 Frag 值为 00，最后一个分段的 Frag 值为 01；若承载的是整帧，Frag 的值为 11。Frag 的引入解决了由于剩余带宽不足以承载当前以太网帧时带来的带宽浪费问题，提高了系统的有效带宽；FFS 为 2 比特，目前尚未定义。HEC 为头校验，占据 16 比特，采用自描述方式确定帧的边界，用于帧的同步与帧头保护。

GPON 引入了 Port ID 的概念，即从 ONU 的一个业务端口与 OLT 的一个点到点的连接，由对应的 Port ID 标识。对于多样性业务高效透明的适配正是通过采用全新的传输汇聚层协议 GEM 封装来实现的。源于 GFP 的 GEM 不仅继承了 GFP 高效适配的优点，而且经过改造之后能够更加准确地定位接入领域。

2）GPON 传输汇聚子层（GTC）

G.984.3 为 GPON 定义了一个全新的传输会聚子层 GTC，该子层可以作为通用的传输平台来承载各种客户信号（ATM、GEM）。GTC 层的协议栈如图 10-20 所示。

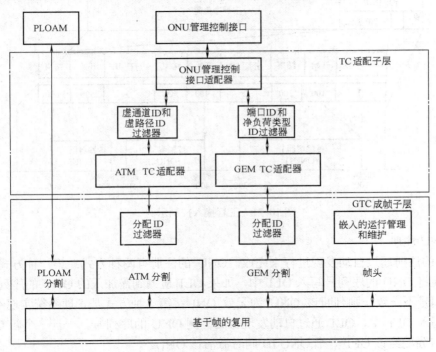

图 10-20　GPON GTC 层协议栈

可以看出，GTC 层主要由 GTC 成帧子层（GTC Framing sublayer）和 TC 适配子层构成，GTC 成帧子层应实现的功能包括：

① 复用和解复用功能，负责实现 PLOAM、ATM 和 GEM 流与 TC 传输帧的复用/解复用。

② TC 传输帧帧头的产生/解码。

③ 基于 Alloc ID 的内部交换功能。TC 适配子层提供 3 种适配：ATM 适配、GEM 适配和 OMCI 适配。其中 OMCI 主要是对运营管理维护信息的适配，可以看出，对于业务而言

GTC 可支持两种传送模式，即 ATM 和 GEM，因此 GTC 应用非常灵活。

GPON GTC 层主要实现两个重要的功能：

1）媒体接入控制功能

GTC 在上行方向提供业务流的媒体接入控制功能，GTC 是通过下行 GTC 数据帧的控制字节来完成对上行方向每个 ONU 发送的 T-CONT 进行控制的，如图 10-21 所示。GPON 下行数据帧的帧头中包括下行物理层控制块（PCBd），其中包含了上行带宽映射（US BW Map）字段，用于对 ONU 发送数据进行授权。该字段指示哪个 Alloc ID（一个 ONU 可以对应一个 Alloc ID 或多个 ID）何时开始发送数据及何时停止发送数据。这样，在正常情况下，上行方向的任意时刻都只有一个 ONU 在发送数据。US BW Map 字段的指针指示的数值是以字节为单位，GPON 系统可以实现以 64kbit/s 为步长的上行带宽分配。

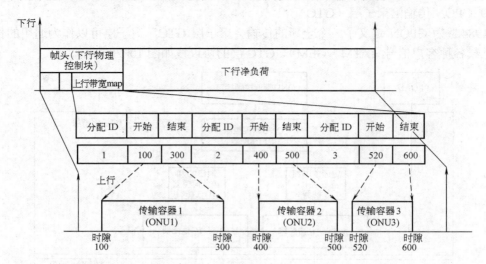

图 10-21 上行接入控制示例

2）ONU 注册

ONU 的注册通过自动发现进程来完成。ONU 的注册有两种方式：第一种方式是通过管理系统实现将 ONU 的序列号写入 OLT 中，如果 OLT 检测到需加入的 ONU 的序列号与事先设置的序列号不一致，则判断该 ONU 为无效 ONU；第二种方式是管理系统实现不将 ONU 的序列号写入 OLT 中，OLT 通过自动发现机制检测 ONU 的序列号。一旦一个新 ONU 被发现，OLT 将分配给该 OLT 一个 ONU ID 同时激活该 ONU。

（3）GPON 的上下行方案

1）下行帧格式

图 10-22 给出了 GPON 下行帧格式。

图中，PCBd 提供帧同步、定时及动态带宽分配等 OAM 功能；载荷部分透明承载 ATM 信元及 GEM 帧。ONU 依据 PCBd 获取同步等信息，并依据 ATM 信元头的 VPI/VCI 过滤 ATM 信元，依据 GEM 帧头的 Port ID 过滤 GEM 帧。图 10-23 给出了 PCBd 模块的组成。

图中，物理层同步（Psync）用于 ONU 与 OLT 同步；Ident 用于超帧指示，值为 0 时指示一个超帧的开始；PLOAMd 用于承载下行 PLOAM 信息；BIP 是比特间插奇偶校验 8 比特码，用于误码监测；Plend 用于说明 US BW Map 域的长度及载荷中 ATM 信元的数目，为了增强容错性，Plend 出现两次；US BW Map 域用于上行带宽分配，带宽分配的控制对象是 T-CONT，一个 ONU 可分配多个 T-CONT，每个 T-CONT 可包含多个具有相同 QoS 要求的 VPI/VCI 或 Port ID，这是 APON 动态带宽分配技术中引入的概念，可以有效提高动态带宽分配的效率。

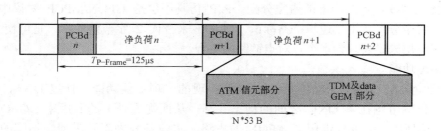

图 10-22　GPON 下行帧格式

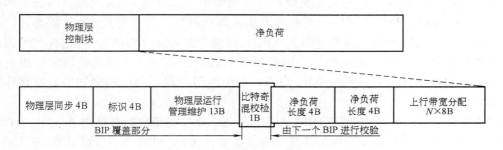

图 10-23　PCBd 模块的组成

2）上行帧结构

图 10-24 给出了 GPON 的上行帧结构。

图 10-24　GPON 上行帧结构

　　上行物理层开销（PLOu）为突发同步，包含前导码、定界符、BIP、PLOAMu 指示及 FEC 指示，其长度由 OLT 在初始化 ONU 时设置。ONU 在占据上行信道后首先发送 PLOu 单元，以使 OLT 能够快速同步并正确接收 ONU 的数据；PLSu 为功率测量序列，长 120 字节，用于调整光功率；PLOAMu 用于承载上行 PLOAM 信息，包含 ONU ID、Message ID、Message 及 CRC，长 13 字节；PCBu 包含 DBA（动态带宽调整）域及 CRC 域，用于申请上行带宽，共 2 字节；Payload 域填充 ATM 信元或者 GEM 帧。

（4）MAC 层协议及 DBA

1）MAC

GPON 以 MAC 控制子层的多点控制协议（MPCP）机制为基础，MPCP 通过消息、状态机和定时器来控制访问 P2MP 的拓扑结构。MPCP 涉及的内容包括 ONU 发送时隙的分配、ONU 的自动发现和加入、向高层报告拥塞情况以便动态分配带宽。网络中的每个 ONU 都包含一个 MPCP 实体，它可以和 OLT 中的 MPCP 实体进行消息交互。MPCP 在 OLT 和 ONU 之间规定了一种控制机制来协调数据的有效发送和接收：系统运行过程中上行方向在一个时刻只允许一个 ONU 发送，位于 OLT 的高层负责处理发送的定时、不同 ONU 的拥塞报告从而优化 PON 系统内部的带宽分配。P2P 仿真子层是 GPON/MPCP 协议中的关键组件，通过给每个分组包增加逻辑链路标识（LLID）来替代 2 字节的前缀，它可使 P2MP 网络拓扑对于高层来说表现为多个点对点链路的集合。

2）DBA 功能

动态带宽分配（DBA）功能是 GPON 应实现的一项重要功能，通过 DBA，GPON 能实现 PON 传输带宽在各 ONU 之间的动态共享，从而提高带宽的利用率。GPON 系统的动态带宽分配机制和 QoS 沿用了 APON 的思路，将业务分为不同类型，不同的业务设置不同的参数，根据参数检测拥塞状态，分配带宽，对 ONU 进行授权。分组网络中，由于各种业务质量不尽相同，有的业务类型对时延很敏感（如话音），有的则只对丢包率敏感（如 FTP，e-mail）。若将不同的类型业务不加区别地对待，将会导致 QoS 的恶化，甚至造成业务丢失。尽管可以按峰值速率为 ONU 静态分配带宽（SBA），但这样整个系统带宽很快被耗尽，带宽的利用率很低。因而需要动态分配带宽，合理调节网络资源，提高系统的带宽利用率，满足各种业务的 QoS，避免网络拥塞，并在网络拥塞时能够保证高优先级业务的 QoS。

GPON 系统可以采用 SBA 和 DBA 相结合的方式来实现带宽的有效利用，对于 TDM 业务，可以通过 SBA 指配带宽以保证其高 QoS，而对于其他一些业务可以通过 DBA 来动态分配带宽。

在 GPON 系统中，将分组业务划分为四类业务等级，但业务参数用数据和时间描述，而不是速率，这是为更好地适应新的变长度分组环境，具体如下：

第一类业务等级：允许定长度负荷周期性传送，对时延敏感。主要服务对象是对时延和时延抖动有严格要求的实时业务，如语音等。

第二类业务等级：对时延不敏感，其信息传输是基于请求的，意味着某个业务流不活动时可以将资源分配给其他业务以提高利用率，其状态可以通过上行帧的特定字节发送到 MAC 控制器。典型服务如文件传输等面向连接的数据业务。

第三类业务等级：只保证最小的业务速率，但可以根据网络的运行情况自适应的调整，从而能充分利用网络可用资源，适用于低 QoS 业务，典型业务为 TCP/IP 业务。

第四类业务等级：没有任何带宽保证，在带宽需求的高峰期还将被限制发送，即所谓的尽力而为业务。典型的服务如电子邮件等业务。

4．新型 PON 技术

（1）WDM PON

现阶段部署的光接入网中 EPON 和 GPON 都得到了相当规模的应用，其工作速率也正在向 10Gbit/s 方向发展，而 WDM-PON 主要受到成本制约，同时也缺乏相应的业务推动，运营商在近期暂时还不会大规模地部署。但从发展的长远观点来看，WDM-PON 具有许多 EPON 和 GPON 不具备的优点，随着其不断成熟，可能会成为中远期的技术选择。

1）WDM PON 结构和特点

WDM PON 能够提供各个 ONU 更高带宽的能力，虚拟点到点的传输链路与 QoS 保证的业务，而实现这些可以通过相对低成本的 CWDM 技术，因此 WDM PON 能够有效地降低系统成本。与 TDM PON 中所有 ONU 共享一个波长相反，WDM PON 为每个 ONU 提供了一个独立的波长，如图 10-25 所示。

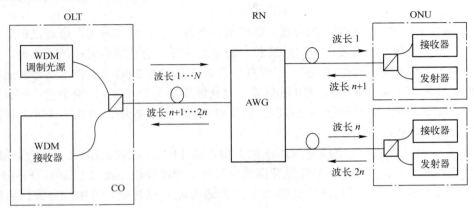

图 10-25　WDM PON 系统结构

一个 WDM PON 包括 OLT 和远端节点（RN）之间一个共享的馈线光纤和连接个人用户的 RN 专用分配光纤，类似 TDM-PON 架构。远端节点（RN）包括一个波长多路复用器/多路分用器，以及无源阵列波导光栅（AWG）。每个用户一般分配了两个独立的波长分别用于上下行传输。在 OLT 端中，WDM PON 系统具有与每个 ONU 对应的光收发机阵列。采用波分复用技术的 PON 技术的主要特点有：

① 更长的传输距离。由于 WDM PON 中 AWG 的插入损耗比传统的 TDM PON 系统中光功率分路器的插入损耗要小，因此在 OLT 或 ONU 激光器输出功率相等的情况下，WDM PON 传输距离更远，网络覆盖范围更大。

② 更高的传输效率。在 WDM PON 中上行传输时，每个 ONU 均使用独立的、不同的波长通道，不需要专门的 MAC 协议，故系统的复杂度大幅度降低，传输效率也得到了大幅提高。

③ 更高的带宽。WDM PON 是典型的点对点的网络架构，每个用户独享一个波长通道的带宽，不需要带宽的动态分配，其能够在相对低的速率下为每个用户提供更高的带宽。

④ 更具安全性。每个 ONU 独享各自的波长通道带宽，所有 ONU 在物理层面上是隔离的，不会相互产生影响，因此更具安全性。

⑤ 对业务、速率完全透明。由于电信号在物理层光路不做任何处理，无需任何封装协议。

⑥ 维护成本更低。由于 WDM PON 中光源无色技术的应用，使得 ONU 所用光模块完全相同，解决了器件的存储问题的同时，也降低了 OPEX 和 CAPEX。且单纤 32～40 波，可扩展至 80 波，节约主干光纤和后期维护费用。

⑦ 更易维护。WDM PON 避免了由于高插入损耗产生的对光纤线路等测量限制。另外，无色光源技术的应用，使得维护更方便。

2）WDM PON 关键技术

WDM PON 技术的规模商用首先需要解决光模块的互换性，尤其是 ONU 侧的光收发模块。显然，应对大规模应用的时候，为每个 ONU 设置固定波长光源的方案难以应用于商用的 WDM PON 中，因此"无色"光源技术是 WDM PON 系统攻关的关键技术。

目前，无色 ONU 方案主要包括（但不限于）三种：可调激光器、注入锁定 FP-LD 和波长重用 RSOA 方式。

可调激光器作为无色 ONU 的方案，即可调激光器工作在特定波长，可通过辅助手段对波长进行调谐，使用激光器发射不同的波长。采用此种方案的系统不需要种子光源，且可调激光器的调谐范围较宽，可达 50nm。采用直接调制可以实现 2.5Gbit/s 以上的传输速率，若采用外调制技术可实现 10Gbit/s 的传输速率，且传输距离大于 20km，整个网络扩展性好。但不足之处在于，系统需要网络协议控制，需要对 ONU 波长控制，增加了 ONU 设计的复杂度，且目前成本较高。

注入锁定 FP-LD 方式作为无色 ONU 的方案，即 FP-LD 在自由运行时为多纵模输出，当有适当的外部种子光注入时，被激发锁模输出与种子光波长一致的光信号，FP-LD 锁定输出的工作波长与种子光源和波分复用/解复用的通道波长相对应。采用此方案的系统无需制冷控制，网络架构简单。不足之处在于受限于传输速率和传输距离，且成本较高。由于锁模器件 FP-LD 调制速率低，理论带宽为 0.2～4GHz，且器件的模间噪声较大，不宜于高速率的传输系统。另外，系统中需要两个种子光源，若用在混合 PON 中，上行信号对种子光源的要求更高，高功率的种子光源存在安全问题。由于种子光源的问题，使得传输距离受限于 20km，且系统不宜于扩展。

波长重用 RSOA 方式作为无色 ONU 的方案，即种子光源经过频谱分割后注入局端 RSOA 内，激发 RSOA 输出与种子光波长相一致的光信号。此光信号具有两个用途，既作为下行方向的信号光，又作为上行方向信号的种子光。当作为上行方向的种子光时，激发 ONU 内 RSOA 输出与种子光波长一致的光信号。采用此方案系统无需制冷控制，且网络架构简单。不足之处在于传输距离受限。系统中需要种子光源，具有较强的后向反射，系统以易于扩展，且价格较高。

（2）WDM-TDM 混合 PON

WDM-TDM PON 将是未来 PON 的发展趋势，但现阶段实现 WDM PON 存在不小的难度，因此较为合理的网络升级策略是从 TDM-PON 向 WDM PON 逐步过渡，而在过渡的过程中，两者的共存阶段是必须要经历的，并将出现 WDM-TDM 混合 PON 的多种融合形式。WDM 和 TDM 混合模式的 PON 结构具有容量大、可靠性高、节约光纤资源等突出优势，预期可在接入网络的改造和升级中发挥巨大作用。基于 WDM 技术的 PON 网络架构可以兼容现有的 EPON、GPON 和 P2P 等多种光纤接入技术，同时通过波长规划可以直接承载其他波长的有线电视（CATV）业务，真正实现"三网融合"。通过 WDM-TDM PON，可以构建一个具有更大接入容量、更高传输速率、面向全业务运营的全新光接入网。

目前混合 PON 的研究重点首先在于物理层设计，组网应尽量选择低损耗、低成本的无源光器件。近年来混合 PON 发展很快，已经提出的方案和架构包括 Composite PON（CPON）、LARNET、RITENET 等，其中斯坦福大学提出的 SUCCESS Hybrid PON 和 DWA PON 等提出了在 MAC 层设计能同时调度波长和带宽两种资源的资源分配算法，最终将

WDM 和 TDM 的优点融合在一起，取长补短，在扩大网络容量和传输距离的同时降低信号损耗和成本。

基于物理层之上的 MAC 层是 PON 网络进行数据传输和资源调度的关键协议层。目前 IEEE 和 ITU-T 都定义了相应的 MAC 层信令和协议规范。对于 MAC 层带宽分配算法，二者都只给出了帧格式和 QoS 业务分类框架，并没有给出具体的算法流程和细节。这种开放性的协议架构为业界各个大科研机构和厂商提供了广阔的研发和创新平台，研究者可根据不同的网络性能和 QoS 要求，设计研发不同功能的带宽分配算法，为用户提供个性化的接入服务。

（3）XG PON 和 NG PON

从 2005 年开始，IEEE 和 ITU-T 相继开展了对下一代 PON 系统的标准化研究。根据 FSAN 对几大运营商的关于下一代 PON 的意见的征求，绝大多数运营商指出应在现有的 EPON 和 GPON 的技术基础上提升速率，也有个别运营商希望可以发展像 WDM-PON 一类的新技术。IEEE 于 2006 年立项开始制定 10Gbit/s 速率的 EPON 系统的标准 IEEE 802.3av。该标准针对 10Gbit/s 速率的需求制定了新的 EPON 物理层规范，并对 MAC 层规范进行了更新。在该标准中，10Gbit/s EPON 分为两种类型，其一是非对称方式，即下行速率为 10Gbit/s，但上行速率与 EPON 相同仍然为 1Gbit/s；其二是对称方式，即上下行速率均为 10Gbit/s。

相对而言，由于 PON 系统的上行传输技术难度较大，因此 1Gbit/s 上行 10Gbit/s 下行方式的 10G EPON 系统较为容易实现。但由于该类系统上下行带宽比达到 1：10，因此能否与实际的用户业务需求的带宽模型相匹配目前存在疑问。

另一方面，ITU-T 于 2008 年启动了下一代 GPON 标准的研究，目前称为 XG-PON 标准。XG-PON 标准 ITU-T G.987 系列已陆续发布。XG-PON 目前规定的物理层速率为非对称方式，即下行速率为 10Gbit/s，上行速率为 2.5Gbit/s。

10G-EPON 和 XG-PON 系统使用同样的波长规划，有利于两者共用部分光器件，扩大产业规模，降低器件成本。两者均规定上行选择 1260～1280nm 的波长范围，下行选择 1575～1580nm 的波长范围。下行方向与现有的 1490nm 的 EPON 或 GPOM 系统可以采用 WDM 方式进行波长隔离。上行方向，由于 EPON ONU 使用的激光器谱宽较宽（1310nm+50nm），与 1260～1280nm 波长重叠。因此，EPON 与 10G-EPON 的 ONU 共存在同一 ODN 时需采用 TDMA 方式，两者不能同时发射。GPON 与 XG-PON 的 ONU 可以采用波长隔离，两者互不影响。在功率预算方面，10G EPON 增加了 PR/PRX30 的功率预算档次，将光链路预算提升到 29 dB。10G GPON 正在研究如何支持 31～32dB 的光链路预算能力。

NG PON 是现有的 GPON/XG-PON 的演进系统。由于 TDM-PON 发展到单波长 10Gbit/s 速率后，再进一步提升单波长速率面临着技术和成本的双重挑战，于是在 PON 系统中引入 WDM 技术成为必然的选择。由于 10G-EPON 和 XG-PON 目前在现网中的应用也很少，因此 NG PON 的主要目标是瞄准 2015 年以后的应用窗口。

NG PON 定位于全业务的光纤接入网，除了通过速率的提升支持更高速率的家庭和商业客户，NG PON 还需要具有良好的同步性能支持移动回传等业务。目前正在讨论中的 NG PON 的标准草案中提出了以下基本特性。

1）下行速率至少为 40Gbit/s，上行速率至少为 10Gbit/s。

2）最大传输距离和最大差分距离为 40km。

3）最大支持 1：256 分路比。

4）至少包含 4 个 WDM 通道。

5）使用无色 ONU。

NG PON 在物理层采用的主要是 TDM 和 WDM 结合的方式，使用多个 XG-PON 在波长上进行堆叠，可以最大限度地重用 GPON/XG-PON 的技术，以及与现有的采用功率分配分光器的 ODN 具有比较好的兼容性。

10.2　计算机高速互联光网络技术

10.2.1　光纤分布式数据接口

早期的局域网技术中主要的传输媒质是同轴电缆，最早使用光纤作为局域网物理媒质的技术是光纤分布式数据接口（FDDI），其是 20 世纪 80 年代中期发展起来的一项局域网技术，可以提供高于当时的以太网（10Mbit/s）和令牌网（4 或 16Mbit/s）能力的高速数据通信能力。FDDI 标准由 ANSI X3T9.5 标准委员会制定，为繁忙网络上的高容量输入输出提供了一种访问方法。

FDDI 的基本结构为逆向双环，其中一个环为主环，另一个环为备用环。一个顺时针传送信息，另一个逆时针传送信息。当主环上的设备失效或光缆发生故障时，通过从主环向备用环的切换可继续维持 FDDI 的正常工作。这种故障容错能力是其他网络所没有的。

FDDI 使用了比令牌环更复杂的方法访问网络。和令牌环一样，也需在环内传递一个令牌，而且允许令牌的持有者发送 FDDI 帧。和令牌环不同，FDDI 网络可在环内传送几个帧。这可能是由于令牌持有者同时发出了多个帧，而非在等到第一个帧完成环内的一圈循环后再发出第二个帧。

令牌接受了传送数据帧的任务以后，FDDI 令牌持有者可以立即释放令牌，把它传给环内的下一个站点，无需等待数据帧完成在环内的全部循环。这意味着，第一个站点发出的数据帧仍在环内循环的时候，下一个站点可以立即开始发送自己的数据。FDDI 令牌沿网络环路从一个节点向另一个节点移动，如果某节点不需要传输数据，FDDI 将获取令牌并将其发送到下一个节点中。如果处理令牌的节点需要传输，那么在指定的目标令牌循环时间（TTRT）时间内，它可以按照用户的需求来发送尽可能多的帧。因为 FDDI 采用的是定时的令牌方法，所以在给定时间中，来自多个节点的多个帧都可能都在网络上，为用户提供高容量的通信。

FDDI 可以发送同步和异步的两种类型包。同步通信用于要求连续进行且对时间敏感的传输（如音频、视频和多媒体通信）；异步通信用于不要求连续脉冲串的普通的数据传输。在给定的网络中，TTRT 等于某节点同步传输需要的总时间加上最大的帧在网络上沿环路进行传输的时间。由于 FDDI 使用两条环路，所以当其中一条出现故障时，数据可以从另一条环路上到达目的地。连接到 FDDI 的节点主要有两类，即 A 类和 B 类。A 类节点与两个环路都有连接，由网络设备如集线器等组成，并具备重新配置环路结构以在网络崩溃时使用单个环路的能力；B 类节点通过 A 类节点的设备连接在 FDDI 网络上，B 类节点包括服务器或工作站等。

FDDI 的主要优点包括：

1）FDDI 具有较长的传输距离，相邻站间的最大长度可达 2km，最大站间距离为 200km。

2）FDDI 具有较大的带宽，FDDI 的设计带宽为 100Mbit/s。

3）FDDI 具有对电磁和射频干扰抑制能力，在传输过程中不受电磁和射频噪声的影响，也不影响其设备。

10.2.2　光纤通道

光纤通道（FC）是一种高速传输数据、音频和视频信号的串行通信标准，可提供长距离连接和高带宽，能够在存储器、服务器和客户机节点间实现大型数据文件的传输。光纤通道技术是存储区域网（SAN）、计算机集群以及其他数据密集型计算环境的理想解决方案，同时光纤通道是一种工业标准接口，广泛地用于在计算机和计算机子系统之间传输信息。光纤通道支持 Internet 协议、小型计算机系统接口（SCSI）协议、高性能并行接口协议以及其他高级协议。

光纤通道本质上是一种系统互联，图 10-26 给出了从计算机系统体系结构的角度光纤通道所处的位置与所支持的应用范围。

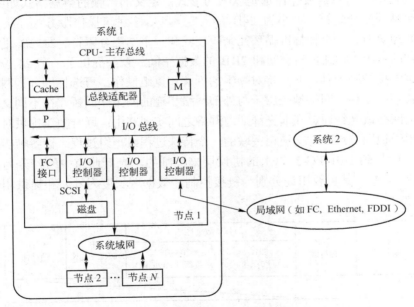

图 10-26　光纤通道

图中，局部总线（存储器总线）连接处理器和存储器模块；系统总线（I/O 总线）提供 I/O 设备插槽，通过 I/O 与局部总线桥接。在多处理机和多计算机系统中通常将硬件划分为节点，一个节点通常由处理器、存储器和接口板组成。

光纤通道参考模型如图 10-27 所示。

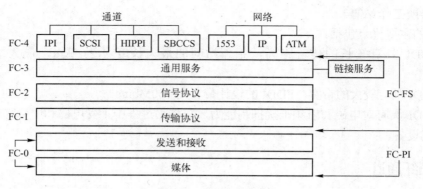

图 10-27　光纤通道参考模型

其中各层的功能简述如下：

FC- 0：规定了物理传输介质、传输方式和速率。

FC- 1：规定了 8B /10B 编码与解码方案和字节同步。

FC- 2：规定了帧协议和流量控制方式，用于配置和支持多种拓扑结构。

FC- 3：规定了通常的服务类型。

FC- 4：规定了上层映射协议。将通道或网络的上层协议映射到 FC 传输服务上。

在光纤通道中，所有链接操作都是以帧的形式被定义的，帧的数据格式如图 10-28 所示。每个帧包括开始分隔符、大小为 24B 的固定帧头、多种可操作服务头、从 0B～2112B 的长度灵活的净负荷、一个帧标准循环冗余码校验和一个结束分隔符。2112B 的最大净负荷用于提供正常的 64B 的 ULP 头空间和 2KB 的数据空间。帧头提供了一个 24 位的源与目的识别符、各种链接控制工具，并支持对帧组的拆解和重组操作。可选标题分为网络帧头、联合帧头和设备帧头三种。网络帧头用于与外部网络相连的网关和网桥，在不同交换机地址空间的光纤通道网络或光纤通道和非光纤通道网络之间实现路由；联合帧头提供对系统体系结构的支持，用于识别节点中与交换相关联的一个特殊过程或一组过程；设备帧头的内容是在数据域类型字段基础上由 FC-2 以上的协议层来控制的。光纤通道中的帧分为两大类，即 FC-0 帧和 FC-1 帧，其主要用途分别为链接控制（数据域长度为零）和提供相关数据服务（数据域为数据）。

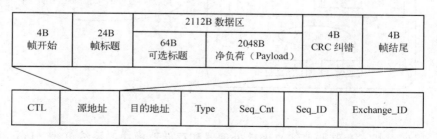

图 10-28　光纤通道数据帧格式

光纤通道中定义了六类服务方式，包含现在网络通信中所有的服务类型。服务方式的选择取决于传输数据的类型和通信的要求，其主要差别在于流控制使用的类型不同。这六类服务的基本特征如下：

第一类服务。专用链路连接，通信端口间使用整个带宽进行通信，不受其他连接的影响，数据帧的接收顺序和发送顺序保持一致。采用端到端的流控制。

第二类服务。支持多路复用和多点传送，通信端口和其他网络节点一起共享网络带宽。缓存—缓存和端—端的流控制均可使用。

第三类服务。采用缓存—缓存的流控制方式，其他与第二类服务类似。

第四类服务。通信端口之间预先建立虚电路（Virtual Circuit）连接，保证数据帧的接收和发送顺序，支持帧信号的多路复用。采用缓存—缓存流控制。

第五类服务。尚未完整地被进行定义。

第六类服务。通过交换机进行多点传送，由多点传送服务器负责复制和传递数据帧。通常使用端—端的流控制。

10.2.3　高速计算机光互联技术

超级计算机是现代科学技术，特别是国防尖端技术和高技术的迫切需要，如核武器设计、空间技术、气体动力学、长期天气预报、石油勘探、粒子束模拟计算、实时图像识别和人工智能等。随着集成电路技术的发展，依靠提高主频来提高系统性能，难度越来越大，目前比较一致的看法是超级计算机的发展趋势是大规模并行机（Massive Parallel Machine）。这不仅在技术上可行，而且在经济上也是可行的，光互联技术在超级计算机的研发和应用中具有重要的作用。

光互连可理解为用光技术实现两个以上通信单元的链接结构，这里的通信单元包括系统、网络、设备、电路和器件等，以实现协同操作。自 1984 年著名的光学专家 Goodman 提出在超大规模集成电路（VLSI）系统中采用光互联技术以来，光互联逐步走向实用化，目前已经被公认为是解决超级计算机或巨型计算机（Supercomputer）内部互联网络性能瓶颈的关键技术。

光互连主要用于多处理器之间的通道连接。光互连链路由发射单元、驱动电路、计算机接口、传输介质、接收单元和放大电路及计算机接口组成。链路或光互联网络端点所连接的功能单元称为节点。这里的节点是连接到计算机网络的设备，可以是计算机、掌上电脑（PDA）、网络、通信设备或其他网络设备。随着高性能计算机的发展，出现了以网络连接为结构的计算机机群系统，机群系统是利用个人计算机或工作站作为节点，通过互联网络构成并行处理系统。机群系统已经成为高性能并行计算系统的一个重要发展方向，其网络性能的提高主要是增加传输速率和带宽，减少网络和交换器件中的延迟。由于光的低延迟、高密度、高时空带宽积、抗电磁干扰、空间并行性等诸多特点，光互连已较多地用于并行处理及机群系统中。

适用于超级计算机光互连的主要技术包括微机电系统光开关、多级电控全息交叉互连以及基于空分—波分复用联合的广播和选择（B&S）交换系统等。通过光互联技术，可以实现一个高性能计算系统互联了数百个甚至数千个高性能微处理器，依赖于光互联提供的高稳定带宽和低时延链路特性，可以实现单个计算机无法达到的计算能力。基于光互联技术的高性能计算机系统的目标是实现高性能计算系统中的全光报文（Pocket）交换技术。

10.3 智能光网络

10.3.1 智能光网络概述

以 IP 为代表的数据业务的指数式增长已经削弱了话音业务和专线业务的优势,而且还将以较快的速度持续增加,因此传统的以固定带宽的语音业务为主的光网络技术(如 SDH 和 WDM)在应对这样高速增加的业务时,会面临一些问题和挑战,包括:

1)环网的建设周期较长,投资较高。

2)可扩展性问题。在扩展网络容量时,有时某些节点之间并不需要太大的容量,但是建设环网时通常要求所有相邻节点之间都要配置相同的资源,这样势必造成扩容后环网中部分资源的闲置。

3)连接配置时间较长。传统的光网络中的连接配置和拆除都是采用集中式的网络管理系统来进行的,连接建立时间相对都比较长,一般需要几天甚至几个月的时间,这种连接建立时间对于不需要频繁更改连接状态的永久连接来说还是可以忍受的。但是随着以 IP 为主的数据业务的不断增长,这样长的连接建立时间以及这样的连接管理系统已经不能满足用户新的需求,用户需要能在较短的时间内建立连接。

4)业务的服务质量(QoS)单一。传统的光网络为用户提供多种 QoS 服务的能力是有限的,以环网为主的 SDH 网络和 WDM 网络可以为建立的连接提供少数几种保护措施,如 1+1 或 1:1 保护等,但是缺少更多的差异化 QoS 服务。

5)从网络可靠性方面来讲,传统的光网络中的控制和管理方式一般都是集中式的,并统一保存在一个中央数据库。很显然,如果中央控制节点中硬件发生故障,或者计算路由和分配波长的软件模块发生故障,都将导致全网性的瘫痪。虽然在设计这样的集中式网络控制系统时,可以采取一些备份措施来克服这些问题,但是毕竟不如分布式控制系统在应对这些问题时生存性强。

6)从业务连接的保护恢复机制上来考虑,以环网为主的传统光网络所提供的保护机制主要是环网保护,环网保护虽然能够快速地保护受保护的连接,但这是以牺牲网络 50%的资源换得的,这些都给运营商带来了竞争上的压力。而基于网状网的光网络,不仅可提供各种不同的保护措施,如 1+1、1:1 和 $n:m$ 链路或通道保护,以及(虚)环网保护,而且还可提供灵活的恢复机制,如基于共享风险链路组的通道共享恢复等。这些恢复机制不仅能在较短时间内恢复中断的业务连接,而且能有效节省有限的光网络资源。

7)从应用方面来说,以前传统的光网络主要应用领域是骨干网,但随着视频点播(VoD)等需要较大带宽的业务发展,用户对带宽的需求也变得比以往任何时候都强烈。光网络将更接近于实际的终端用户,在为这些用户提供较大带宽服务的同时,也承受了来自用户对动态提供这些服务的需求压力。

综上所述,在当前以 IP 为主的数据业务日益占据主要的发展形势下,传统的光网络已经不能适应用户和市场的需求,迫切需要一种能提供动态的连接建立的、具有基于网状网的保护和恢复功能的、具有更强的抗毁能力的、能为用户提供不同带宽和不同类型业务的、能提供不同服务质量(QoS)的区分服务的新型的光网络,即智能光网络(ION)。

智能光网络是下一代的光网络，具有自动发现功能，包括能够自动地发现业务、拓扑、资源的变化；具有强大的计算功能，能够根据网络环境的这些变化，进行计算、分析、推理和判断，根据资源有效配置这一原则最终做出决定；具有快速的动态的连接建立能力，并能为需要的业务提供保护和恢复功能；能够提供不同类型的、不同优先级的服务等。

自动发现技术包括自动资源、拓扑发现和自动业务发现。自动资源、拓扑发现技术的功能是使网元和/或终端系统确定彼此间的连接关系及连接链路上的有效资源，并根据这些信息确定全网络的资源和拓扑信息。而自动业务发现的功能是使网元和/或终端系统确定在这些连接上能传送业务的类型、带宽和优先级等等。事实上自动发现技术是实现智能光网络所需最基本的前提条件。

快速和动态的连接建立能力是智能光网络的核心功能，其他功能都服务于这个核心功能，同时也对其他功能模块提出了挑战。例如，为了降低新到达连接的阻塞概率，网络系统需尽可能地利用当前最新的网络资源信息，因此如何在连接动态变化的网络环境下有效地分发网络资源信息就是智能光网络中路由分发模块必须解决的问题之一。此外在建立连接时，如何快速地在相关的链路上预留资源，并尽可能少地减小来自不同连接对相同链路上的资源的竞争，从而避免不必要的冲突所带来的连接的重新建立也是智能光网络中的信令模块需要解决的问题之一。

保护和恢复功能也是智能光网络中最基本的功能之一，在智能光网络中，由于引入了基于网状网的保护恢复机制，所以能采用更加灵活的方式来保护和恢复中断的业务。如基于共享风险链路组（SRLG）的通道共享保护、在其基础上加以改进的分段通道共享保护、跨环网和网状网的保护恢复及虚拟环网保护等等，这些保护恢复机制不仅具有更大的灵活性，而且具有更有效的资源使用率。

智能光网络另一个重要的特征是能够为用户提供更新型、更多带宽的服务，如按需带宽业务、波长批发、波长出租、带宽交易、光虚拟专用网（OVPN）等。同传统的 IP 虚拟专用网（VPN）业务类似，OVPN 业务使得用户能在减少通信费用的情况下在公众网络内部灵活地组建自己的网络拓扑，并允许服务提供商对物理网络资源进行划分，提供给终端用户全面安全地使用并管理他们各自 OVPN 的能力。这既满足了用户不想背负上建设专用网络的沉重费用，又能根据通信需求灵活地改变通信方式的要求。

学术界和工业界对于如何实现真正意义上的智能光网络仍存在一些不同看法，目前包括 ITU-T、IETF、OIF 等国际标准化组织都对此投入了巨大的精力，其中以 ITU-T 主导的自动交换光网络（ASON）被认为是现阶段实现智能光网络的主要方法，而 IETF 提出的通用多协议标记交换协议（GMPLS）是 ASON 的主要控制协议，OIF 则侧重于接口标准的开发和规范。

10.3.2　自动交换光网络

自动交换光网络（ASON）最早是在 2000 年 3 月由 ITU-T 的 Q19/13 研究组正式提出的。在短短的时间内，无论是技术研究，还是标准化进程都进展迅速，成为各种国际性组织及各大公司研究讨论的焦点课题。ITU-T 先后制定出 G.807（自动交换传送网络功能需求）、G.8080（自动交换光网络体系结构）以及后续的 ASON 相关标准。ASON 的核心思想是在路由和信令控制下，完成自动交换连接功能的新一代光网络，是一种标准化了的智能光传送网，代表了未来智能光网络发展的主流方向，是下一代智能光传送网络的典型代表。ASON首次将信令和选路引入传送网，通过智能的控制层面来建立呼叫和连接，实现了真正意义上的路由设置、端到端业务调度和网络自动恢复，在传统的传送网中引入动态交换的概念不仅是几十年来传送网概念的重大历史性突破，也是传送网技术的一次重要突破，因此被广泛认为是下一代光网络的最重要的技术之一。

1. ASON 体系结构

ASON 网络结构的核心特点就是支持电子交换设备动态地向光网络申请带宽资源，可以根据网络中业务分布模式动态变化的需求，通过信令系统或者管理平面自主地去建立或者拆除光通道，而不需要人工干预。采用自动交换光网络技术之后，原来复杂的多层网络结构可以变得简单化和扁平化，光网络层可以直接承载业务，避免了传统网络中业务升级时受到的多重限制。ASON 的优势集中表现在其组网应用的动态、灵活、高效和智能方面。支持多粒度、多层次的智能，提供多样化、个性化的服务是 ASON 的核心特征。

ASON 网络由控制平面、管理平面和传送平面组成，如图 10-29 所示。

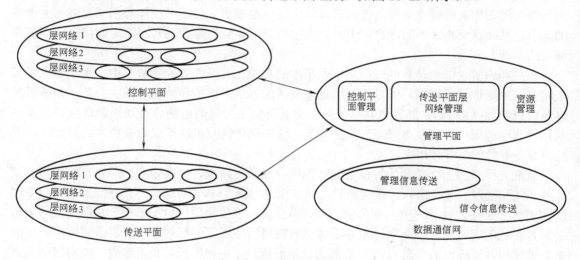

图 10-29　ASON 的体系结构

控制平面是 ASON 最具特色的核心部分，它由路由选择、信令转发以及资源管理等功能模块和传送控制信令信息的信令网络组成，完成呼叫控制和连接控制等功能。控制层面通过使用接口、协议以及信令系统，可以动态地交换光网络的拓扑信息、路由信息以及其他控制信令，实现光通道的动态建立和拆除，以及网络资源的动态分配，还能在连接出现故障时对其进行恢复。

管理平面的重要特征就是管理功能的分布化和智能化。传统的光传送网管理体系被基于传送平面、控制平面和信令网络的新型多层面管理结构所替代，构成了一个集中管理与分布智能相结合、面向运营者（管理平面）的维护管理需求与面向用户（控制平面）的动态服务需求相结合的综合化的光网络管理方案。ASON 的管理平面与控制平面技术互为补充，可以实现对网络资源的动态配置、性能监测、故障管理以及路由规划等功能。

传送平面由一系列的传送实体组成，它是业务传送的通道，可提供端到端用户信息的单向或者双向传输。ASON 传送网络基于网状网结构，也支持环网保护。光节点使用具有智能的光交叉连接（OXC）和光分插复用（OADM）等光交换设备。另外，传送平面具备分层结构，支持多粒度光交换技术。多粒度交换技术是 ASON 实现流量工程的重要物理支撑技术，同时也适应带宽的灵活分配和多种业务接入的需要。

在 ASON 网络中，为了和网络管理域的划分相匹配，控制平面以及传送平面也分为不同的自治域。其划分的依据可以是按照资源的不同地域或者是所包含的不同类型设备。即使在已经被进一步划分的域中，为了可扩展的需求，控制平面也可以被划分为不同的路由区域，ASON 传送平面的资源也将据此分为不同的部分。

三大平面之间通过三个接口实现信息的交互。控制平面和传送平面之间通过连接控制接口（CCI）相连，交互的信息主要为从控制节点到传送平面网元的交换控制命令和从网元到控制节点的资源状态信息。管理平面通过网络管理接口（包括 NMI-A 和 NMI-T）分别与控制平面及传送平面相连，实现管理平面对控制平面和传送平面的管理，接口中的信息主要是网络管理信息。控制平面上还有用户网络接口（UNI）、内部网络-网络接口（I-NNI）和外部网络网络接口（E-NNI）。UNI 是客户网络和光层设备之间的信令接口，客户设备通过这个接口动态地请求获取、撤销、修改具有一定特性的光带宽连接资源，其多样性要求光层的接口必须满足多样性，能够支持多种网元类型；还要满足自动交换网元的要求，即要支持业务发现、邻居发现等自动发现功能，以及呼叫控制、连接控制和连接选择功能。I-NNI 是在一个自治域内部或者在有信任关系的多个自治域中的控制实体间的双向信令接口。E-NNI 是在不同自治域中控制实体之间的双向信令接口。为了连接的自动建立，NNI 需要支持资源发现、连接控制、连接选择和连接路由寻径等功能。

2．ASON 连接类型

在 ASON 中，一共定义了三种不同的连接：永久性连接（PC）、交换式连接（SC）以及软永久性连接（SPC）。

三种连接简述如下：

（1）交换连接

交换连接是由控制平面发起的一种全新的动态连接方式，是由源端用户发起呼叫请求，通过控制平面内信令实体间信令交互建立起来的连接类型，如图 10-30 所示。交换连接实现了连接的自动化，满足快速、动态并符合流量工程的要求。这种类型的连接集中体现了自动交换光网络的本质要求，是 ASON 连接的最终实现目标。

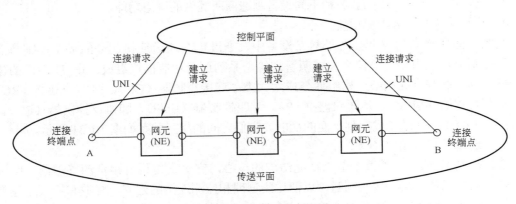

图 10-30　交换连接示意图

交换式连接的引入是使 ASON 网络成为真正的交换式智能网络的核心所在。正是由于有了交换式连接的引入，才有了应用户要求来产生恰当光通道的能力，而这种能力的具备是同 ASON 网络中控制面的作用息息相关的。

（2）永久连接

永久连接是由网管系统指配的连接类型，沿袭了传统光网络的连接建立形式，连接路径由管理平面根据连接要求以及网络资源利用情况预先计算，然后沿着连接路径通过网络管理接口（NMI-T）向网元发送交叉连接命令，进行统一指配，最终完成通路的建立过程。

（3）软永久连接

软永久连接由管理平面和控制平面共同完成，是一种分段的混合连接方式。软永久连接中用户到网络的部分由管理平面直接配置，而网络部分的连接由控制平面完成。可以说，软永久连接是从永久连接到交换连接的一种过渡类型的连接方式。三种连接类型的支持使 ASON 能与现存光网络"无缝"连接，也有利于现存网络向 ASON 的过渡和演变。可以说，自动交换光网络代表了光通信网络技术新的发展阶段和未来的演进方向。

现在，在 ASON 控制平面问题讨论中，主要有 ITU-T、ASNI、IETF 和 OIF 等国际标准化组织在进行标准化工作。其中 ITU-T 主要集中于网络框架体系结构、总体需求，以及控制面的特性方面的建议。IETF 则主要集中于为支持 IP 控制信道而进行的 IP 方面的扩展。OIF 则把注意力放到了 UNI 和 NNI 的具体实现方面。

3. ASON 控制平面

控制平面是 ASON 的核心。就其实质而言，控制平面是一个 IP 网络。也就是说 ASON 控制平面实际上是一个能实现对下层传送网进行控制的 IP 网络。因此，它的结构符合标准 IP 网络层次结构。控制平面主要包括信令协议、路由协议和链路资源管理等。其中信令协议用于分布式连接的建立、维护和拆除等管理；路由协议为连接的建立提供选路服务；链路资源管理用于链路管理，包括控制信道和传送链路的验证和维护。

控制平面的引入赋予了 ASON 网络智能性和生命力，其具有如下一些特点：

1）可快速建立光通道连接，实行有效的网络控制，具有高度的可靠性、可扩展性和高效率。

2）适应 SDH、OTN 等不同类型传送网的组网应用、安全和策略控制，能根据传送网络资源的实时使用情况，动态地进行故障恢复。

3）支持不同网络、不同业务和不同设备制造商所提供的网络功能。

4）具有快速的服务指配功能

控制平面由独立的或者分布于网元设备中、通过信令通道连接起来的多个控制节点组成。而控制节点又由路由、信令和资源管理等一系列逻辑功能模块组成。在 ITU-T 的建议中，把控制平面节点的核心结构组件分成六大类：连接控制器（CC）、路由控制器（RC）、链路资源管理器（LRM）、流量策略（TP）、呼叫控制器（CallC）和协议控制器（PC）。这些组件分工合作，共同完成控制平面的功能。它们之间的相互关系如图 10-31 所示。

（1）连接控制器元件（CC）

连接控制器（CC）是整个节点功能结构的核心，它负责协调链路资源管理器、路由控制器以及对等或者下层连接控制器，以便达到管理和监测连接的建立、释放和修改已建立连接参数的目的。一个连接控制器元件都只是在一个子网中才有作用。连接控制元件同其他控制面元件之间是通过抽象接口来实现相互作用的。另外，CC 元件还提供了一个 CC 接口。这个接口是存在于传输平面和控制平面之间的，它可以使控制平面元件具备直接建立、修改和删除子网连接（SNC）的能力。

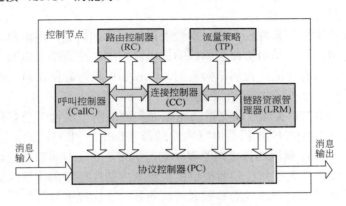

图 10-31 ASON 控制平面节点结构组件

（2）路由控制器元件（RC）

路由控制器的作用是与对端 RC 交换路由信息，并通过对路由信息数据包的操作回复路由查询（路径选择）；对从连接控制器发出的为建立连接所需的通道信息做出回应，这种信息可以是端到端的，也可以是下一跳的；为达到网络管理目的，对拓扑信息请求做出相应回应。

RC 是与协议无关的，从路由控制器中得到的信息使得它能提供它所负责域内的路由。这些信息包括给定层中相应终端网络地址的拓扑（SNPP）和 SNP 链路连接和 SNP 地址（网络地址）信息。

（3）链路资源管理器元件（LRM）

链路资源管理器元件的作用是负责对 SNPP 链路进行管理，包括对 SNP 链路连接进行分配和撤销分配，提供拓扑和状态信息。链路资源管理器元件分为 A 端和 Z 端两个管理器元件。其中，起主要作用的是 A 端的 LRM。

（4）流量策略元件（TP）

这一元件是策略端口的一个子类，它的作用是检查进入的用户连接是不是在依据前面达成的服务参数来传输业务。当一个连接违背了已达成的参数后，流量策略元件就调用措施来更正这种情况。但值得注意的是，在连续比特流传送网络中是不需要这种元件的。

（5）呼叫控制器元件（CallC）

呼叫连接是由呼叫控制器来控制的。这里有两种不同类型的呼叫控制器元件：

主叫/被叫呼叫控制器（Calling/Called Party Call Controller）。此元件到底扮演什么角色同呼叫是何种终端相关，并且可能由终端系统来确定或者可由远端系统来确定，即可以表现为一个终端代理。该控制器有一个或两个角色，一个用来支持主叫部分，另一个支持被叫部分。该元件的作用是产生出向的呼叫请求、接受或拒绝入向的呼叫请求、产生呼叫终止请求、处理入向呼叫终止请求、呼叫状态管理等。

网络呼叫控制器（Network Call Controller）提供两个功能，即主叫功能和被叫功能。主叫/被叫呼叫功能最后是通过网络呼叫控制器来承载的。这个元件的作用是：处理人向呼叫请求产生出向呼叫请求、产生呼叫终止请求、处理呼叫终止请求；基于呼叫参数确认、用户权力和网络资源接入策略的呼叫接纳控制；呼叫状态管理。

（6）协议控制器元件（PC）

协议控制器提供把控制元件抽象接口参数映射到消息的功能，由消息来完成通过接口的互操作问题。而这些消息又是由协议来承载的。协议控制器是策略端口的一个子集，它提供同这些元件相关联的所有功能，特别是向它们的监视端口报告异常消息，同时还可以完成把多个抽象接口复用成一个单一协议实例的功能。

呼叫和连接是 ASON 实现自动交换功能最为关键的两个过程。当客户向网络发起连接请求时，交换连接开始的呼叫过程是由呼叫控制器（CallC）来完成的；当接收到一个链路连接分配请求时，LRMA 调用连接接纳管理功能，决定是否还有足够的空余资源建立一条新的连接；路由控制器组件为连接控制器提供所负责域内的连接路由信息；策略组件检查进入的用户连接是不是在根据前面达成的参数来传输业务；协议控制器的作用是把上面所说的控制组件的抽象接口参数映射到消息中，然后通过协议承载的消息完成接口的互操作。各个组件协调工作，完成连接的自动建立、修改、维持及释放。

4. ASON 信令与路由机制

（1）信令模型

ASON 信令采用的分布式控制模型（DCM）如图 10-32 所示，该模型是分析和讨论 ASON 信令工作机制的基础。

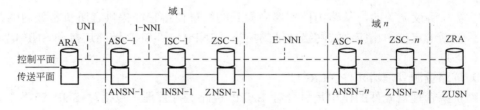

图 10-32　分布式呼叫和连接管理模型

图中，为了便于描述呼叫请求和连接请求的处理过程，将整个网络划分为若干个区域，分别用域 1、域 n 等表示，并表示出各种参考点。另外将完成信令功能的各种功能部件称为代理（Agent），对不同的代理，根据它们所处的位置不同而分别分配不同的任务。例如，用户请求代理（ARA，具体是指用户呼叫控制器 CallC 完成呼叫请求等功能；子网控制器（SC，具体是指连接控制器 CC）完成子网连接的请求等功能。控制平面的代理包括 ARA（A 端请求代理）、ZRA（Z 端请求代理）、ASC-1（域 1 的 A 端子网控制器）、ISC-1（域 1 的中间子网控制器）、ZSC-1（域 1 的 Z 端子网控制器）、ASC-n（域 n 的 A 端子网控制器）和 ZSC-n（域 n 的 Z 端子网控制器）。以上各种不同的代理之间相互协调，共同描述控制平面内信号的工作流程。传送平面的代理包括 AUSN（A 端用户子网）、ZUSN（Z 端用户子网）、ANSN-1（域 1 的 A 端网络子网）、INSN-1（域 1 的中间网络子网）、ZNSN-1（域 1 的 Z 端网络子网）、ANSN-n（域 n 的 A 端网络子网）和 ZNSN-n（域 n 的 Z 端网络子网）。上述控制平面的代理和传送平面的代理分别一一对应，由控制平面的代理通过连接控制接口

（CCI）分别控制传送平面内与之相对应的代理，实现传送平面内的链路连接（LC）和子网连接（SNC），最终实现端到端传输通道的建立。

（2）路由

ASON 路由技术是整个自动交换光网络的核心技术之一，目前还在进一步的研究之中。ITU-T 的 G.7715 定义了一个与协议无关的 ASON 路由体系结构，下一步的工作就是制定具体的路由协议实施规范。IETF 主要是对已有的域内路由协议进行了扩展，以便满足传送网路由的需要，而 OIF 则主要关注 E-NNI 接口的路由协议的制定。

现行 ASON 网络运行框架都是架构在 GMPLS 上的。而 GMPLS 的正常运作又有赖于信令、路由和链路资源管理三个基本模块的协调工作。图 10-33 所示的是 ASON 网络路由工作框架图。

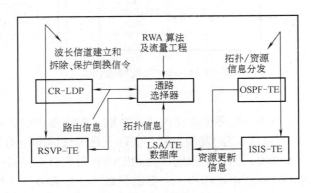

图 10-33　ASON 网络路由工作框架

图中，由经过扩充的内部网关协议（比如 OSPF-TE 和 ISIS-TE）来充当不同节点间信息交流的载体及通路，它使不同节点可以互通光网络拓扑、资源，甚至是策略信息。在具备足够资源信息的基础之上，通路选择器可通过使用波长路由算法来确定一条特定的光路由。而一旦决定了光路由，系统就可以通过调用信令模块来具体建立这条光通路。

从路由工作框图中可以清楚地看到，路由确定过程是在 ASON 三个基本模块（信令、路由及链路资源管理）的共同作用下完成的。信令在这里面起到了核心激励及指示作用，路由模块是在接到信令模块指令后，根据自身的链路状态广播/流量工程数据库（LSA/TE）并按照某种波长路由算法来具体得到一条同时满足客户要求和网络流量工程的显式路由，而这种 LSA/TE 数据库的形成又有赖于链路资源管理模块的作用。在路由最后建立起来之后系统会把连接的具体状态消息再次返回到信令模块中。

ASON 路由结构是建立在把整个网络划分为不同路由控制域基础之上的。这种 ASON 路由结构支持 G.8080 中规定的多种不同路由模式。同时在具备前面路由工作流程框图的基础上，可以得出 ASON 的路由模块。从整体上讲 ASON 路由模块是由多种不同的组件组成的，它们是链路资源管理器组件（LRM）、包含路由信息库（RDB）在内的路由控制器组件（RC）以及协议控制器组件（PC）。这些具体的路由组件构成如图 10-34 所示。

图中路由数据库组件占据了核心位置，而链路资源管理组件在这里则具体负责本地资源发现及管理。一旦发现本地资源有变化，它就改变本节点中的 RDB 并且通过具体的域内网关协议把这种变化情况广播到网络中的其他节点。由于这种广播方式依赖于具体域内网关协议，实际起到了一种屏蔽下层具体协议流的作用。不同域内网关协议承载的路由信息在经过协议控制器后就会变成统一的，同下层协议无关的，抽象的路由信息。这种信息会为路由数据库所用，进而也会为整个路由模块所用。

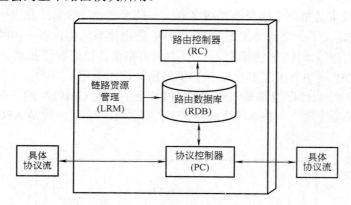

图 10-34　路由组件构成示意

5. 自动发现机制

邻居发现过程是许多域内 IP 路由协议的基本功能。光网络中的邻居发现则是由其他的自动发现机制来实现的。ASON 自动发现机制，实际上是通过标准化的信令协议实现网络资源（包括拓扑资源和业务资源）的自动识别，自动发现新增的节点设备并能对其属性和可支持功能进行确认，通过实时更新拓扑结构图并根据最新的拓扑和业务流量来综合确定最优路由。自动发现可以实现网络拓扑的实时更新以及自动确定设备所能支持的功能。ITU-T 在建议 G.7714 和 G7714.1 中对自动发现机制的原则及其在 SDH/OTN 中的实现机制进行了总体规范，OIF 对用户网络接口（UNI）自动发现进行了规范，IETF 则对于自动发现有关的通用多协议标记交换（GMPLS，包括路由、信令和链路管理机制）进行了拓展。

ASON 自动发现分为邻接自动发现（AD）和业务自动发现（SD）两类。邻接自动发现是指在客户端（Client）与传送网元（TNE）之间建立的接口映射关系，借此可以确认客户端和传送网元之间设备的连接关系，包括物理接口及属性，即允许一个传送网络单元或者一个直接同网络相连的用户能自动发现及确定其连接性，并且能对所配置参数的一致性做出确认；而自动业务发现则是指通过一系列程序来自动发现和确定本网络设备可以提供的服务功能，即自动服务发现允许一个用户对由本网络设备提供的服务及其参数进行确认。自动邻接发现和自动业务发现都是通过链路管理协议（LMP）来实现的。在 ASON 的路由功能中，自动发现是不可或缺的基础之一：只有具备了自动邻接发现和业务发现，才能保证网络节点可以获得当前最新的本地资源，而只有获得了本地资源信息才能形成全网最新的实时拓扑信息数据库，进而保证网络的业务运行能满足流量工程的要求。自动发现技术的基本功能是发现本节点与所有相邻节点的本地连接，确定网络中所有链路的拓扑和资源状态，确定网元或端系统之间的相互连接是否完好（即自动邻接发现），并且还可以确认在这些连接上所承载的业务（即自动业务发现）。这种功能可以通过层邻接发现和物理媒体邻接发现两种机制来实现。

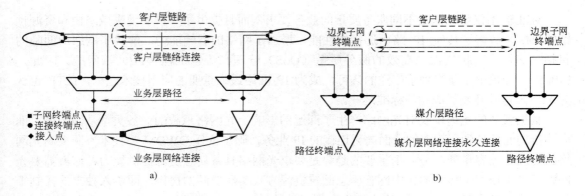

图 10-35 层邻接发现和物理媒体邻接发现

UNI 自动发现也可以分为邻居发现（ND）和业务发现。UNI 邻居发现是指在传送网络单元和与其直接相连的客户端设备之间所进行的发现过程，包括：客户端与 TNE 之间交换节点 ID，本地和远端端口之间的映射关系以及决定相关数据链路的配置参数等。UNI 发现依靠 LMP 实现，LMP 采用 IP 控制通道（IP Control Channel，IPCC）传送发现消息。在 UNI 方面，整个 UNI 的自动建立和激活过程都有赖于这两种自动发现，只有通过自动邻居发现，UNI 才能完成对新增网络节点设备的 IP 控制信道进行配置和管理，才能完成节点之间 Hello 过程的激活和维护，才能完成节点间链路状态的检测；而通过自动业务发现，UNI 能够完成具体信令协议和服务颗粒度的确定，才能完成不同网络节点地址的登记及转换。

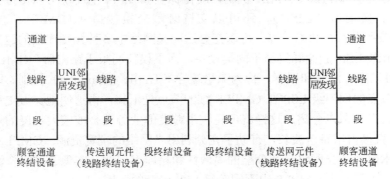

图 10-36 UNI 自动发现示意

10.3.3 通用多协议标签交换

多协议标签交换（MPLS）技术是在包括 Tag Switch 和 Ipsilon 等基础上产生的一种基于 IP、并使用标签机制实现数据高速和高效传输的技术。MPLS 将 IP 技术与 ATM 技术良好地结合在一起，兼具了 ATM 的高速交换、良好的 QoS 性能、流量控制机制与 IP 的灵活性和可扩充性。MPLS 网络主要由标签交换路由器（LSR）、标签边缘路由器（LER）、标签分发协议（LDP）和标签交换路径（LSP）等多个组件构成，使用现有路由协议（如开放式最短路径优先协议 OSPF）建立目的网络的可达性，同时使用新的控制协议标签分发协议（LDP）在网络中的 MPLS 节点间共享标签信息。

MPLS 不仅可以满足不同服务质量的业务要求，而且提供了一种实现高效路由和资源预留的机制，改善了传统 IP 路由选择的性能，增加了网络的吞吐能力，解决了网络所面临的包括高速性、可扩展性、高效的服务质量（QoS）管理和流量工程（TE）等问题。因此，MPLS 一经提出，就得到了广泛的认可，成为 IP 网络最为重要的应用技术之一，IETF 也认为 MPLS 是其开发最成功的标准之一。

数据业务的飞速增长对光网络产生了深远的影响。光网络承载的业务类型从固定的、面向连接的业务转到了动态的、面向无连接的 IP 业务，除了依托 DWDM 等技术不断提高光网络的物理传输容量外，另一个重要的趋势是要求光网络具备动态资源提供能力，这就需要光网络可以不依赖于传统的集中网管静态配置资源方式实现资源的提供，即引入独立的控制平面。在这一背景下，把 IP 网络中已经取得成功的 MPLS 技术进行拓展以适应光网络控制平面的需要就形成了通用多协议标记交换（GMPLS）技术。

GMPLS 对 MPLS 的标签及 LSP 建立机制进行了扩展，使得标签可以对分组、时隙、波长、光纤等进行统一标记，使标签具有了真正意义上的通用性。GMPLS 将信令协议中的标签数值从原来的 32 位扩展到了一个任意长度的阵列，并且修改了基于约束的标签分配协议（CR-LDP）和具有流量工程扩展的资源预留协议（RSVP-TE），通过 CR-LDP 中的通用标签长度类型（Generalized Label TLV）或者是 RSVP-TE 中的通用标签对象（Generalized Label Object）来传递它们自己的信息。对于所有类型的 GMPLS 标签来说，其标签值都直接暗示了响应数据流的带宽。

GMPLS 扩展了 MPLS 的 LSP 机制，使得标签和 LSP 不仅仅可以支持分组交换接口（PSC）、二层交换接口（L2SC），还可以支持时隙交换接口（TDMC）、波长交换接口（LSC）和光纤交换接口（FSC）等，可以充分适应光网络中多种粒度连接的建立、拆除和管理。GMPLS 允许 LSP 起始和终结于同类设备，而不仅仅局限于路由器。GMPLS 中，不同等级的 LSP 可以进行汇聚和嵌套，称为流量疏导（Traffic Grooming）机制。即可以将大量具有相同入口节点的低等级 LSP 在 GMPLS 域的节点处汇集，再透明地穿过更高一级的 LSP 隧道，最后再在远端节点分离。这样就可将较小粒度的业务整合成较大粒度的业务，避免较低等级的 LSP 直接占用整个波长，有助于充分利用光网络的带宽资源。GMPLS 引入的 LSP 分级和嵌套技术解决了光网络带宽分配的离散性和粗粒度问题，实现了网络资源的最大化利用。图 10-37 给出了一个 GMPLS 中不同等级 LSP 嵌套的示例。

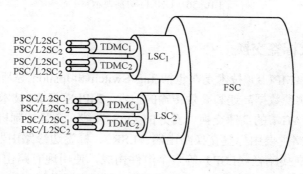

图 10-37　不同等级 LSP 嵌套关系示例

此外，GMPLS 还定义了建立双向 LSP 的方法。双向 LSP 规定两个方向的 LSP 都应具有相同的流量工程参数，都采用同一条信令消息，两个 LSP 同时建立，这样显著降低了 LSP 的建立时延和控制开销。光网络中，节点间具有数目非常巨大的平行链路（光纤和波长等），为了对这些邻接的链路拓扑状态信息进行维护和管理，并获得可扩展性，GMPLS 引入了链路管理协议（LMP）。链路管理协议是 GMPLS 为了有效管理相邻节点间的链路和链路束而开发的协议。LMP 的内容包括控制信道管理、链路所有权关联、链路连接性验证和故障管理等规程，故障管理规程的引入为光网络实现高生存性提供了有力的支持。

GMPLS 采用专用信道承载控制信息。控制信道被用于在两个相邻节点间承载信令、路由和网络管理信息。在数据信道与控制信道分离后，GMPLS 必须为数据信道设计新的协议完成控制信道的管理，LMP 控制信道管理就是用于实现这部分功能。通过链路所有权关联，网络中节点对链路的属性所做的操作都可以被相邻节点所获知。链路连通性验证（Link Verification）是 LMP 的一个可选规程，主要用于验证数据链路的物理连接性以及交流可能使用于 RSVP-TE 和 CR-LDP 信令中的链路标识，可通过在特定捆绑链路的每条数据链路上发送测验消息来逐一验证所有数据链路的连接性。LMP 故障定位过程基于信道状态信息的交流，并定义了多个信道状态相关消息。一旦故障被定位，可用相应的信令协议激发链路或通道保护恢复过程。

GMPLS 扩展了 MPLS 控制平面的范围，使之超出了路由器和交换机等 Layer2 和 Layer3 设备，一直扩展到了物理层。引入 GMPLS 后，光网络可以从传统的承载网转型为覆盖 OSI 模型中不同层次的业务网，实现为用户终端提供不同颗粒度的端到端 LSP 连接。GMPLS 的技术特点主要包括：

（1）可实现不同层次的虚拟专用网（VPN）

VPN 技术是一种可以在公用网络上建立专用网络的技术，采用 MPLS VPN 技术可以把现有的 IP 网络分解成许多逻辑上隔离的网络，这种逻辑上隔离的网络及其应用可以用来解决企业互连、政府相同/不同部门的互联以及各种新业务的实现。引入 GMPLS 后，GMPLS 网络支持的 VPN 类型更为多样，运营商可以将自己的光网络资源灵活地提供给不同客户，提供带宽出租和按需提供带宽（BoD）等更具灵活性的业务；而用户将有能力控制自己租赁的光网络资源而不必自己建网。GMPLS 支持的多种粒度的 VPN 所具有的资源共享的经济性、灵活性、可靠性、安全性和可扩展性等优势为运营商在现有网络上提供了新的利润增长点。

（2）完善的流量工程和服务质量保证

高效的流量工程和服务质量是优化网络性能和服务提供商提高业务能力的重要方面。GMPLS 流量工程的实现及其针对 MPLS 路由和信令协议的扩展，大大地提高了网络的有效性，优化了网络结构，对建立下一代网络（NGN）具有重大的意义。GMPLS 支持的 LSP 嵌套能力以及形成的 LSP 的层次结构，使得 GMPLS 网络具备更好的规模性部署和可扩展能力。GMPLS 技术的出现，使传统的多层网络结构趋于扁平化，为光网络传输层功能与数据网络交换功能的结合迈出了关键的一步，实现了 IP 层和光层之间的无缝结合。

GMPLS 技术代表了网络简化层次和广泛融合的趋势，同时也是 IP 化向光传输领域的真正迈进。在光网络中引入 GMPLS 技术，不仅可以提供巨大的传输带宽，而且可以实现网络资源的最佳化，从而保证光网络以最佳的性能和最低的费用来支持当前和未来的各种业务。GMPLS 提供灵活的链路保护和链路恢复能力可以有效地解决网络的生存能力，为提供新型服务奠定了基础。

10.4 全光网

10.4.1 全光网原理

全光网（AON）是指信息从源节点到目的节点的传输完全在光域进行，以光节点取代现有网络的电节点，并用光纤将光节点连成为网，全部采用光波技术完成信息的传输和交换的宽带网络。它包括光传输、光放大、光再生、光选路、光交换、光存储、光信息处理等先进的全光技术。全光网克服了现有网络在传送和变换时的电子瓶颈，减少了信息传输的拥塞，大大提高了网络的吞吐量。

由于使用光节点取代了现有网络中的电节点（或光电混合节点），信号在通过光节点时不需要经过光/电和电/光转换，因此它不受检测器、调制器等光电器件响应速度的限制，对比特速率和调制方式透明，可以大大提高节点的吞吐量，克服了原有电子交换节点的时钟偏移、漂移、串话、响应速度慢、固有的 RC 参数等缺点。

全光网的主要特点还包括：

1）充分利用了光纤的带宽资源，有极大的传输容量和极好的传输质量。

2）良好的开放性，即对不同的速率、协议、调制频率和制式的信号同时兼容，并允许不同类型设备（PDH、SDH、ATM、WDM、OTN）甚至与 IP 技术共存，共同使用光纤基础设施。

3）全光网不仅扩大了网络容量，更重要的是易于实现网络的动态重构，可为大业务量的节点建立直通的光通道。

4）采用虚波长通道（VWP）技术，解决了网络的可扩展性，节约网络资源（光纤、节点规模、波长数）。

按照网络的多址方式，网络的功能作用、网络的工作方式可以对全光网进行不同的分类。

（1）按照网络的多址方式的不同进行分类

1）光波分多址全光网

光波分多址全光网利用不同的光波长（载频），实现光信道的多路复用和多址组网；利用密集波分复用技术和光放大技术实现网络链路的全光传输。

光波分多址全光网的优点是：容量大，可成倍地扩展；传输速率高，可运行在 10Gbit/s 和更高速率的波长信道上；兼容性好，适用于 ATM、SDH、IP 以及其他信息制式；具有对传输和交换的速率、波长和协议的透明性，网络的抗毁恢复性能好；网络易于升级，可扩展性好。

2）光时分多址全光网

光时分多址全光网是基于光时分多址技术的全光联网方案。它是将光信道在时间上化分成若干时隙，将时隙作为地址，不同用户分配给不同的时隙，进行复用和组网。

光时分多址全光网的显著特点是：可以将低速信道转换为高速信道，多址性能好，但当信道上传输速率高时，对同步、时钟提取等难度增加。

3）光码分多址全光网

光码分多址全光网是通过给不同的用户分配不同的地址码来实现多路信道复用和组网的。

光码分多址全光网基于扩频通信、码分多址接入和全光网络技术，具有抗干扰能力强、保密性好、实现多址连接灵活方便、动态分配带宽、网络易于扩展，并直接进行光编码和光解码，网络中没有电节点，可实现全光通信，克服了"电子瓶颈"效应，充分发挥光纤信道宽带宽的潜力。光码分复用全光网对光源性能的稳定性、谱线宽度等要求比波分多址全光网大大降低，且在全网中不同信道均采用同一波长，频谱资源利用率高，设备相同，便于制造、维护和管理，成本低，而且有极大的优越性和广阔的应用前景。

（2）按照网络的功能与作用的不同进行分类

1）全光核心网

全光核心网络用于长途骨干网，是当前研究和应用的主流，重点解决多媒体全业务信息的超大容量、超高速的全光传输和交换，基于光放大技术、光调制技术、光多路复用技术、光交换技术，以及新型光纤及色散补偿等技术，构成多种类型的全光网络。

2）全光接入网

全光接入网是最终实现光纤到家（FTTH）的网络形式，利用全光多址接入和抗多址干扰技术，实现全业务服务。现在的无源光网络（PON）技术均有其一定的局限性，未来尚需探索新一代的全光接入网技术，实现 All-Optical PON。

3）全光互联网

全光互联网基于各类全光网之间的光互联以及 IP 技术，构成全透明的"All Optical Internet"，实现任何人、在任何地方、在任何时候都可以与任何人进行任何方式的实时的、无阻塞的通信，并可以享用全光互联网平台上的信息资源。

（3）按照网络的工作方式的不同进行分类

1）广播和选择网络

广播和选择网络具有广播和组播功能，所需播送的信息可以到达网上的全部用户或指定的一组用户，用户可以对播送来的信息有选择地接收和使用。星型和线型网多采用这种工作方式。

2）路由寻径网

在路由寻径网中，单跳网的信息传递按照所给定的地址直接从信源送到信宿，多跳网的信息传递要经多个节点，每个节点按照所给定的地址选择路由，逐段传送和交换，最终将信息从信源送到信宿。网状网型多采用这种方式。

10.4.2 全光交换技术

传统的光网络节点中业务的处理只能在电域进行，需要在中间节点经由光/电和电/光转换，这种方式不仅成本高、结构复杂，而且吞吐容量不足。因此，在电域进行交换的方式已不能满足未来各种新业务发展的要求，形成了高带宽传输链路在节点处进行处理的速率瓶颈，因此很自然地提出在节点处对信号进行光域透明处理，即进行全光交换，全光交换技术也是全光网最核心的技术之一。

全光交换技术是指光网络中的节点不需要任何光/电和电/光转换，可以直接在光域将输入光信号交换输出到不同的输出端。根据实现方式不同，主要分为光路交换技术和光分组交换技术。

光路交换可利用光分插复用器（OADM）等实现，现阶段光分组交换所需的光逻辑部件的功能还不是很完善，对于如存储、转发、调度等较复杂的逻辑处理功能还不能完全实现，因此目前光分组交换网络节点的核心单元对信号的处理仍然是在电域中进行的，即电控制下的光交换。未来随着光器件相关技术的不断完善和发展，光控全光交换将是光交换技术的最终归宿。

具体而言，光分组交换技术可以进一步分为：光突发交换技术（OBS）、光分组交换（OPS）技术、光子时隙路由（PSR）技术以及多波长标签交换（MPλS）技术等。虽然目前网络中成熟的交换方式仍然是电交换，但是由于网络发展对于信息的高速率和全透明性的要求，光控光交换技术将是未来不可阻挡的发展趋势。随着光交换技术的发展未来的网络中信号传输与交换甚至是控制全部在光域内完成，从而能够有效地保证网络的可靠性和提供灵活的信号路由平台。

1. 空分光交换

空分光交换技术是指通过控制光选通元件的通断，实现空间任意两点（点到点、一点到多点、多点到一点）的直接光通道连接。实现的方法是通过空间光路的转换加以实现。最基本的元件是光开关及相应的光开关阵列矩阵。

空分光交换网络的形式较多，大致可以分为三类。

（1）纵横交换网络

如图 10-38 所示。在各交叉点处安放光开关，通过控制这些光开关的通断即可实现任一端输入到任一端输出、任一端输入到多端输出、多端输入到任一端输出之间的交换。

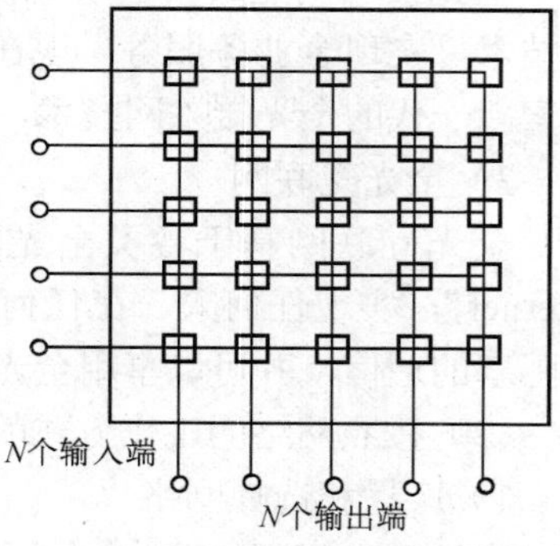

（2）CLOSE 网络

如图 10-39 所示，这是一种三级的网络结构形式的串联，可控制大量的通信通道。

（3）多级互联网络

如图 10-40 所示，这是一种利用 2×2 等小规模光开关作为基本单元，按照一定的拓扑结构连接起来，完成交换功能的网络形式。

*N*个输入端

*N*个输出端

图 10-38　纵横交换网络

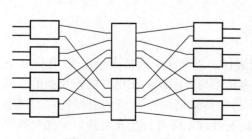

图 10-39　CLOSE 网络

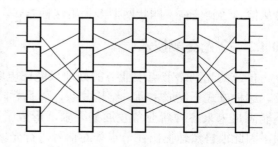

图 10-40　多级互连网络

2. 光波长交换

光波长交换（Optical Wavelength Switching）技术是以波分复用原理为基础，采用波长选择或波长变换的方法实现交换功能的，图 10-41a 和 b 分别示出了波长选择法交换和波长变换法交换的原理框图。

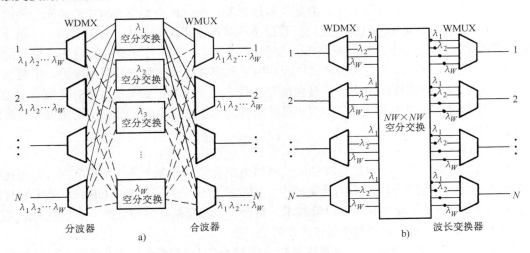

图 10-41　波分交换的原理框图

（1）波长选择法交换

光波分交换机的输入和输出都与 N 条光纤相连接，每条光纤承载 W 个波长的光信号。每条光纤输入的光信号首先经过分波器分为 W 个波长不同的信号，所有 N 路输入的波长为 λ_i（i=1，2，…，W）的信号都送到 λ_i 空分交换器，在那里进行同一波长 N 路（空分）信号的交叉连接，如何交叉连接由控制器决定。然后，W 个空分交换器输出的不同波长的信号通过合波器复接到输出光纤上。这种交换机可应用于采用波长选路的全光网络中。由于每个空分交换机可能提供的连接数为 $N×N$，故整个交换机可提供的连接数为 N^2W。

（2）波长变换法光交换

波长变换法与波长选择法的主要区别是用同一个 $NW×NW$ 空分交换器处理的 NW 路信号的交叉连接，在空分交换器的输出处加上波长变换器，然后进行波分复接。可提供的连接数为 N^2W^2，内部阻塞概率较波长选择法小。

（3）微小机电系统（MEMS）

随着 DWDM 技术的不断成熟，进行波长交换的节点需要对数十～数百个波长进行疏导，完成这一工作的器件目前较成熟的是微小机电系统（MEMS）。目前实用化的 MEMS 是利用光蚀刻技术等在晶体平面上实现空间三维可调的微小反射镜面，根据业务信号的流向调整镜面的反射角以实现信号的疏导，目前已经能在单个晶体上制成 1024×1024 的 MEMS。MEMS 通过移动光纤末端或改变镜片角度，把光直接送到或反射到交换机的不同输出端。采用微电子机械系统技术可以在极小的晶片上排列大规模机械矩阵，其响应速度和可靠性大大提高。这种光交换实现起来比较容易，插入损耗低、串扰低、消光好、偏振和基于波长的损耗也非常低，对不同环境的适应能力良好，功率和控制电压较低，并具有闭锁功能；缺点是交换速度只能达到 ms 级。

3. 光分组交换

光分组交换（OPS）是未来全光网的核心。在 OPS 的全光网中，业务层的数据包（例如 IP 数据）直接映射在光域的光分组上，由光域的光路由器或光交换机对光分组直接进行处理，从而实现真正意义上的全光交换。但是由于目前的技术限制，尚不能对光信号实现直接的存储、队列、缓冲和分发等功能。但是从长远来看，全光的分组交换 OPS 是光交换的发展方向。OPS 采用单向预约机制，在进行数据传输前不需要建立路由、分配资源。分组净荷紧跟分组头在相同光路中传输，网络节点需要缓存净荷，等待带分组目的地的分组头的处理，以确定路由。相比而言有着很高的资源利用率和很强的适应突发数据的能力。但是也存在着两个近期内难以克服的障碍：一是光缓存器技术还不成熟；二是在 OPS 交换节点处，多个输入分组的精确同步难以实现。因此目前来看，真正意义上的光分组交换难以在短时间内达到实现化。

4. 光突发交换

光波长交换处理的最小单位是波长，从网络中交换节点处理业务的颗粒度而言显得比较粗，而光分组交换现阶段距离实用化又较远，因此提出了光突发交换（OBS）。光突发交换作为由电路交换到分组交换技术的过渡技术，结合了电路交换和分组交换两者的优点且克服了两者的部分缺点，已引起了越来越多人的注意。

光突发交换中的"突发"可以看成是由一些较小的具有相同出口边缘节点地址和相同 QoS 要求的数据分组组成的超长数据分组，这些数据分组可以来自于传统 IP 网中的 IP 包。突发是光突发交换网中的基本交换单元，它由控制突发分组（BCP，作用相当于分组交换中的分组头）与突发数据 BDP（净载荷）两部分组成。突发数据和控制分组在物理信道上是分离的，每个控制分组对应于一个突发数据，这也是光突发交换的核心设计思想。例如，在 WDM 系统中，控制分组占用一个或几个波长，突发数据则占用所有其他波长。

将控制分组和突发数据分离的意义在于控制分组可以先于突发数据传输，以弥补控制分组在交换节点的处理过程中 O/E/O 变换及电处理造成的时延。随后发出的突发数据在交换节点进行全光交换透明传输，从而降低对光缓存器的需求，甚至降为零，避开了目前光缓存器技术不成熟的缺点。并且，由于控制分组大小远小于突发包大小，需要 O/E/O 变换和电处理的数据大为减少，缩短了处理时延，大大提高了交换速度。

10.4.3 全光网节点技术

1. 光交叉连接

光交叉连接（OXC）要完成两个主要功能：光通道的交叉连接功能和本地上下路功能。本地上下路功能可以使某些光通道在本地下路，进入本地网络或直接经过光电变换后送入 SDH 层的 DXC，由 DXC 对其中的电通道进行处理。同时允许本地的光通道上路，复用到输出链路中传输。

根据 OXC 能否提供波长变换功能，全光网中的光通道可以分为波长通道和虚波长通道。波长通道是指 OXC 没有波长转换功能，光通道在不同的光纤段中必须使用同一波长。这样，为了建立一条波长通道，光网络必须找到一条路由，在这条路由的所有光纤段中，有一个共同的波长是空闲的。如果找不到这样一条路由，就会发生波长阻塞。虚波长通道是指 OXC 具有波长变换功能，光通道在不同的光纤可以占用不同的波长，从而提高了波长的利用率，降低了阻塞概率。

光交换网络的阻塞特性可分为绝对无阻塞型、可重构无阻塞型和阻塞型三种。由于光通道的传输容量很大，阻塞对系统性能的影响非常大，因此 OXC 结构最好为绝对无阻塞型。当不同输入链路中同一波长的信号要连接到同一输出链路时，只支持波长通道的 OXC 结构会发生阻塞，但这种阻塞可以通过选路算法来预防。而可重构无阻塞是指如果没有经过合理优化配置就会发生堵塞的情况。

考虑到通信业务量的增长和建设 OXC 的成本，OXC 结构应该具有模块性。这样可以做到：当业务量比较小时，OXC 只需很小的成本就能提供充分的连接性；而当业务量增加时，在不中断、改动现有连接的情况下就可实现节点吞吐量的扩容。如果除了增加新模块外，不需改动现有 OXC 结构，就能增加节点的输入/输出链路数，则称这种结构具有链路模块性。这样就可以很方便地通过增加节点数来进行网络扩容。

OXC 的光交换模块中可采用两种基本交换机制：空间交换和波长交换。实现空间交换的器件有各种类型的光开关，它们在空间域上完成入端到出端的交换功能；实现波长交换的器件是指各种类型的波长变换器，它们可以将信号从一个波长上转换到另一个波长上，实现波长域上的交换。

另外，光交换模块中还广泛使用了波长选择器，它完成选择 WDM 信号中一个或多个波长的信号通过，而滤掉其他波长信号的功能。这些器件的不同组合可以构成不同结构的 OXC。根据选路功能主要是由哪一种器件实现的，OXC 可分为两大类：基于空间交换的 OXC 和基于波长交换的 OXC。目前已提出的 OXC 结构有很多种，且由于器件的相互可替代性，它们又可演化为更多种的结构。

光交叉连接是全光网的核心功能之一，实用的 OXC 的节点一般还应包括光监控模块、光功率均衡模块、光放大模块，具有完善的网络管理系统，不仅能对网元实现监控与管理，并能实施波长路由算法，实现网络的动态重构和故障的自动恢复。同时 OXC 的结构和配置还以集中体现全光网的透明性、灵活性和生存性出发，充分考虑设备的实用性、可靠性、先进性和可升级性。在实用环境下，OXC 节点一般是同其他的 OXC 节点组成骨干网，同时又要和本地网通信，实现本地网与骨干网的信息交流。

2．光分插复用器

光分插复用器（OADM）作为全光网的重要器件，其主要功能是从网络中有选择地下路通往本地的光信号，同时上路本地用户发往另一节点用户的光信号，而不影响其他波长信道的传输。也就是说 OADM 在光域内实现了传统的 SDH 设备中 ADM 在电域中的功能。相比较而言，OADM 具有透明性等显著优点，可以处理任何格式和速率的信号，这一点比电的 ADM 更优越，使整个光纤通信网络的灵活性大大提高。

一般来说，OADM 结构包括解复用、分插控制滤波单元及复用单元。一般地，OADM 节点用解复用器解复用需要下路的光波长（λ_d），同时把要上路的波长（λ_a）经过复用器复用到光纤上传输。用不同的方法实现解复用和复用就构成不同的 OADM 结构。

目前已经提出了多种 OADM 的实现方案，但总的说来可以分为可重构和非重构型两种。前者主要采用复用器/解复用器以及固定滤波器等无源光器件，在节点上下固定的一个和多个波长，也就是说节点的路由是确定的。后者采用光开关、可调谐滤波器等光器件，能动态调节 OADM 节点上下话路的波长，从而达到光网络动态重构的能力。相比较而言，前者缺乏灵活性，但性能可靠且没有延时；后者结构复杂且具有延时，但可以使网络的波长资源得到良好的分配。

具体的 OADM 实现方案主要包括以下类型：

（1）分波器+空间交换单元+合波器

在这种方案中分波器可以是普通的解复用器，空间交换单元一般采用光开关和光开关阵列，合波器可以采用耦合器或复用器，因此整个 OADM 的串扰水平主要是由解复用器所决定，目前解复用器可以做到的隔离度达到 0.8nm/25dB 以上，因此可以满足系统的要求。这种方案的优点在于结构简单，对上下光路的控制比较方便。由于采用了光转发器，任意波长光信号均可以插入。光开关的使用使 OADM 在获得调谐能力的同时，也带来时延和插入损耗问题，现在的机械式光开关的响应速度在毫秒（ms）量级，铌酸锂开关的响应时间在微秒（μs）量级，但相对而言其插入损耗比机械光开关要大一些。

（2）耦合单元+滤波单元+合波器

这种类型的 OADM 结构简单，其耦合单元一般为普通的耦合器或光环形器等，滤波单元有光纤光栅（FBG）、法布里-帕罗腔（F-P）等滤波器，合波器为普通的耦合器或复用器。这类方案的 OADM 性能主要取决于滤波单元的性能，就目前的器件水平，光纤光栅的隔离度高于 20dB/0.8nm，而 F-P 腔的隔离度性能更好，可以达到 40dB/0.8nm，但前者温度性能比较好，比较容易做到温度补偿，而后者的波长随温度的漂移较大。

（3）基于声光可调谐滤波器（AOTF）

声光可调谐滤波器（AOTF）是现在研究的热点之一，其本身具有良好的特性，包括调谐范围宽、调谐速度快以及隔离度高等特性，但是它存在偏振敏感性问题，这对实际应用是一个很大的限制。

（4）基于波长光栅路由器（WGR）

WGR 是一种光栅型的波长路由器，具有双向性，即一个方向输入为解复用方式，则另一个方向输入为复用方式。

在上述的四种结构中，从器件的成熟度、实现的方便与否及性能优劣来看，分波器+空间交换单元+合波器和耦合单元+滤波单元+合波器两种方案更为大家看好。

总之，OADM 因其良好的性能、简单的结构、相对低的成本以及灵活的组网方式，一直吸引着人们的注意力。虽然现在很难做到像 SDH 设备那样在不同等级上灵活的交叉和分插，但在目前的情况下，实现对传统的点对点 WDM 干线做中间的上下业务，OADM 仍然是一种很好的选择。而且在未来的全光 WDM 网络中，OADM 将会有其更大的应用范围。

3. 全光波长变换器

全光波长变换器是解决全光网中波长路由竞争的关键器件，也是充分发挥全光网带宽资源的必要手段。因此，虽然一般情况下全光波长变换器不一定以独立的节点形式出现，而是作为 OXC 或 OADM 中一个主要模块，但其在全光网络中的重要性得到了普遍的认可。目前比较一致的观点认为：波长变换器对一个波长数量固定，且业务量接近饱和的网络的作用并不大；对于集中管理的网络和环形网的影响也不明显，而对大容量的网格形网，波长变换器的加入却能大大降低网络的阻塞率。如果节点的数目加大，效果会更明显。事实上，波长变换器的作用与全光网的节点数、波长数、波长从源到宿所经过的节点数及业务量都密切相关。

对全光波长变换器的主要要求包括：对比特率和信号形式应具有透明性；变换速率快（10Gbit/s 以上）；既能向短波长变换，又能向长波长变换；适当的输入功率（不大于0dBm）；较宽的变换范围；可以使输入波长无变化（即相同的输入输出波长）；偏振不敏感；低啁啾输出，高信噪比，高消光比；实现简单。

目前提出的主要的波长变换器方案包括：

1）光/电/光型波长变换器，即光信号经光/电转换变成电信号，电信号再调制所需波长的激光器，从而实现波长变换。由于光/电变换技术已很成熟，对信号具有再生能力，且具有输入动态范围较大、不需光滤波器、对输入偏振不敏感等许多优点，是目前最成熟的波长变换器。但是，由于 EDFA 在光纤通信系统中的大量使用和人们对全光网的憧憬，网络运营者都尽量保持光层的透明性，避免光/电变换，因此人们现在主要致力于全光波长变换器的研究。

2）采用半导体光放大器的交叉增益调制（SOA-XGM）特性来实现波长变换，是目前研究较多的一种波长变换器。它利用半导体光放大器的增益饱和特性，将泵浦光和探测光都注入 SOA 中，强泵浦光使 SOA 增益发生饱和，从而使连续的探测光受到调制，这样，就把泵浦光上的信号变换到了探测光上。

3）采用半导体光放大器的交叉相位调制（SOA-XPM）来实现波长变换，是一种性能较好的波长变换器。由于基于 SOA-XGM 的全光波长变换器的消光比较低，且向长波长和短波长变换时不对称等，近来人们的兴趣又投向了基于 SOA-XPM 的全光波长变换器。

4）非线性光学环境（NLOM）型波长变换器。它是根据光纤的 Sagnac 干涉原理和光纤中交叉相位调制产生的非线性相移制成的，其原理类似于基于 SOA 中的 EM 型的全光波长变换器，只是所用的器件不同而已。

5）基于光控激光器型的全光波长变换器。在这种波长变换器中，信号光和探测光同时耦合进激光器。当信号光为高电平时，使激光器增益饱和。信号光强度的变化引起激光器对探测光的增益发生变化，从而把光信号转移到探测光上。这种全光波长变换器（AOWC）仅仅包括一个激光器，结构简单。信号光功率输入范围为 0～10dBm，其变换速率至少可达到10Gbit/s，但它的可调谐范围较小。

6）基于半导体激光器或光纤中的四波混频（FWM）效应或不同频率产生（DFG）的全光波长变换器。当多束光在非线性介质中传输时，由于非线性作用将产生新的波长。新波长包含有泵浦光的强度和相位信息，所以它是唯一能对输入信号进行透明变换的 AOWC，且其变换速率在 1∞100 Gbit/s 以上。其缺点是变换效率较低。

7）基于饱和吸收的半导体激光器型波长变换器。其原理是输入信号使载流子产生受激吸收，在带隙附近达到饱和，并允许探测光束透过。

10.5　习题

1．在电信网中，接入网是怎样定义的？接入网的范围由什么来界定？

2．接入网包含哪些接口？叙述各接口的功能。

3．接入网分为几层？各层有什么功能？

4．阐述光纤接入网的基本结构组成及各功能模块的功能。

5. 光纤接入网主要有哪些类型？无源光网络（PON）目前采用什么样的传输技术？

6. 比较 APON 和 EPON 的主要异同。

7. EPON 中为什么不能沿用以太网中的 MAC 协议 CSMA/CD？

8. 光接入网的关键技术有哪些？测距的目的是什么？

9. GPON 的上行控制方案有什么特点？

10. 下一代 PON 的主要发展趋势有哪些？

11. 试分析 FDDI 与光纤通道在传输性能上的主要异同。

12. ASON 主要结构中的三个平面各自的作用是什么？

13. ASON 中，三种连接有什么区别？

14. GMPLS 与 MPLS 有何异同？

15. ASON 和 GMPLS 之间是什么样的关系？

16. 全光网和 WDM 传送网有何异同？

17. OXC 和 OADM 的主要区别在哪里？

18. 简述常用的全光波长变换方法。

第11章　光纤通信新技术

11.1　相干光通信

进入 21 世纪以来，包括高清视频在内的新业务的快速普及以及以移动互联网为代表的各种新应用的迅猛发展，推动了信息通信的爆炸式增长，这也对作为整个通信系统基础的物理层传输技术提出了更高的性能要求。传统的光纤通信系统采用的是强度调制/直接检测（IM/DD）技术，即在发送端用数字电信号信号直接调制光载波的强度，接收机对光载波进行强度（包络）检测并还原出原始信号。尽管这种结构具有系统简单和易于集成等优点，但是由于只能采用基本的强度调制（ASK）格式，其单路信道带宽很有限（受光源和检测器件开关频率的限制），难以适应高速率大容量光纤通信系统的要求。同时，对光源的直接强度调制技术不可避免地会受到包括光源频率啁啾等因素的影响。如何在现有的光纤通信设备基础上提高光通信系统的性能，特别是通过改进基本的调制和接收方案以满足各种新业务的需求已经成为当前亟待解决的迫切问题。在这样的背景下，相干光通信技术受到了业界广泛的关注，被公认为是目前乃至未来光纤通信系统的核心技术之一。

相干光通信的理论和实验始于 20 世纪 80 年代，由于其具有灵敏度高等突出优点，学术界开展了大量的前期研究工作，包括英、美、日等发达国家相继进行了一系列相干光通信系统实验。美国的 AT&T 及 Bell 公司分别于 1989 和 1990 年在宾州的罗灵—克里克地面站与森伯里枢纽站间先后进行了工作波长分别 1.3μm 和 1.55μm 的基于移频键控（FSK）、传输速率为 1.7Gbit/s 的无中继相干传输实验，最大传输距离达到 35km，接收灵敏度为-41.5dBm。日本的 NTT 公司于 1990 年在濑户内陆海的大分—尹予和吴站之间进行了传输速率为 2.5Gbit/s、采用连续相位频移键控（CPFSK）技术的相干传输实验，光纤线路总长达到了 431km。对于当时的技术水平而言，实现商业化的相干光通信系统中存在诸如系统相位保持困难的缺点。同时随着 EDFA 和 WDM 技术的成熟，光纤通信系统的容量和传输距离等得到了很大的提升，这也使得相干光通信技术的发展和应用相对减缓和停滞下来。进入 21 世纪以来，随着基于直接检测的 WDM 系统在容量提升时面临的光源啁啾、色散效应以及进一步提升系统容量的迫切需求，对光纤通信系统的灵敏度和动态范围的追求使得相关光通信技术重新成为当前关注的热点。

随着光器件和数字信号处理等技术的进步，近年来相干光通信的关键技术已经成熟，传输速率达到 100Gbit/s 的商用化相干光通信系统已经投入应用。

11.1.1　相干光通信系统原理

相干光通信系统的基本结构如图 11-1 所示。在发送端，采用外调制方式将信号调制到光载波上进行传输。当信号光传输到接收端时，首先与一本振光信号进行相干耦合，然后由接收机进行探测。相干光通信根据本振光频率与信号光频率不等或相等，可分为外差检测和零差检测两种模式。前者的光信号经光电转换后获得的是中频信号，还需二次解调才能被转换成基带信号。后者光信号经光电转换后被直接转换成基带信号，不用二次解调，但它要求本振光频率与信号光频率严格匹配，并且要求本振光与信号光的相位锁定。

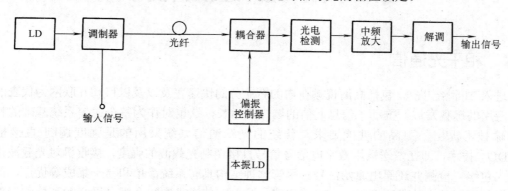

图 11-1　相干光通信系统组成示例

相干光通信系统的主要特点包括：

（1）灵敏度高，中继距离长

相干光通信的一个最主要的优点是相干检测能改善接收机的灵敏度。在相同的条件下，相干接收机比普通接收机提高灵敏度约 20dB，可以达到接近散粒噪声极限的高性能，因此也增加了光信号的无中继传输距离。

（2）选择性好，通信容量大

在直接探测光纤通信系统中，由于接收机的检测器工作波长范围较大，为抑制噪声的干扰，探测器前通常需要设置窄带滤波器以减小非信号波长范围的噪声干扰。在相干外差探测中，由于探测的是信号光和本振光的混频光信号，因此只有在中频频带内的噪声才可以进入系统，而其他噪声均被滤除。可见，外差探测有良好的滤波性能。此外，由于相干探测优良的波长选择性，相干接收机可以使波分复用系统的信道间隔大大缩小以实现更高的系统传输容量。

（3）调制方式灵活

在传统光通信系统中，只能使用强度调制方式对光进行调制。而在相干光通信中，除了可以对光进行幅度调制外，还可以使用 PSK、DPSK、QAM 等多种调制格式。虽然这样增加了系统的复杂性，但是相对于传统光接收机只响应光功率的变化，相干探测可探测出光的振幅、频率、相位以及偏振态等携带的所有信息，这也是传统光通信技术不具备的。

11.1.2　相干光通信关键技术

1. 外调制技术

当对半导体激光器进行直接调制时，总会附带对其他参数的寄生振荡，如 ASK 直接调制会伴随着载波相位的变化，调制深度也会受到限制。另外，还有诸如频率啁啾及弛张振荡等问题。相干通信系统中除 FSK 调制方式可以采用直接注入电流进行频率调制外，其他都是采用外调制方式，主要包括电光调制器、声光调制器和磁光调制器等。采用外调制器后可以完成对光载波的振幅、频率和相位等的调制。

2．偏振保持技术

在相干光通信中，相干探测要求信号光束与本振光束必须有相同的偏振方向，即两者的电矢量方向必须相同，才能获得高灵敏度。此时，信号光电矢量在本振光电矢量方向上的投影，才真正对混频产生的中频信号电流有贡献。若失配角度超过 60°，则接收机的灵敏度几乎得不到任何改善。因此，为了充分发挥相干接收的优越性，在相干光通信中应采取光波偏振保持和稳定措施。主要方法一是采用保偏光纤使光波在传输过程中保持光波的偏振态不变，这种方案的缺点是保偏光纤价格比较昂贵且与常规单模光纤的耦合困难。另一种方法是使用普通的单模光纤，在接收端采用偏振分集技术，信号光与本振光混合后首先分成两路作为平衡接收，对每一路信号又采用偏振分束镜分成正交偏振的两路信号分别检测，然后进行平方求和，最后对两路平衡接收信号进行判决，选择较好的一路作为输出信号。此时的输出信号已与接收信号的偏振态无关，从而消除了信号在传输过程中偏振态的随机变化。随着高速数字信号处理（DSP）技术的成熟，后一种方案是目前的主流方式。

3．频率稳定技术

在相干光通信中，激光器的频率稳定性非常重要。对于相干光通信系统来说，若激光器的频率（或波长）随工作条件的不同而发生漂移，就很难保证本振光与接收光信号之间的频率相对稳定性。一般外差中频选择在 0.2～2 GHz 之间，当光载波的波长为 1.5μm 时，其频率为 200 THz，中频为载频的 10^{-6}～10^{-5}。光载波与本振光的频率只要产生微小的变化，都将对中频产生很大的影响。因此，只有保证光载波振荡器和光本振振荡器的高频率稳定性，才能保证相干光通信系统的正常工作。

4．频谱压缩技术

在相干光通信中，光源的频谱宽度也是非常重要的。只有保证光波的窄线宽，才能克服半导体激光器量子调幅和调频噪声对接收机灵敏度的影响，而且其线宽越窄，由相位漂移而产生的相位噪声越小。为了满足相干光通信对光源谱宽的要求，通常采取频谱压缩技术。主要有两种实现方法：一是注入锁模法，即利用一个以单模工作的频率稳定、谱线很窄的主激光器的光功率，注入需要宽度压缩的从激光器，从而使从激光器保持和主激光器一致的谱线宽度、单模性及频率稳定度。另一种方法是外腔反馈，将激光器的输出通过一个外部反射镜和光栅等色散元件反射回腔内，并用外腔的选模特性获得动态单模运用以及依靠外腔的高 Q 值压缩谱线宽度。

5．非线性串扰控制技术

光纤中对相干光通信可能产生影响的非线性效应包括受激拉曼散射（SRS）、受激布里渊散射（SBS）、非线性折射和四波混频（FWM）等。由于 SRS 的拉曼增益谱很宽（～10 THz），因此当信道能量超过一定值时，多信道复用相干光通信系统中必然出现高低频率信道之间的能量转移，而形成信道间的串扰，从而使接收噪声增大，接收机灵敏度下降。SBS 的阈值为 mW 量级，增益谱很窄，若信道功率小于一定值时，并且对信号载频设计的好，可以很容易地避免 SBS 引起的串扰。但 SBS 对信道功率却构成了限制。光纤中的非线性折射通过自相位调制效应而引起相位噪声，在信号功率大于 10 mW 或采用光放大器进行长距离传输的相干光通信系统中要考虑这种效应。当信道间隔和光纤的色散足够小时，四波混频的相位条件可能得到满足，FWM 成为系统非线性串扰的一个重要因素。FWM 是通过信道能量的减小和使信道受到干扰而构成对系统性能的限制。当信道功率低到一定值时，可避免 FWM 引起对系统的影响。

除了以上关键技术外，对于本振光和信号光之间产生的相位漂移，在接收端还可采用相位分集接收技术以消除相位噪声；为了减小本振光的相对强度噪声对系统的影响，可以采用双路平衡接收技术；零差检测中为保证本振光与信号光同步而采用的光锁相环技术，以及用于本振频率稳定的 AFC 等。

11.2 光孤子通信技术

11.2.1 光孤子通信系统的基本组成

光孤子（Soliton）是经光纤长距离传输后，其幅度和宽度都保持不变的超短脉冲（ps 级脉冲）。利用光孤子作为载体的通信方式称为光孤子通信。光孤子通信的理论传输距离可达上百万千米，但由于其技术实现上的障碍尚未解决，目前处于实用化的准备阶段。

1. 光孤子的产生

光纤孤子通信是非线性光学研究中提出的问题。当光纤的入纤功率较低时，光纤可认为是线性系统。在线性系统中，光纤中传输的光脉冲受光纤色散的影响，脉冲产生展宽，限制了光波系统的性能。随着光纤入纤光功率的增加，光纤中的非线性现象逐渐明显。如果用大功率光源产生 ps 级的超窄脉冲并将其耦合进光纤，光纤中的非线性现象会严重。光纤的纤芯折射率随着光强增加而增加，这种折射率的非线性效应会造成光脉冲前沿速度变慢，后沿速度变快，脉冲自行缩窄。在一定的条件下，当光纤的线性现象和非线性现象同时存在，使光纤的展宽和缩窄正好平衡，产生一种新的光脉冲，就会得到信号脉冲无畸变的传输。这时的光脉冲仿佛是孤立的，不受外界条件影响，这种光脉冲称为光孤子。

2. 光孤子通信系统

图 11-2 给出了一个基本的光孤子通信系统的组成示例。

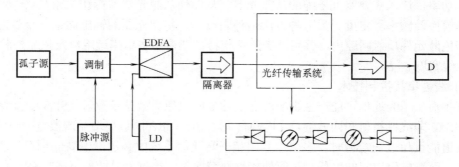

图 11-2 光孤子通信系统组成

发送端由孤子激光器产生一串光孤子序列（即 ps 级超短脉冲），电脉冲源信号通过调制器对光孤子流进行调制，将信号加载于光孤子流上，被调制的光孤子流经 EDFA 放大和光隔离器后进入光纤传输。为克服因光纤损耗引起的光孤子减弱，沿途要增加若干个光放大器，以补偿光脉冲能量损失，同时需平衡非线性效应与色散效应，最终保证脉冲的幅度与形状稳定不变。在接收端通过光孤子检测装置及其他辅助装置实现信号的还原。

光孤子源是光孤子通信的关键，要求提供的脉冲宽度为 ps 级并有规定的形状和峰值。光孤子源有很多类型，主要有掺铒光纤孤子激光器、锁模半导体激光器等。

利用提高输入光脉冲功率产生的非线性压缩效应，补偿由光纤色散效应导致的脉冲展宽，维持光脉冲幅度和形状不变是光纤孤子通信的基础。然而，只有当光纤衰减可忽略时，这种特性才能保持。当存在光纤衰减时，孤子能量被不断吸收，峰值功率减小，减弱了补偿光纤色散的非线性效应，导致孤子脉冲展宽，限制了传输距离和系统性能。这可在光孤子传输系统中设置增益装置来补偿光纤损耗，使因光纤损耗而降低的孤子幅度增加，展宽的脉冲压窄，恢复原始波形，实现光孤子的放大整形，这种机制也称为全光中继。

实现光孤子的放大、整形的方法，目前多采用集总式补偿，即沿光孤子传输系统周期地接入 EDFA，集总补偿放大方案如图 11-3 所示。

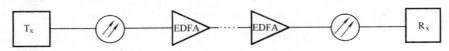

图 11-3　光孤子通信系统中损耗的补偿放大

这种采用放大器来恢复信号光强度的系统可以将 10～100Gbit/s 的信号传输数千千米乃至更长。

11.2.2　影响光纤孤子通信系统容量的因素

1. 自发辐射 ASE 噪声的影响

光孤子系统中接入 EDFA 补偿光纤损耗，可以实现长距离传输，但由于接入了较多数量的 EDFA，在系统中引入了自发辐射噪声（ASE），这种噪声将限制系统距离和性能。ASE 噪声对光孤子系统的影响主要表现在：

（1）ASE 噪声叠加到信号上，降低系统的信噪比（SNR），降低的程度与 EDFA 的噪声系数和放大器的数目有关。

（2）ASE 噪声的累积会引起后级 EDFA 的增益饱和，降低了增益和输出信号功率。

（3）ASE 噪声使孤子到达终端的时间发生抖动，当抖动量超出检测窗口的容限时将产生误码，影响系统性能。

ASE 噪声叠加到信号上将引起 EDFA 输出振幅和相位波动。振幅或能量波动导致孤子脉宽产生波动，相位波动以随机方式改变了孤子的载波频率，使群速度也发生随机变化，由此使孤子到达末端的时间出现了随机抖动，将会产生误码，对光孤子通信系统的容量产生了限制。

2. 光孤子频率啁啾的影响

光孤子源的频率啁啾也是影响光孤子系统的重要因素之一。许多光孤子源是带有啁啾成分。这种啁啾干扰了群速度色散（GVD）和自相位调制（SPM）效应间的平衡，对孤子系统是有害的。

减小光源啁啾通常有三种方法：

1）设计低啁啾和无啁啾的激光器。

2）采用外调制技术。

3）采用增益开关技术。将分布反馈半导体激光器（DFB-LD）偏置在阈值以下；将外加电流脉冲直接调制激光器，产生脉宽为20～40ps带有负啁啾的超短脉冲，然后经过一段正色散光纤压缩演化为无啁啾的光脉冲。

3．自感应受激喇曼散射与孤子自频移的影响

因为超短脉冲具有很宽的频谱，它通过受激喇曼散射（SRS）效应，将脉冲高频分量的能量转移给同一脉冲中的低频分量，这种现象称为自感应SRS。

自感应SRS的影响主要表现为当光孤子在光纤中传输时，脉冲高频部分能量向低频部分移动，导致孤子载频漂移，称为孤子自频移（SSFS）。载频向低频移动将转化为群速度的变化，群速度降低，孤子减速，影响孤子系统的性能。考虑孤子自频移后，脉冲宽度的波动将转化为时间抖动。

11.3　空间光通信

11.3.1　空间光通信的原理和特点

空间光通信（Free Space Optics，FSO）又称无线光通信或大气光通信，是指以光波为载体，在真空或大气中传递信息的通信技术。FSO按照应用环境的不同又可分为大气光通信（水平方向）、卫星间光通信和星地光通信（垂直方向）以及短距室内可见光通信等。FSO的思想很早就提出了，但是随着20世纪70年代光纤的问世，光通信的研究重点转移到光纤通信上，FSO的研究陷入了暂时的低潮。20世纪末随着相关技术的突破，FSO重新得到了重视，已经开始在短距离、中等传输速率，特别是室外的接入环境中得到广泛的应用。

自由空间光通信是光纤通信与无线通信相结合的产物。它以大气为媒质，通过激光或光脉冲来传送数据信号。概括说来，FSO具有下列优点：

1）不需频率许可证。FSO工作在THz级别，无需频率使用申请和规划，而其他大多数无线技术都需要仔细分配频段。

2）频带宽。自由空间光通信和光纤通信一样，具有频带宽的优势，在数百米～数公里的距离上可以支持数155Mbit/s～1Gbit/s乃至更高的接入速率。

3）安装方便，成本低廉。由于FSO以大气为传输媒质，免去了昂贵的光纤敷设和维护工作。此外，由于只需在通信节点上进行设备安装，因此FSO系统的工程建设很快，只需几天甚至几小时，而且安装灵活，特别适合临时使用和复杂地形中的紧急组网。

4）安全性能好。由于激光有着非常优良的定向特性，其光波波束非常窄，因此除非其通信链路被阻截，否则数据不会外泄。另外FSO通信系统本身也会对数据链路进行加密，保证了通信的安全性。

当然，FSO也存在一定的缺点，例如：由于光信号会受到气象条件的影响。风力和大气温度的梯度变化会引起大气折射率的变化，产生所谓气穴效应。气穴密度的变化将会造成光束强度的瞬时突变，严重影响FSO的质量。另一个严重降低FSO质量的天气因素是雾，此外，下雪、下雨也会降低FSO的质量。影响FSO性能指标的另外两个因素是大风和地震等引起的光路相对位移。由于FSO系统的收发设备一般都安装在高楼之上，因此，大风引起建筑物的晃动或地震都会造成光路的偏移。尽管激光的定向性很好，但波束还是会随传输距离的增加而发散，超过一定距离后就难以被正确接收。

自由空间光通信设备一般都可以做成便携式，可以迅速配置，这使得它可以作为一种理想的应急恢复通信设备。相比于光纤通信设备，采用自由空间光通信方式可以减少光纤通信产生的线路连接，中继中转等设备的消耗，构建通信网的费用要低得多。特别是在一些应急通信场合具有明显的优势。

11.3.2 大气激光通信系统

一个实用化的大气激光通信系统的基本结构见图 11-4 所示。一个 FSO 系统由光发射机、光接收机和空间光通道 3 部分组成。由图中可以看出，它比光纤通信系统主要多了发射机光学天线和接收机光学天线两部分。

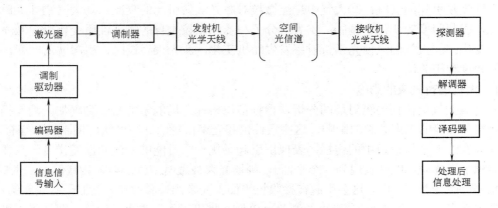

图 11-4　空间光通信系统结构

半导体激光器因为可靠性好、效率高、体积小、重量轻，而成为自由空间光通信系统中最理想的选择。它的主要缺点是通常单个激光器不能产生足够的功率，可能需要把数只激光管合并起来使用。

对于一个具有搜索、捕获和跟踪功能的 FSO 系统而言，常采用信号光和信标光分离的方法。因此，对于这样的通信系统，就要求有两只不同的激光器。通常，信标光由于发射角较大，常采用输出功率较大的激光器；信号光由于有传输码率的要求，多采用输出功率较小、调制频率较高的激光器，这是由于大功率激光器受结电容的影响，限制了调制频率的提高。

为了在通信系统的接收端获得足够的光功率，发射端应以适当的发射角发出激光。可以根据传输方程计算接收端收到的光功率大小。传输方程可写为

$$P_{L} = P_0 \eta_{T} \eta_{R} e^{-\alpha L} \left(\frac{d_{R}}{\theta_{L} \cdot L}\right)^2 \qquad (11-1)$$

式中，η_{T} 是发射天线效率；η_{R} 是接收天线效率；d_{R} 是接收天线口径；L 是传输距离；α 是大气衰减系数；θ_{L} 是光源发射角；$e^{-\alpha L}$ 是大气吸收和散射损耗；$\left(\dfrac{d_{R}}{\theta_{L} \cdot L}\right)^2$ 是表征光功率的几何损耗。

可以看出，接收端所接收到的光功率与光束发散角的平方成反比。

11.3.3 FSO 关键技术

影响大气光通信系统的性能的关键因素包括大气作用，自然环境的影响，瞄准、捕获和跟踪技术等。

大气作用是大气光通信及星地光通信面临的最大问题。包括大气衰减和大气折射率随机性变化造成的光束闪烁、扩散和弯曲。其中大气衰减是指因大气对光束的吸收和散射作用引起的信号能量减弱。主要包括米氏散射，瑞利散射和水蒸气、二氧化碳、臭氧分子的吸收等。

在大气光通信的实际应用中，要求在大气中传输的光束具有良好的光束特性。然而，大气是由多种气体分子和悬浮微粒组成的混合体，按混合比可分为均匀不变组分和可变组分。这些组分的存在影响大气的传输性质，主要表现在几个方面：①大气层某些气体分子对激光的选择性吸收引起的衰减；②大气中悬浮微粒对激光散射引起的衰减；③大气物理性质的闪烁变化，引起照度的变化和调制；④大气分子和悬浮微粒本身的物理性质变化引起激光光束性质的变化；⑤大气湍流使光学折射率发生随机变化，激光束经过时，引起波前畸变，改变激光的强度和相关性。

1. 大气层对光束的影响

通过对大气层传播的辐射场的分析，根据信道条件，场能量容易受到附加的功率损耗、光束展宽和可能的光束破裂的影响，这些条件也和光束自身的脉冲形状、调制技术等有关。

光束在透明空气信道中的传播，表现出引起场扰动的可能的涡流和温度梯度。只要光束波前面积小于扰动尺度（表现为一个平面），则场光束被透明空气透射、衰减但不发生畸变，只是光束可能会改变方向，这会引起在接收机平面上光束漂移和散焦，类似于有误差的对准。对于具体光束（如高斯光束），光束的漂移可以使接收机工作于光束的边缘，即使接收机精确对准也会产生进一步的功率损耗，随扰动层的变化（缓慢上下移动或者是倾斜），光束漂移引起接收到的光束指向在接收机平面上漫游，产生随时间的功率变化。在长距离链路中，接收机远离扰动，点光源在接收机上将表现为有轻微展宽（散焦）的光束，并伴有功率密度的涨落。在长距离的光路中，透射光在达到大气层时变得更宽，而且在光束波前的不同点上可能会观察到不同的扰动条件，这可以引起功率涨落和光束破裂。

除了功率损耗和光束裂化以外，在传输过程中大气层也可以使光的波形发生畸变。对于高带宽的窄脉冲尤其如此。在这种情况下，大气层散射可以引起与光纤中色散效应相似的多径效应，造成脉冲的畸变。

对大气激光传输影响最大的是大气湍流的影响。大气的湍流运动使大气折射率具有起伏的性质，从而使光波参量——振幅和相位产生随机起伏，造成光束闪烁、弯曲、分裂、扩展、空间相干性降低及偏振状态起伏等，称为大气湍流效应。大气湍流对光束传播的影响，与光束直径和湍流尺度密切相关。当光束直径比湍流尺度小很多时，湍流主要作用是使光束作为一体而随机偏折，在远处接收平面上，光束中心的投影点（即光斑位置）以某个位置为中心，随机跳动，此现象称为光束漂移。在这种情况下，光束甚至可能会漂移出可接收范围，造成通信的中断。大气湍流出现更多的情况是光束直径与湍流尺度相当或大很多，这时光束截面内包含有许多个湍流涡旋，在长距离链路中，透镜光束在到达接收端时会展宽。而且在光束波前的不同点上可能会观察到不同的扰动条件，从而造成光束强度在时间和空间上随机起伏，光强忽大忽小，称此为强度闪烁。

光束信号的闪烁、弯曲和扩散，归根结底是由传播过程中大气折射所引起的波前失真造成的。可以在发送、接收两端分别使用自适应光学技术加以克服。同时用多个激光器发送光束或多个检测器接收光束或者增大光接收孔径也可以克服大气湍流的影响。

2．自然环境的影响

自然环境对大气光通信的影响主要包括气象条件，飞鸟和落叶等造成的链路中断、建筑物摇摆、伸缩以及地震造成的光路偏移等。气象条件是指雾、雨、雪等，其中雨、雪会造成光信号失真，雾的影响更大，会使光信号能量迅速衰减。解决方法包括增大发射率、采用多路径传输、微波作为备份手段等。

对于建筑物摇摆伸缩以及地震造成的光路偏移，可以人为调整发送端出射光束的发散角，使信号光束到达接收端时有一定的照射范围。但这会降低信号强度，直接影响通信距离。因此应综合考虑，适当调制发散角。典型的发散角通常为 3～6mrad，这样经 2km 传输后，光束直径为 6～12m。另一种方法是采用自动瞄准技术，即通过闭环系统控制一个可调整物镜来调整入射光传播方向，使系统的收发两端始终照准。该技术同样存在成本高、结构复杂的缺点，但不会减少系统的作用距离。由飞鸟、树叶等外来物阻断光路造成的链路中断，持续时间通常只有几毫秒，并且概率也很低，所以不会对系统造成太大的影响。除了慎重选择传播线路外，对于重要链路也可以采用多路径、微波备份等技术克服外来物阻断的影响。

3．波长的选择

与光纤通信一样，光无线通信所采用的激光波长也应该是信道损耗最小的波长。由于激光在大气中传播，大气的传播特性及背景辐射对激光波长的选择至关重要。此外，器件的现实性或预期的可行性，包括器件的性能价格比的估算也是必须考虑的因素。

大气和地面对太阳光的散射形成的背景辐射，对激光大气通信的接收器来说是一个强大的噪声源。如果阳光直射到探测器上，将会产生很高的误码率。太阳辐照度的光谱可以用一个色温为 5762K 的黑体来表示，其辐照度光谱主要集中在 400～750nm 的可见光范围内，峰值在 500nm 左右。对于常用的激光波段，800nm 波段的辐射强度为峰值的 1/2，1060nm 波段的辐射强度为峰值的 1/3，1500～1600nm 波段的辐射强度约为峰值的 1/10，在紫外波段 300nm 波段附近辐射降到峰值的 1/10 以下，波长进一步缩短时，太阳的辐照度迅速下降。显然，为减少背景辐射的影响，不应采用可见波段的激光，红外和紫外是可选对象。

大气透过率是选择激光波长是需要考虑的一个重要因素。地球表面的大气层中存在着多种气体以及各种微粒。还可能发生各种复杂的气象现象。这种因素，对光波有衰减作用，会使激光能量大大减小，或者是激光偏离原来的传输方向，破坏了激光源有的特性。

大气吸收是将辐射能量转换成大气组成分子的运动。大气中对太阳辐射的主要吸收体是水蒸气、二氧化碳和臭氧。这些气体分子或蒸汽分子的吸收是具有选择性的。试验证明，紫外光不利于大气通信。对于常用的红外波段，810～860nm、980～1060nm 和 1550～1600nm 波段都是良好的大气窗口。

大气的散射是由大气中不同大小的颗粒的反射或折射造成的，这些颗粒包括组成大气的气体分子、灰尘和大的水滴。纯散射没有能量损失，只是改变了能量的分配方向。

综合以上分析，并考虑器件的可行性，810～860nm 和 1550～1600nm 都是无线光通信可以选择的通信波长。如果出于价格考虑，可以采用 850nm 的红外光作为信息载体。但是从整体性能和器件的安全性角度来说 1550nm 的红外光更适合于自由空间光通信。这是由于人眼视网膜在 850nm 波长处对光的吸收比 1550nm 的光要大，因此，在人眼安全范围内，可接受的发送光功率比 850nm 处发送光功率要大。另外，由于 1550nm 也是光纤通信的窗口，在 1550nm 波长处可选择的器件也比较多。总之，在系统设计时因根据需要选择合适的工作波长。

4．瞄准、捕获和跟踪技术

在一个空间通信系统能够进行数据传送之前，首先必须使发送机发出的光场功率确实达到接收机的探测器上。这意味着除了需要克服传输通道上的各种效应之外，还必须使发送的光正确地对准接收机。同样，接收机探测器也必须按照被发送光场的到达角度进行调节。使发送机瞄准一个恰当的操作方向称为对准，确定入射光束到达方向的接收机操作被称为空间捕获，接下来在整个通信期间和捕获的操作称作空间跟踪。

在光场光束宽度小、传输距离长的情况下，对准、捕获和跟踪的问题变得特别突出。由于上述两个特性是长距离空间光学系统的基本特征，如卫星间的链路和地球空间链路，这些操作成为整个通信设计问题的一个重要方面。

11.3.4 短距可见光通信

可见光通信技术（Visible Light Communication, VLC）是利用发光二极管（LED）等发出的肉眼觉察不到的高速明暗闪烁信号来传输信息的。将需要传输的数据加载到光载波信号上，并进行调制，然后利用光电转换器件接收光载波信号并解调以获取信息。与目前广泛使用的无线局域网（WLAN）相比，可见光通信系统可利用照明设备代替 WLAN 中的接入点（AP），只要在灯光照到的地方，就可以进行数据传输。

与射频和无线通信相比，VLC 具有以下突出优点：

1）可见光对人非常安全。VLC 系统可以使用室内的 LED 照明灯发送数据。

2）VLC 无处不在。用于通信的照明灯可以安装在任何地方，通过照明灯，可以很方便地实现高速无线数据通信。

3）发射功率高。对于红外线通信，由于受到人眼睛安全的限制，发射功率很低，系统性能受到严重限制。根据 IrDA 规定红外通信中红外 LED 的发射功率不能超过 1mW。对于射频无线通信，射频信号对人体有害，也不能无限制地增加发射功率。在 VLC 系统中，由于发射的是可见光，故发射功率可以较高。

4）无需无线电频谱认证。由于目前无线电频谱资源有限，当前能够分配的无线电频率严重不足。

5）无电磁干扰。可以用于医院、飞机等对电磁干扰严格限制的场合。

可见光通信最早是由日本 KEIO 大学的 M. Nakagawa 所领导的课题组于 2000 年提出来的。2003 年，日本成立了可见光通信协会（VLCC），目前可见光通信的研究主要分为室外通信和室内通信两类，其中室外通信的主要应用是车辆间的通信和交通管控技术，室内通信是目前研究较为活跃的领域，侧重于基于白光 LED 的室内短距通信技术。

基于白光 LED 的可见光通信应用于室内的目标是将其应用于无线宽带接入网中。日本首先于 2000 年提出了可用于家庭网络链路的白光 LED 可见光通信。在他们提出的系统中，利用 LED 照明灯作为通信基站进行信息无线传输的室内通信系统。他们以 Gfeller 和 Bapst 的室内光传输信道为传输模型，将信道分为直接信道和反射信道两部分，并认为 LED 光源满足 Lambertian 照射形式，且以强度调制直接检测（IM-DD）为光调制形式进行了建模仿真，获得了数据率、误码率以及接收功率等之间的关系，认为当传送数据率在 10Mbit/s 以下的系统是可行的，码间干扰和多径效应是影响系统性能的两大因素。

2002 年，Keio 大学科研人员的 Kanei Fan 和 Toshihiko Komine 等研究了由墙壁反射引起的多径效应对 LED 可见光无线系统造成的影响，同时提出了采用均方根时延评估所提出的系统产生的多径时延。2003 年，Keio 大学科研人员提出了一套结合电力线载波通信和 LED 可见光通信的数据传输系统，在其提出的系统中，发送信号经过两种传输媒质：电力线信道和无线信道，并以副载波相移键控调制方式进行了系统仿真，结果表明：系统在数据率为 1Mbit/s 条件下是可行的。在随后的研究中，学术界分析了白光 LED 用作室内通信时，信号脉冲之间的串扰、阴影效应和室内光线反射对通信性能的影响，并探讨了其解决方法。2004 年，Keio 大学的 Komine 等人对基于白光 LED 组成的 LED 阵列这一通信单元进行了初步研究，利用安装在天花板上的 LED 阵列对室内照明，仿真分析了接收机平面上光照度分布、光功率分布。同时也分析光接收机端的噪声情况，并结合互阻抗放大器给出了接收机平面上的信噪比分布。然后给出了系统的通信速率与接收机视角的关系、有码间干扰时信噪比与接收机视角的关系，总结了通过减少接收机视角有望达到较高的系统传输速率。

目前，基于白光 LED 的室内短距可见光通信系统的相关关键技术已基本成熟，即将进入实用化阶段。

11.4　量子光通信

前述的包括相干光通信、波分复用、光孤子通信、空间光通信等均属于经典模式。这种模式中光子虽作为信息的载体存在，但并没有考虑其量子特性。在经典通信模式里，通信容量最终会受到量子噪声极限的限制。为此提出了一种称之为量子光通信（量子通信）的非经典通信模式。量子光通信系统中的发射端是一种新型的非经典激光器（称为亚伯松态或光子数态光子源），发射出均匀的光子流，经光子调制器后对每个光子编码载入信息。信道仍然是光纤，但它是非经典信道。接收端是由量子非破坏测量（QNDM）装置与光子计数器构成的。由于是光子数态，并对光子与光子数编码，不再受量子噪声限制，因此信息效率与信噪比大幅度增长。又因为使用 QNDM 解调，光子计数器接收，不但进一步提高了信噪比，而且由于不再需要从信号中吸取能量，因此接收灵敏度也有实质上的提高。换而言之，量子光通信即为光子通信，一个光子有可能将大量的信息长距离地传送给大量的收信者。

11.4.1　量子光通信原理

量子光通信按其所传输的信息是经典还是量子可以分为两类，即主要用于量子密钥的传输和用于量子隐形传态及量子纠缠的分发。

广义地说，量子通信是指把量子态从一个地方传送到另一个地方，它的内容包含量子隐形传态，量子纠缠交换和量子密钥分配。狭义地说，量子通信实际上只是指量子密钥分配或者基于量子密钥分配的安全保密通信。量子通信工作在单光子的能量水平上，需要分辨光子多种自由度的状态，还需要尽力抵御环境带来的损耗和干扰；而经典光通信则基本上只需要分辨由许许多多光子组成的光信号的能量大小，并且适当地提高信号能量对抗环境噪声就可以了。量子通信可以降低通信的能量损耗，提高信道传输容量，扩充网络的地址资源，这些优点对于未来的通信都是十分重要的。

目前较为实用的量子通信技术都基于量子密钥分配（Quantum Key Distribution），也就是说仅使用量子态产生经典密钥，需要传递的经典信息则根据这个密钥由经典的私钥加密系统加密。量子通信的安全性保障了密钥的安全性，从而保证加密后的信息是安全的。不用量子通信的方式传递全部经典信息的主要原因是目前的成本都高且效率低下。量子密钥分配另一个优点是不需要大面积地改造现有的通信设备和线路。量子密钥分配突破了传统加密方法的束缚，以量子状态作为密钥具有不可复制性，具有理论上的"无条件安全性"。任何截获或测试量子密钥的操作，都会改变量子状态。这样，截获者得到的只是无意义的信息，而信息的合法接收者也可以从量子态的改变，知道密钥曾被截取过。最重要的是，与经典的公钥密码体系不同，即使实用的量子计算机出现甚至得到普及，量子密钥分配仍是安全的。

11.4.2　量子纠缠和量子隐形传态

量子力学是非定域的理论，这一点已被违背贝尔不等式的实验结果所证实。因此，量子力学展现出许多反直观的效应。量子力学中不能表示成直积形式的态称为纠缠态，纠缠态之间的关联不能被经典地解释。所谓量子纠缠指的是两个或多个量子系统之间存在非定域、非经典的强关联。

量子纠缠涉及实在性、定域性、隐变量以及测量理论等量子力学的基本问题，并在量子计算和量子通信的研究中起着重要的作用。多体系的量子态的最普遍形式是纠缠态，而能表示成直积形式的非纠缠态只是一种很特殊的量子态。量子纠缠态的概念最早由 1935 年薛定谔在关于"猫态"的论文中提出。1993 年美国物理学家贝尼特等人提出了量子隐形传送的方案：将某个粒子的未知量子态（即未知量子比特）传送到另一个地方，把另一个粒子制备到这个量子态上，而原来的粒子仍留在原处。其基本思想是：将原物的信息分成经典信息和量子信息两部分，它们分别经由经典通道和量子通道传送给接收者。经典信息是发送者对原物进行某种测量而获得的，量子信息是发送者在测量中未提取的其余信息。接收者在获得这两种信息之后，就可制造出原物量子态的完全复制品。这个过程中传送的仅仅是原物的量子态，而不是原物本身。发送者甚至可以对这个量子态一无所知，而接收者是将别的粒子（甚至可以是与原物不相同的粒子）处于原物的量子态上。原物的量子态在此过程中已遭破坏。

量子隐形传送所传输的是量子信息，它是量子通信最基本的过程。人们基于这个过程提出了实现量子因特网的构想。量子因特网是用量子通道来联络许多量子处理器，它可以同时实现量子信息的传输和处理。相比于现在的经典因特网，量子因特网具有安全保密特性，可实现多端的分布计算，有效地降低通信复杂度等一系列优点。

11.4.3 量子密钥分配协议

传统上，保密通信的基本思想是采用某种方式干扰待传信息（即加密过程），只有合法用户才能从中恢复出原来的信息（即解密过程），而非法用户无法办到。用于加密和解密的通常是通信双方共同掌握一组特定的序列，这组序列像钥匙一样，本身并不包含信息，但有使用价值，在密码学中称之为密钥。密钥是保密通信技术的关键：如果没有密钥，密文将很难破译；一旦知道了密钥，密文就被轻易破解。一旦量子计算技术获得重大突破，现在的传统保密通信体系将彻底地"无密可保"。实现保密性极高的通信方式的途径是量子密码术。

量子密码术用量子态来实现信息的加密和解密，其基本原理是量子纠缠。光子的偏振方向有四种可能性，能代表数字化的密码信息。根据量子力学原理，处于纠缠态的一对光子的偏振方向不确定，只有当其中一个光子被测量或受到干扰时，它才有明确的偏振方向；一旦它的方向被确定，另一个光子的偏振方向就被确定。可以用一串处于纠缠态的光子作为"一次性密钥"，这串光子的偏振方向代表一组数字化加密和解密信息。当通信双方的检测器参数设定相同时，双方就可以收到相同的偏振信息，即双方共享了同一个密钥。之所以称它为"一次性密钥"，是因为根据量子不可克隆原理和量子不确定性原理，光子一旦被测量或干扰，就会改变相应的量子态，从而影响到整个纠缠态系统。任何想测算和破译密钥的人都会因为改变量子态而得到无意义的信息，窃听者反而将暴露自己的不轨行迹。从理论上来说，量子密钥的通信不可能被窃听，安全程度极高。

11.5 习题

1. 相干光通信系统中为什么一定要使用外调制方式？
2. 为什么孤子可以在光纤中传输很长的距离而保持脉冲形状不变？
3. 简述大气激光通信的优点。
4. 试分析短距可见光通信与无线局域网的优缺点。
5. 什么是量子光通信。为什么说量子光通信与经典的光通信本质上不一样？
6. 简述量子密钥分配的实现过程。

附 录

术语表

ADSL	Asymmetric Digital Subscriber Line	非对称数字用户线
ADSS	All Dielectric Self-Supporting	全介质自承式
AON	Active Optical Network	有源光网络
AIS	Alarm Indication Signal	告警指示信号
APC	Automatic Power Control	自动功率控制
APD	Avalanche Photo Diode	雪崩光电二极管
APS	Automatic Protection Switch	自动保护切换
ASE	Amplified Spontaneous Emission	自发辐射噪声
ASON	Automatically Switched Optical Network	自动交换光网络
ATC	Automatic Temperature Control	自动温度控制
ATM	Asynchronous Transfer Mode	异步转移模式
AU PTR	Administration Unit Point	管理单元指针
BA	Booster Amplifier	功率放大器
BBER	Background Block Error Ratio	背景误块比
BoD	Bandwidth on Demand	按需带宽业务
BER	Bit Error Rate	误比特率
BITS	Building Integrated Timing System	综合定时系统
CATV	Cable Television	有线电视
CDMA	Code Division Multiple Access	码分多址
CPN	Customer Premise Network	用户驻地网
CPFSK	Continuous-Phase Frequency Shift Keying	连续相位频移键控
CR-LDP	Constraint-Routing Label Distribution Protocol	基于约束的标签分配协议
CWDM	Coarse Wavelength Division Multiplexing	稀疏波分复用
DBA	Dynamic Bandwidth Allocation	动态宽带分配
DBR	Distributed Bragg Reflective	分布布拉格反射
DCC	Data Communication Channel	数据通信通道
DCF	Dispersion Compensation Fiber	色散补偿光纤
DFB	Distribue Feedback Laser	分布反馈激光器
DGD	Differential Group Delay	差分群时延
DRP	Different Routing Protection	异径保护
DSF	Dispersion Shifted Fiber	色散位移光纤
DSP	Digital Signal Processing	数字信号处理

DXC	Digital Cross-connect	数字交叉连接
DWDM	Dense Wavelength Division Multiplexing	密集波分复用
EA	Electronic Absorption	电致吸收
EDFA	Erbium Doped Fiber Amplifier	掺铒光纤放大器
EPON	Ethernet Passive Optical Network	以太网无源光网络
EPIC	Electronic Photonic Integrated Circuit	电光集成芯片
ES	Error Second	误码秒
ESR	Error Second Ratio	误块秒比
FBA	Fiber Brillouin Amplifier	光纤布里渊放大器
FC	Fiber Channel	光纤通道
FDDI	Fiber Distributed Data Interface	光纤分布式数据接口
FEC	Forward Error Correction	前向纠错
FSO	Free Space Optical	自由空间光通信
FDM	Frequently Division Multiplexing	频分复用
FOM	Figure of Merit	品质因数
FRA	Fiber Raman Amplifier	光纤拉曼放大器
FTTH	Fiber To The Home	光纤到户
FTTC	Fiber To The Curb	光纤到路边
FTTB	Fiber To The Building	光纤到楼宇
FWM	Four-Wave Mixing	四波混频
FWHM	Full Width Half Maximum	半高全宽
GFP	Generic Framing Procedure	通用成帧规程
GI	Graded Index	渐变折射率
GMPLS	Generalized Multi-Protocol Label Switching	通用多协议标签交换
GPON	Gigabit Passive Optical Network	千兆比特无源光网络
GPS	Global Position System	全球定位系统
GVD	Group Velocity Dispersion	群速度色散
HDB3	High Density Bipolar of order 3code	三阶高密度双极性码
HDLC	High-Level Data Link Control	高级链路控制
HWO	Hybrid Wireless Optical	混合无线光纤
IAD	Integrated Access Device	综合接入设备
IL	Insertion Loss	插入损耗
IM/DD	Intensity Modulation/Direct Detection	强度调制直接检测
ION	Intelligent Optical Network	智能光网络
ISI	Inter-Symbol Interference	码间干扰
LA	Line Amplifier	线路放大器
LCAS	Link Capacity Adjustment Scheme	链路容量调整机制
LD	Laser Diode	激光管
LED	Light Emitting Diode	发光二极管

LMP	Link Management Protocol	链路管理协议
LOS	Loss of Signal	信号丢失
LOL	Loss of Light	接收无光信号
LOS	Loss of Synchronous	同步丢失
LPR	Local Prime Reference	地区参考基准
MAC	Media Access Control	媒质接入控制
MCVD	Modified Chemical Vapour Deposition	改进的化学气相沉积法
MEMS	Micro Electro-Mechanical System	微机电系统
MFD	Mode Field Diameter	模场直径
MLM	Multiple Laser Mode	多纵模
MMF	Multi-Mode Fiber	多模光纤
MPLS	Multi-Protocol Label Switching	多协议标签交换
MS-RDI	Multiplex Section Remote Defect Indication	复用段远端缺陷
MSTP	Multiple Service Transport Platform	多业务传送平台
NA	Numerical Aperture	数值孔径
NGN	Next Generation Network	下一代网络
NRZ	Non Return Zero	非归零码
NZ DSF	Non-zero Dispersion Shifted Fiber	非零色散位移光纤
OAM	Operation Administration and Maintenance	运行、管理和维护
OAN	Optical Access Network	光接入网
OADM	Optical Add Drop Multiplexer	光分插复用器
OBS	Optical Burst Switch	光突发交换
OCH	Optical Channel	光通道
ODN	Optical Distribution Network	光分配网络
OFDM	Orthogonal Frequency Division Multiplexing	正交频分复用
OLT	Optical Line Terminal	光线路终端
OMS	Optical Multiplexing Section	光复用段
ONNI	Optical Network Node Interface	光网络节点接口
ONU	Optical Network Unit	光网络单元
OPC	Optical Phase Conjunction	光相位共轭
OPGW	Optical Fiber Composite Overhead Ground Wire	光纤复合架空地线
OPS	Optical Packet Switch	光分组交换
OSC	Optical Supervision Channel	光监控信道
OSNR	Optical Signal to Noise Ratio	光信噪比
OTDR	Optical Time Domain Reflector	光时域反射仪
OTDM	Optical Time Division Multiplexing	光时分复用
OTN	Optical Transport Network	光传送网
OTS	Optical Transmission Section	光传输段
OTU	Optical Transverse Unit	光转发器
OVPN	Optical Virtual Private Network	光虚拟专网
OVD	Outside Chemical Vapour Deposition	棒外化学气相沉积法

OWS	Optical Wavelength Switch	光波长交换
OXC	Optical Cross-connect	光交叉连接
PA	Pre-Amplifier	前置放大器
PCM	Pulse Code Modulation	脉冲编码调制
PCVD	Plasma activated Chemical Vapor Deposition	等离子体激活化学气相沉积法
PDM	Polarization Division Multiplexing	偏振复用
PDU	Protocol Data Unit	协议数据单元
PDFA	Praseodymium Doped Fiber Amplifier	掺镨光纤放大器
PM-QPSK	Polarization-multiplexed Quadrature Phase Shift Keying	偏振复用正交相移键控
PMMA	PolyMethylMethAcrylate	甲基丙烯酸甲酯
PMD	Polarization Mode Dispersion	偏振模色散
POH	Path Overhead	通道开销
PON	Passive Optical Network	无源光网络
POS	Packet Over SDH	基于SDH的分组传送技术
PPP	Point to Point Protocol	点对点协议
PRC	Prime Reference Clock	基准参考时钟
PSA	Phase Sensitive Amplifier	相敏光放大器
PSCF	Pure Silicon Core Fiber	纯硅芯光纤
PSTN	Public Switched Telephone Network	公共电话交换网络
QAM	Quadrature Amplitude Modulation	正交幅度调制
QoS	Quality of Service	服务质量
QW	Quantum Well	量子阱
REG	Regenerator	再生器
RL	Return Loss	回波损耗
ROADM	Reconfigurable Optical Add Drop Multiplexer	可重配置光分插复用器
RSOH	Regeneration Section Overhead	再生段开销
RSVP-TE	Resource ReSerVation Protocol-Traffic Engineering	基于流量工程扩展的资源预留协议
SAN	Storage Area Network	存储局域网
SBA	Static Bandwidth Allocation	静态带宽分配
SBS	Stimulated Brillouin Scattering	受激布里渊散射
SCSI	Small Computer System Interface	小型计算机系统接口
SD-FEC	Soft-Decision Forward Error Correction	软判决前向纠错
SDH	Synchronous Digital Hierarchy	同步数字体系
SDM	Space Division Multiplexing	空分复用
SES	Severely Error Second	严重误码秒
SESR	Severely Error Second Ratio	严重误块秒比
SHR	Self Healing Ring	自愈环
SHN	Self Healing Network	自愈网

SI	Step Index	阶跃折射率
SLA	Service Level Agreement	服务等级约定
SLM	Single Laser Mode	单纵模
SNCP	Sub-network Connection Protection	子网连接保护
SNI	Service Node Interface	业务节点接口
SNR	Signal to Noise Ratio	信噪比
SOA	Semiconductor Optical Amplifier	半导体光放大器
SOH	Section Overhead	段开销
SPM	Self Phase Modulation	自相位调制
SRLG	Shared Risk Link Group	共享风险链路组
SRS	Stimulated Raman Scattering	受激拉曼散射
SSMF	Standard Single Mode Fiber	常规单模光纤
TE	Traffic Engineering	流量工程
TDM	Time Division Multiplexing	时分复用
TDMA	Time Division Multiple Access	时分多址接入
TM	Terminal Multiplexer	终端复用器
TU	Tributary Unit	支路单元
UNI	User Network Interface	用户网络接口
V		
VAD	Vapour phase Axial Deposition	轴向气相沉积法
VC	Virtual Container	虚容器
VCAT	Virtual Concatenation	虚级联
VDSL	Very-high Digital Subscriber Line	甚高速率数字用户线
VLAN	Virtual Local Area Network	虚拟局域网
VLC	Visible Light Communication	可见光通信
VLSI	Very Large Scale Integration	超大规模集成电路
VWP	Virtual Wavelength Path	虚波长通道
WDM	Wavelength Division Multiplexing	波分复用
WDMA	Wavelength Division Multiple Access	波分多址
WDS	Word Digital Sum	码字数字和
WRN	Wavelength Routing Network	波长选路网络
XGM	Cross Gain Modulation	交叉增益调制
XPM	Cross-phase Modulation	交叉相位调制

参 考 文 献

[1] 叶培大，吴彝尊.光波导技术基本理论[M].北京：人民邮电出版社，1981.

[2] 范崇澄，彭吉虎.导波光学[M].北京：北京理工大学出版社，1988.

[3] 大越孝敬.光学纤维基础[M].刘时衡，梁民基，译.北京：人民邮电出版社，1980.

[4] 张煦.光纤通信技术[M].上海：上海科学技术出版社，1985.

[5] 吴彝尊，蒋佩旋，李玲.光纤通信基础[M].北京：人民邮电出版社，1987.

[6] 顾婉仪，李国瑞.光纤通信系统[M].北京：人民邮电出版社，1988.

[7] 韦乐平.光同步数字传送网[M].北京：人民邮电出版社，1996.

[8] 韦乐平.接入网[M].北京：人民邮电出版社，1997.

[9] 韦乐平，张成良.光网络：系统、器件与联网技术 [M].北京：人民邮电出版社，2006.

[10] 帕勒里斯.光纤通信[M].5 版. 王江平，等译.北京：电子工业出版社，2011.

[11] 雷振明.异步转移模式[M].北京：人民邮电出版社，1995.

[12] 解金山.光纤用户传输网[M].北京：电子工业出版社，1996.

[13] 吴承治，徐敏毅.光接入网工程[M].北京：人民邮电出版社，1998.

[14] 毛幼菊.光波分复用通信技术[M].北京：人民邮电出版社，1996.

[15] 张明德，孙小菡.光纤通信原理与系统[M].南京：东南大学出版社，1996.

[16] 林学煌.光无源器件[M].北京：人民邮电出版社，1998.

[17] 杨祥林，张明德，许大信.光纤传输系统[M].南京：东南大学出版社，1991.

[18] 李玲.光纤通信[M].北京：人民邮电出版社，1995.

[19] 赵梓森.光纤通信工程[M].北京：人民邮电出版社，1994.

[20] 邱昆，等.光纤通信导论[M].成都：电子科技大学出版社，1995.

[21] 赵梓森.单模光纤通信系统原理[M].北京：人民邮电出版社，1988.

[22] 钱宗珏，等.光接入网技术及其应用[M].北京：人民邮电出版社，1998.

[23] 杨祥林.光纤通信系统[M].北京：国防工业出版社，2000.

[24] 杨祥林，温扬敬.光纤孤子通信理论基础[M].北京：国防工业出版社，2000.

[25] 纪越峰.光波分复用系统[M].北京：北京邮电大学出版社，1999.

[26] 杨祥林.光放大器及其应用[M].北京：电子工业出版社，2000.

[27] 刘增基，等.光纤通信[M].西安：西安电子科技大学出版社，2001.

[28] 纪越峰.现代光纤通信技术[M].北京：人民邮电出版社，1997.

[29] 张杰，等.自动交换光网络 ASON[M].北京：人民邮电出版社，2004.

[30] 吴健学，李文耀.自动交换光网络[M].北京：北京邮电大学出版社，2003.

[31] 顾婉仪，等.全光通信网（修订版）[M].北京：北京邮电大学出版社，2003.

[32] 徐荣，龚倩.高速宽带光互联网技术[M].北京：人民邮电出版社，2002.

[33] 王健全，等.城域 MSTP 技术[M].北京：机械工业出版社，2005.

[34] 唐雄燕，左鹏.智能光网络——技术与应用实践[M].北京：电子工业出版社，2005.

[35] 刘国辉.光传送网原理与技术[M].北京：北京邮电大学出版社，2004.

[36] 黄善国，等.光网络规划与优化[M].北京：人民邮电出版社，2012.

[37] 陈雪.无源光网络技术[M].北京：北京邮电大学出版社，2006.

[38] 克雷默.基于以太网的无源光网络[M].陈雪，等译.北京：北京邮电大学出版社，2007.

[39] 纪越峰，等.光突发交换网络[M].北京：北京邮电大学出版社，2005.

[40] 胡先志.构建高速通信光网络关键技术[M].北京：电子工业出版社，2008.

[41] Rajiv Ramaswami，Kumar N Sivarajan.光网络（上卷）光纤通信技术与系统[M].东孜纯，译.北京：机械工业出版社，2004.

[42] Rajiv Ramaswami，Kumar N Sivarajan.光网络（下卷）组网技术分析[M].北京：机械工业出版社，2004.

[43] Govind P Agrawal.非线性光纤光学原理及应用[M].贾东方，等译.北京：电子工业出版社，2002.

[44] Gred Keiser.光纤通信[M].李玉权，译.北京：电子工业出版社，2002.

[45] 李秉钧，等.演进中的电信传送网[M].北京：人民邮电出版社，2004.

[46] Robert M Gagliardi,Sherman Karp. Optical Communications[M]. New York: Wiley-Interscience，1995.

[47] R Sabella,P Lugli.High Speed Optical Communications[M].London: Kluwer Academic Publishers, 1999.